K. Germann G. Warnecke M. Huch (Hrsg.)

DIE ERDE

Dynamische Entwicklung,
menschliche Eingriffe, globale Risiken

Mit 83 Abbildungen und 15 Tabellen

Springer-Verlag Berlin Heidelberg New York
London Paris Tokyo

Professor Dr. KLAUS GERMANN
Institut für Angewandte Geologie, Freie Universität Berlin,
Wichernstraße 16,
1000 Berlin 33

Professor Dr. GÜNTER WARNECKE
Institut für Geophysikalische Wissenschaften,
Fachrichtung Meteorologie, Freie Universität Berlin,
Thielallee 50,
1000 Berlin 33

Dipl.-Geologin MONIKA HUCH
Institut für Geophysikalische Wissenschaften,
Fachrichtung Geophysik, Freie Universität Berlin,
Rheinbabenallee 49,
1000 Berlin 33

ISBN-13: 978-3-540-19083-7   e-ISBN-13: 978-3-642-73540-0
DOI: 10: 978-3-642-73540-0

CIP-Titelaufnahme der Deutschen Bibliothek.
Die Erde: dynam. Entwicklung, menschl. Eingriffe, globale Risiken / K. Germann ... (Hrsg.). –
Berlin; Heidelberg; New York; London; Paris; Tokyo: Springer, 1988

NE: Germann, Klaus [Hrsg.]

Druck und Bindearbeiten: Beltz, Hemsbach
2132/3130-543210

Vorwort

Die „Universitätsvorlesungen" an der Freien Universität Berlin finden seit 1983 regelmäßig statt. Sie behandeln zumeist fächerübergreifende Themen von allgemein wissenschaftlichem und aktuellem Interesse. Sie wenden sich einerseits an alle Mitglieder der Universität selbst – als eine Bemühung, Fächer- und Fachbereichsgrenzen zu überwinden, andererseits an die außeruniversitäre Öffentlichkeit – als Versuch, Methoden und Ergebnisse gegenwärtiger Wissenschaft in sie hineinzutragen und mit ihr zu diskutieren.

Mit der Veranstaltungsreihe *Die dynamische Erde* im Sommer 1985 wurde die Absicht verfolgt, an Hand exemplarischer Einzeldarstellungen unseren Planeten als ein komplexes dynamisches System vorzustellen, in dem der feste Erdkörper, die Luft- und Wasserhülle und die Biosphäre, also auch der menschliche Lebensraum, in einem komplizierten Gefüge von Wechselwirkungen miteinander vernetzt sind. Diese Vernetzungen stellen sich zumeist als Prozesse dar, deren Intensität und raum-zeitliche Verteilung um Gleichgewichtszustände schwanken, die gegenüber Störungen empfindlich sein können bis hin zum Kollaps.

In diesem Buch sind die Vorträge dieser Vorlesungsreihe zusammengestellt, um sie weiteren Interessenten zugänglich zu machen. Namhafte Geophysiker, Geochemiker, Geologen, Ozeanologen und Meteorologen aus Berlin und der Bundesrepublik belegen darin diese dynamischen Aspekte jeweils an Beispielen aus dem weiteren Spektrum der erdwissenschaftlichen Disziplinen. Die Thematik reicht von der Darstellung dynamischer Entwicklungen im Verlaufe der Erdgeschichte über die Beobachtung gegenwärtiger Abläufe bis hin zu Fragen der Abschätzung bzw. Vorhersage künftiger Entwicklungen, vor allem auch im Hinblick auf menschliche Einwirkungen.

Ansatz und Themenstellung dieses Buches gewinnen eine besondere Aktualität durch die Tatsache, daß sich gegenwärtig erdorientierte wissenschaftliche Einzeldisziplinen immer mehr zu einer umfassenden „Earth-System Science" zusammenfinden, die vornehmlich die globalen Erscheinungen und Veränderungen auf unserem Planeten zum Gegenstand hat.

Dies geschieht zur Zeit besonders über die Formulierung des von der ICSU (Internationaler Rat der Wissenschaftlichen Vereinigungen) vorgeschlagenen „Internationalen Geo-Biosphäre-Programms – Global Change (IGBP)", in dem zur Bearbeitung und Lösungssuche für die drängenden globalen physischen Lebens- und Überlebensprobleme der Menschheit möglichst viele der einschlägigen nationalen und internationalen Forschungsaktivitäten gebündelt werden sollen.

Den Autoren gebührt unser Dank für ihre Vorlesungen sowie für das Bereitstellen der Manuskripte, der Freien Universität Berlin für die finanzielle Förderung zur Herstellung der Druckvorlage.

Möge dieses Buch dazu beitragen, daß wir lernen, in weit längeren Zeiträumen als Wahlperioden oder auch Lebenszeiten zu denken und zugleich die globalen Zusammenhänge und unsere wachsende Verantwortung hierfür wahrzunehmen und in unser Handeln einzubeziehen.

Berlin, im Frühjahr 1988

KLAUS GERMANN
GÜNTER WARNECKE
MONIKA HUCH

VI

Inhaltsverzeichnis

Die dynamische Erde – Eine Einführung. KLAUS GERMANN und GUNTER WARNECKE 1

Die Region Europa in ihrer geologischen Entwicklung – Ein Spielball der Geodynamik seit drei Milliarden Jahren. PETER GIESE 27

Die Geschichte der Erdatmosphäre. MANFRED SCHIDLOWSKI 45

Zur Geschichte der Ozeane während der letzten 150 Millionen Jahre. JÖRN THIEDE 63

Die jüngere Geschichte der Sahara – Ein Abbild von Klimaschwankungen. HANS-JOACHIM PACHUR 77

Vulkanismus und Klima. KARIN LABITZKE 101

Große und kleine Flüsse und ihre geologische Wirkung. HILLERT IBBEKEN 115

Folgen des CO_2-Anstiegs in der Luft. EGON T. DEGENS 129

Weitere anthropogene atmosphärische Spurengase – Kleine Ursachen, große Wirkungen. HANS-WALTER GEORGII 139

Eine neue Wahrnehmungsdimension: Beobachtung von dynamischen Prozessen aus dem Weltraum in Zeitraffung. GÜNTER WARNECKE . . . 155

Prinzipielle Grenzen der Vorhersagbarkeit atmosphärischer Prozesse. HEINZ FORTAK 169

Die Untergrund-Deponie anthropogener Schadstoffe. A. GUNTER HERRMANN 183

Atmosphärische Folgen eines Atomkrieges. PAUL J. CRUTZEN (unter Mitwirkung von GUNTER WARNECKE) 201

Adressenverzeichnis

Prof. Dr. P. J. CRUTZEN
Max-Planck-Institut für Chemie, Otto-Hahn-Institut, Abteilung Chemie
der Atmosphäre, Postfach 3060, 6500 Mainz

Prof. Dr. E. T. DEGENS
Geologisch-Paläontologisches Institut und Museum, Universität
Hamburg, Bundesstr. 55, 2000 Hamburg 13

Prof. Dr. H. FORTAK
Institut für Geophysikalische Wissenschaften, Fachrichtung
Meteorologie, Freie Universität Berlin, Thielallee 49, 1000 Berlin 33

Prof. Dr. H.-W. GEORGII
Johann Wolfgang Goethe-Universität, Institut für Meteorologie und
Geophysik, Feldbergstr. 47, 6000 Frankfurt/Main

Prof. Dr. K. GERMANN
Institut für Angewandte Geologie, Freie Universität Berlin,
Wichernstr. 16, 1000 Berlin 33

Prof. Dr. P. GIESE
Institut für Geophysikalische Wissenschaften, Fachrichtung Geophysik,
Freie Universität Berlin, Rheinbabenallee 49, 1000 Berlin 33

Prof. Dr. A. G. HERRMANN
Institut für Mineralogie und Mineralische Rohstoffe, Technische
Universität Clausthal, Fachgebiet Salzlagerstätten und
Untergrunddeponien,
Adolf-Römer-Str. 2 A, 3392 Clausthal-Zellerfeld

Prof. Dr. H. IBBEKEN
Institut für Allgemeine Geologie, Freie Universität Berlin,
Altensteinstr. 34a, 1000 Berlin 33

Prof. Dr. K. LABITZKE
Institut für Meteorologie, Stratosphärenforschung, Freie Universität
Berlin, Dietrich-Schäfer-Weg 6–10, 1000 Berlin 41

Prof. Dr. H.-J. PACHUR
Institut für Physische Geographie, Freie Universität Berlin,
Altensteinstr. 19, 1000 Berlin 33

Prof. D. M. Schidlowski
  Max-Planck-Institut für Chemie, Otto-Hahn-Institut, Abteilung Chemie
  der Atmosphäre, Postfach 3060, 6500 Mainz

Prof. Dr. J. Thiede
  Forschungszentrum für Marine Geowissenschaften (GEOMAR) an der
  Christian-Albrechts-Universität, Wischhofstr. 1–3, Gebäude 4,
  2300 Kiel 14

Prof. Dr. G. Warnecke
  Institut für Geophysikalische Wissenschaften, Fachrichtung
  Meteorologie, Freie Universität Berlin, Thielallee 50, 1000 Berlin 33

Die dynamische Erde – Eine Einführung

KLAUS GERMANN und GÜNTER WARNECKE

DIE ERDE - EIN DYNAMISCHES SYSTEM

Das Attribut "dynamisch" für eine Zustandsbeschreibung unseres Planeten erscheint trivial. Wir wissen doch: der Erdkörper rotiert, er bewegt sich auf seiner elliptischen Bahn um die Sonne und gemeinsam mit ihr um das Zentrum der Galaxis. Bewegungsvorgänge in und auf der ruhelosen Erde werden uns allen besonders in ihren kurzzeitigen Auswirkungen unmittelbar und häufig auch dramatisch bewußt. Es sind die katastrophalen Ereignisse wie Erdbeben, Vulkanausbrüche, Hochwässer oder Sturmfluten, die uns am eigenen Leibe spüren lassen, daß die Erde kein statisches, sondern ein komplexes dynamisches System ist, angetrieben von Kräften, deren Ursprung uns häufig genug aber verschlossen bleibt.

Erst in jüngster Zeit haben wir gelernt, daß solche dynamischen Ereignisse nur die "Anomalien" von Prozeßabläufen darstellen, die von säkularer oder erdgeschichtlicher Dauer und globalen Ausmaßen und Wirkungen sein können, und wir beginnen, ihre Antriebskräfte besser zu verstehen.

Die Erde ist offensichtlich ein stark differenzierter Körper, gegliedert in eine Serie von konzentrischen Schalen mit nach außen abnehmender Dichte (Abb. 1). Um einen inneren festen Kern legt sich der flüssige äußere und um diesen wiederum der Erdmantel mit mehreren Schalen und schließlich die Kruste oder Lithosphäre. Die Hydrosphäre, die Atmosphäre und die Magnetosphäre umhüllen ihrerseits diesen festen Körper der Erde. In allen diesen Schalen und Hüllen laufen ständig Bewegungen ab. Benachbarte Hüllen stehen in Wechselwirkung miteinander und sind über Kreislaufprozesse miteinander verbunden. Ganz offensichtlich ist dies für Wasser und Luft, die unter dem Einfluß der Sonnenenergie zirkulieren. Im "hydrologischen Zyklus" (Abb. 2) verdunstet Wasser über den Ozeanen, regnet auf dem Land nieder und fließt zurück in die Ozeane. Auf dem Lande ist das Wasser Medium für viele Prozesse, die die Erdoberfläche aktiv gestalten. Gesteine verwittern, werden vom Oberflächenwasser abgetragen und transportiert. Wasser bewegt sich auch durch die Poren der Gesteine, löst und transportiert, und sind die Temperaturen niedrig genug, akkumuliert Wasser zu Gletschereis, das seinerseits erodiert und transportiert. Die Oberfläche der festen Erde würde durch diese Abtragungs- und Transportvorgänge sehr bald - zumindest gemessen an der geologischen Zeitskala - eingeebnet, nivelliert bis auf das Niveau des Meeresspiegels, mit den marinen Becken als gewaltigen Endlagern für den Abtragungsschutt.

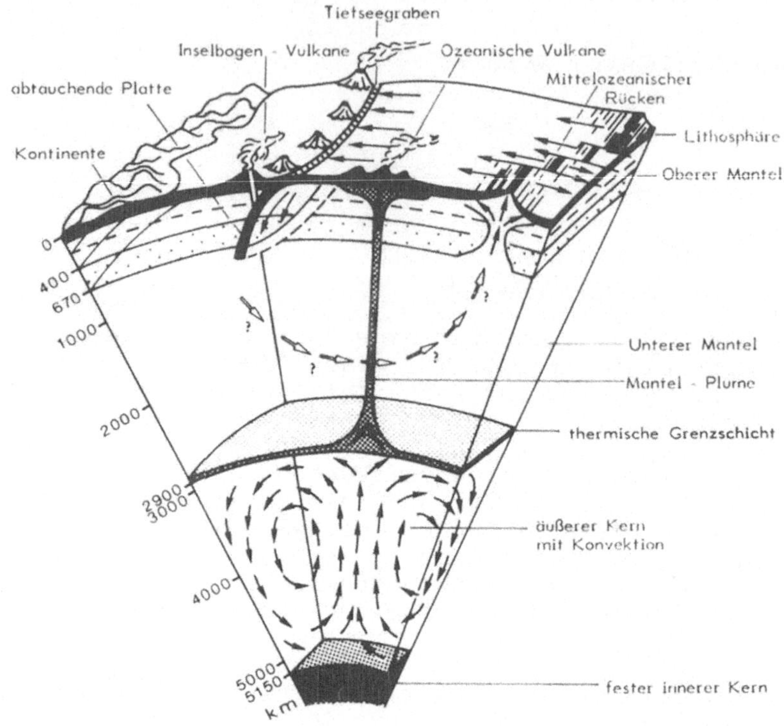

<u>Abb. 1.</u> Schalenaufbau der Erde mit Konvektionssystemen im Erdmantel und äußeren Kern (nach Strobach 1985), die den "geotektonischen" Zyklus bewirken.

Die Erde ertränke in ihrem eigenen Schutt, wenn nicht ein anderer, ein "geotektonischer" Kreislauf abliefe (Abb. 1). Er bewirkt Bewegungen der festen Erdkruste - Hebungen, Senkungen, Verschiebungen -, verursacht und in Gang gehalten wiederum durch thermische Energie, diesmal allerdings aus dem Erdinnern stammend. Bis in die 60er Jahre unseres Jahrhunderts noch galt die Verteilung von Kontinenten und Ozeanen auf der Erde den meisten Geowissenschaftlern als starr und unverrückbar. Diese "fixistische" Vorstellung ist in den vergangenen beiden Jahrzehnten in einem für die Geowissenschaften revolutionären Umbruch endgültig von einer "mobilistischen", der Theorie der globalen Plattentektonik abgelöst worden, die erkennt, daß die Kontinente sich gegeneinander verschieben, unter Bildung neuer Ozeane auseinanderweichen (divergieren) oder miteinander kollidieren (konvergieren). Die Entstehung von Gebirgen und Ozeanen und damit die Struktur unseres Lebensraumes, die Bildung von Rohstofflagerstätten oder erdgeschichtliche klimatische Entwicklungen sind so als Konsequenzen der Geodynamik begreifbar geworden und zugleich wurde damit die Betroffenheit, ja Abhängigkeit des Menschen von geodynamischen Prozessen immer deutlicher.

2

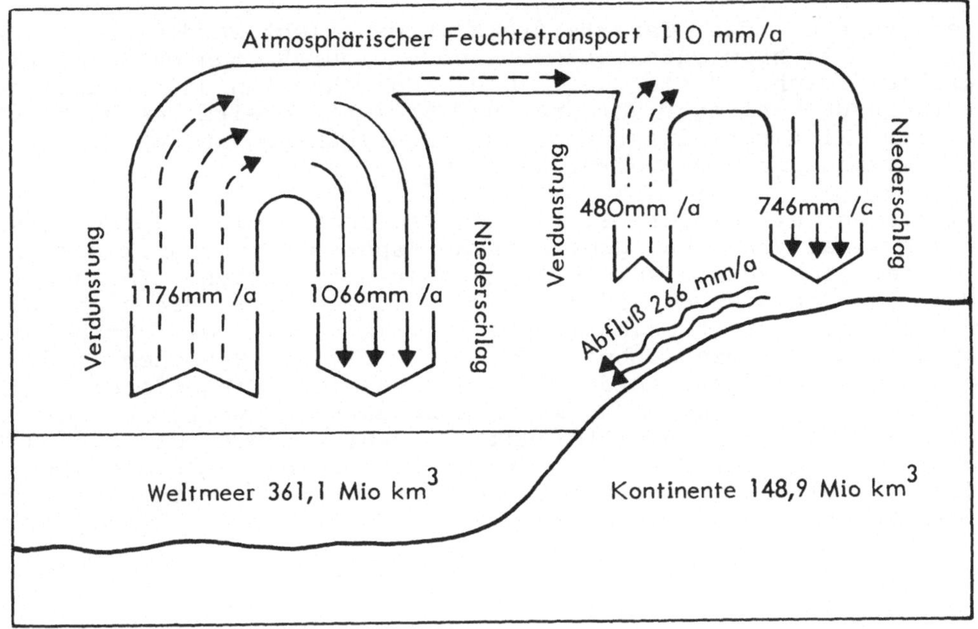

Abb. 2. Hydrologischer Zyklus der Erde (Baumgartner und Reichel 1975).

Große internationale Gemeinschaftsprojekte waren und sind der Erforschung der Dynamik der Erde gewidmet. Für den engeren geowissenschaftlichen Bereich seien hier beispielhaft das "Geodynamics Project" und das "Deep Sea Drilling Program" genannt. Von den Projekten der Meteorologie soll das "Global Atmospheric Research Programme" mit seinen verschiedenen Experimenten unter anderem einem besseren Verständnis der großräumigen Fluktuationen der allgemeinen Zirkulation und damit der Verbesserung kurz- und längerfristiger numerischer Vorhersage dienen. Den marin-geowissenschaftlichen Untersuchungen verdanken wir einige der aufregendsten Erkenntnisse über die Dynamik der Erde. Verglichen mit den Kontinenten sind Ozeane nämlich, so hat sich herausgestellt, geradezu jugendliche Bildungen: der Meeresboden ist nicht älter als 200 Millionen Jahre (Ma), die Kerne der Kontinente sind jedoch bis nahezu 20mal so alt. Und Ozeanboden wird an den mittelozeanischen Rücken auch heute noch ständig neu gebildet und an den Rändern von Kontinenten oder Inselbögen wieder verschluckt.

Absicht dieses Buches ist es, Aspekte der Dynamik der Erde am Beispiel von Bewegungen, Entwicklungen und Kreisläufen unterschiedlichster Dimensionen und Zeitskalen darzustellen, wie sie in der festen Erde und ihrer Wasser- und Lufthülle ablaufen. Sowohl die Rekonstruktion dynamischer Abläufe innerhalb der viereinhalb Milliarden Jahre währenden Geschichte der Erde, als auch die Analyse der Dynamik der heutigen Erde mit modernen physikalischen Methoden sollen zum Verständnis der Prozesse und verursachenden Kräfte beitragen. Besonderes Gewicht soll dabei auf die Wechselwirkungen zwischen dynamischen

Teilsystemen des Gesamtsystems Erde gelegt werden. Als dynamische Gleichgewichtszustände sind sie durch menschliche Eingriffe leicht verletzbar. Den Möglichkeiten und Grenzen der Vorhersage künftiger Vorgänge und Ereignisse wird deshalb vor diesem Hintergrund anthropogener Einflußnahme auf das natürliche Wirkungsgefüge breiter Raum gegeben.

Im ersten Teil dieser Einführung sollen einige geologische, geophysikalische und geochemische Aspekte der Dynamik der Erde im Überblick und beispielhaft dargestellt werden. Im zweiten Teil werden dann diejenigen Themen präsentiert, die sich überwiegend mit der atmosphärischen Dynamik sowie der Vorhersage dynamischer Prozesse befassen. Die Rolle des Menschen im dynamischen Gesamtsystem Erde - von den bereits eingetretenen anthropogenen Störungen bis zur denkbaren irreversiblen Zerstörung - wird dabei im Mittelpunkt stehen, und mit einigen Beispielen aus der Wissenschaftsgeschichte soll versucht werden, die vorgebliche Neuartigkeit mancher heutiger Erkenntnis zu relativieren.

ERDGESCHICHTLICHE ENTWICKLUNGEN

Prozesse und Auswirkungen der Dynamik der Erde werden uns besonders eindrucksvoll bewußt, wenn sie unsere unmittelbare Umwelt betreffen. Um aber z.B. hier in unserem engen mitteleuropäischen Lebensraum über die aktuelle atmosphärische Dynamik - sozusagen über "Wind und Wetter" - oder die hydrologischen Abläufe hinaus zu Erkenntnissen über geodynamische Entwicklungen zu gelangen, sind wir gezwungen, den Beobachtungszeitraum wesentlich auszudehnen. Die Geowissenschaften verfügen über ein vielfältiges Instrumentarium, mit dessen Hilfe sie aus den Überlieferungen der Erdgeschichte - den Gesteinen - Informationen über die Bedingungen der geologischen Vergangenheit beziehen. So ist es - mit einigen Einschränkungen hinsichtlich der Genauigkeit vor allem bei älteren Gesteinen - möglich, z.B. die klimatischen Bedingungen und die geographische Situation für einen viele Millionen oder gar Milliarden von Jahren zurückliegenden Zeitraum zumindest in groben Zügen zu rekonstruieren oder Spannungszustände und Deformationsvorgänge in den alten Erdkrustenplatten nachzuvollziehen. Für das geologische Puzzle Europa skizziert so der Geophysiker GIESE die unruhige, in jeder Hinsicht dynamische Entwicklungsgeschichte der letzten drei Milliarden Jahre. Der Geochemiker SCHIDLOWSKI leitet aus geologischen und paläontologischen Gesteinsmerkmalen die enge Verknüpfung zwischen der Entwicklung des Lebens auf der Erde und der Zusammensetzung der irdischen Lufthülle ab. Die Kenntnis der Vor- und Frühgeschichte oder Urgeschichte unserer Atmosphäre ist notwendige Voraussetzung für das Verständnis des anthropogenen Einflusses auf die heutige und künftige Zusammensetzung der Atmosphäre und ihre möglichen klimatischen Konsequenzen.

Geodynamik am Beispiel eines kleinen Krustenabschnitts

Bleiben wir aber zunächst in unserer unmittelbaren Umgebung, gehen nur einige hundert Millionen Jahre in die Erdgeschichte zurück und verfolgen das geodynamische Schicksal dieses kleinen Erdkrustenausschnitts, auf dem wir heute leben. Für diesen Exkurs in die Erdgeschichte wählen wir beispielhaft den Untergrund der norddeutschen Tiefebene und hier im besonderen - weil naheliegend - denjenigen Berlins. Die Voraussetzungen zumindest für die letzten 300 Millionen Jahre sind hier günstig: die Gesteinsserien liegen im großen und ganzen wohlgeordnet übereinander, ohne wesentliche spätere Verstellungen, die die Altersfolge störten, und wir verfügen über ausreichende Informationen über diese Schichtenfolge. Im Untergrund Berlins wie auch anderswo im norddeutschen Raum sind geologische Strukturen entwickelt, die Anlaß für eine - allerdings nicht fündige - Bohrung auf Erdgas waren, die immerhin eine Tiefe von etwas mehr als 4000 m erreicht und damit eine erdgeschichtliche Zeitspanne von nahezu 300 Ma erfaßt hat (Abb. 3; vgl. Tab. 1). Vor allem der Exploration auf Erdöl und Erdgas ist es zu verdanken, daß wir heute die geodynamische Evolution Mitteleuropas seit dem mittleren Paläozoikum Schritt für Schritt in paläogeographischen Karten (Ziegler 1982) nachvollziehen können.

Die ältesten datierbaren Schichten im tieferen Untergrund von Berlin sind im Karbon abgelagert worden, einer erdgeschichtlichen Periode von etwa 65 Ma Länge, die weltweit durch die Bildung von Kohlelagerstätten gekennzeichnet ist. Auch südlich von Berlin sind geringmächtige, nicht abbauwürdige Steinkohleflöze aus dem oberen Karbon angetroffen worden, die Zeugnis für ein warm-feuchtes tropisches Klima in unserer Region und einen küstennahen Bildungsraum ablegen. Kohleflöze, diesmal allerdings mit Braunkohle, werden uns auch 280 Ma später im Miozän noch einmal begegnen.

Dem Kreislauf des Elements Kohlenstoff, von der Produktion pflanzlicher organischer Substanz aus Kohlendioxid, über ihre Umsetzung und Konservierung in Form von fossilen Brennstoffen wie Kohle oder Erdöl, bis zu ihrer hemmungslosen Rückführung in Kohlendioxid durch den Menschen samt den daraus möglicherweise erwachsenden klimatischen Konsequenzen widmet sich der Beitrag des Geochemikers DEGENS.

Der folgende Zeitabschnitt, das untere Perm oder Rotliegende, ist im Untergrund von Berlin durch eine Schichtenfolge vertreten, in der kontinentale Schuttsedimente und vulkanische Gesteine dominieren. Unser kleiner Krustenausschnitt war damals, ebenso wie andere Gebiete Mitteleuropas, Schauplatz reger vulkanischer Tätigkeit und der Abtragung eines älteren, des variszischen Gebirges, das sich im südlichen Hinterland heraushob. Vorgänge bei der Erosion eines viel jüngeren Gebirges und dem Transport seines Schuttes ins Meer analysiert der Sedimentologe IBBEKEN am Beispiel Kalabriens qualitativ und quantitativ und zeigt dabei auch auf, in welchem Ausmaß der Mensch die natürliche Erosion zu beeinflussen beginnt.

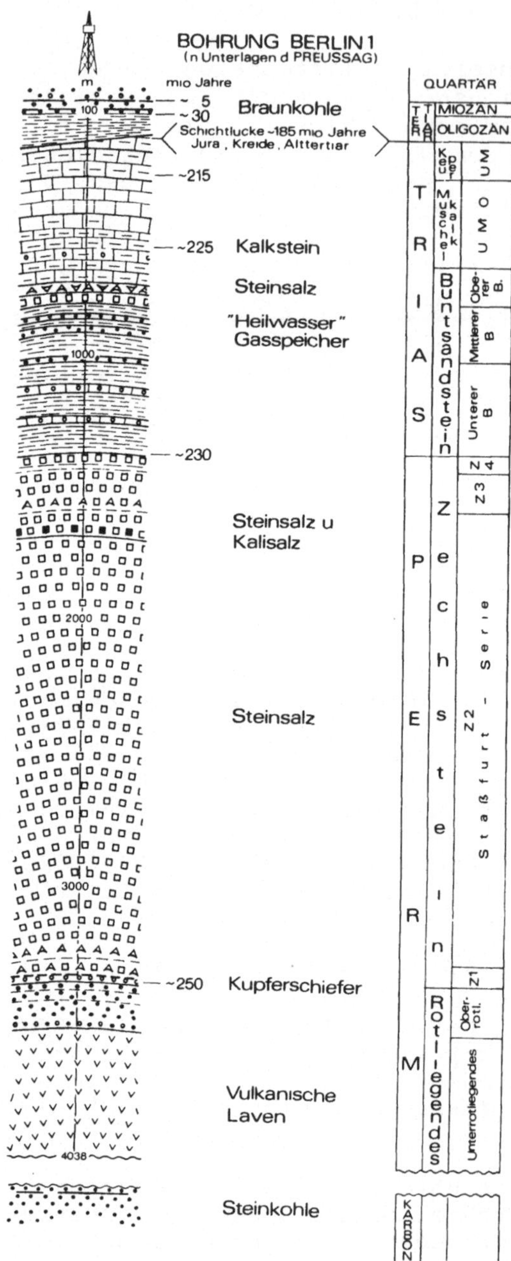

Abb. 3. Der Untergrund Berlins in der Bohrung Berlin 1 (nach Unterlagen der Preussag AG).

In der Zechsteinzeit drang von Norden her ein flaches Meer in unseren Raum vor. Nach allem, was man von dieser Transgression weiß, lief sie mit sehr großer Geschwindigkeit ab. Nach nur wenigen Jahren waren die schuttgefüllten wüsten- oder steppenhaften Rotliegend-Becken und damit auch unsere Region vom Meer überschwemmt und marine Faulschlammbildungen, reich an organischer Substanz, bedeckten die sandigen Festlandssedimente. In diesen Faulschlammablagerungen - im Berliner Raum nur wenige Dezimeter mächtig - sind an vielen Stellen große Mengen an Kupfer, Blei, Zink und seltenen Elementen bis hin zu den Platinmetallen angereichert. In seinem benachbarten polnischen Verbreitungsgebiet ist in diesem "Kupferschiefer" und seinen Begleitsedimenten die reichste Kupferlagerstätte Europas entwickelt.

Die im Zechsteinmeer im weiteren Verlauf dann abgelagerten Gesteinsfolgen sind in mindestens vier Zyklen gegliedert, die jeweils in Salzlagern kulminieren. Diese Salze - überwiegend Gips und Steinsalz, selten auch Kalisalzflöze - belegen, daß unser Zechsteinmeer zeitweise vom offenen Ozean abgeschnitten gewesen sein muß. In großen Becken konnte in dem jetzt herrschenden heißen Trockenklima mit seinen hohen Verdunstungsraten das Meerwasser bis zur Ausfällung der leichtlöslichen Salze eingedampft werden. Im Berliner Raum sind alleine nahezu 1700 m Steinsalz des zweiten, des Staßfurt-Zyklus, davon 100 m auch mit Kalisalzeinschaltungen, durchbohrt worden. Diese enorme Mächtigkeit entspricht jedoch nicht der ursprünglich abgelagerten. Durch sein plastisches Verhalten konnte das spezifisch

<u>Tab. 1.</u> Erdzeitalter und Gebirgsbildungsphasen mit den für Europa gebräuchlichen Bezeichnungen.

Gebirgs-bildung	Zeit-alter	Periode	Serie	Jahre
Alpen + zirkum-medi-terrane Gebirge	Känozoikum	QUARTÄR	Holozän / Pleistozän	8 000 / 1,5 10^6
		TERTIÄR	Pliozän / Miozän / Oligozän / Eozän / Paläozän	5 / 24 / 34 / 53 / 65
	Mesozoikum	KREIDE	obere / untere	100 / 136
		JURA	Malm / Dogger / Lias	195
		TRIAS	Keuper / Muschelkalk / Buntsandstein	225
Varis-ziden (Hercy-niden)	Paläozoikum	PERM	Zechstein / Rotliegendes	280
		KARBON	oberes / unteres	320 / 345
		DEVON	oberes / mittleres / unteres	358 / 370 / 395
		SILUR		430
Kaledo-niden		ORDOVIZIUM	oberes / unteres	450 / 500
		KAMBRIUM	oberes / mittleres / unteres	570
	Präkambrium	PROTEROZOIKUM		2 500
		ARCHÄIKUM		4 000

leichtere Salz unter der Last der überlagernden Schichten aus-
weichen und sich in Bereichen geringeren Überlagerungsdruckes
zu aufgewölbten Salzkissen und hochreichenden Salzstöcken ansammeln, wie sie auch im Untergrund Berlins und seiner Nachbar-
gebiete entwickelt sind. Die Dynamik dieses Salzaufstiegs und
die daraus resultierenden Salzstrukturen als mögliche Endlager
für anthropogene Abfälle begegnen uns im Beitrag des Mineralo-
gen und Geochemikers HERRMANN wieder.

Die sich an das Perm anschließende Trias-Formation ist durch
einen mehrfachen Wechsel zwischen marinen und kontinentalen Ab-
lagerungsbedingungen gekennzeichnet. Die roten Sandsteine und
Tone der Buntsandstein-Zeit werden heute als Ablagerungen von
Flüssen und Seen interpretiert. Einer dieser Sandsteinhorizon-
te, in unserer Bohrung bei etwa 900 m Tiefe gelegen, hat für
die zukünftige Energieversorgung Berlins große Bedeutung. Die
zahlreichen Poren dieses Sandsteins sind mit hochkonzentrier-
tem, warmem Salzwasser gefüllt. Wenn auch eine an sich mögliche balneologische Anwendung als Heilwasser und damit das "Bad
Berlin" nicht realisiert werden kann, ist eine Nutzung dieses
Sandsteinhorizonts als Untergrundspeicher (ein sogenannter
"Aquifer"-Speicher wegen der Wasserfüllung des Porenraumes)
für das aus der Sowjetunion gelieferte Erdgas vorgesehen.

Die Kalksteine des Muschelkalks, wie sie im Osten der Stadt
bei Rüdersdorf durch den Salzaufstieg an die Oberfläche ge-
schleppt und damit der Gewinnung für Branntkalk- und Zement-
industrie zugänglich gemacht worden sind, sind als marine
Flachwassersedimente unter subtropisch-semiariden Bedingungen
abgelagert worden. Auch die Sedimente des Keupers zeigen noch
einmal diesen typischen Wechsel zwischen festländischen und
flachmarinen Bedingungen und ein trockenes Klima an.

Was die Ablagerungen der Jura- und Kreidezeit angeht, existiert zumindest in unserem Bohrprofil eine "Erinnerungslücke"
von etwa 175 Ma. Aus anderen Bohrungen im norddeutschen Tief-
land sind aber entsprechende Sedimente bekannt, so daß wir annehmen müssen, daß sich das Meer nach dem Ende der Kreide für
längere Zeit aus unserer Region zurückzog und eine Abtragungs-
periode begann, die vor allem im Alttertiär wirksam war. Schon
zu dieser Zeit existierte, wie auch davor während der unteren
Kreide, allerdings im paläogeographischen Sinne, eine "Berliner Insel". Zum ersten Male hatte sich während des Juras und
der Kreide der Aufstieg des permischen Salzes an der Oberfläche ausgewirkt und dort zu Reliefunterschieden, d.h. zu Absen-
kungen und Aufwölbungen und damit zu kleinräumigen Differenzierungen des Ablagerungsmilieus und der Schichtmächtigkeiten geführt. Opfer gleichzeitiger oder späterer Abtragungsphasen waren natürlich bevorzugt solche Bereiche von Salzaufwölbungen
mit ihren hochgebogenen älteren Schichtpaketen, wie wir sie
auch in der Umgebung unserer Bohrung antreffen.

Nicht in dem Gesteinsstapel überliefert ist damit auch ein für
die ganze weitere geologische Entwicklung und die heutige
Land-Meer-Konstellation entscheidender dynamischer Prozeß: das
vor rund 200 Ma einsetzende Zerbrechen eines alten Großkonti-

nents - der Pangäa WEGENERs - und der damit verknüpften Entwicklung unserer heutigen Ozeane. Die damit einhergehenden Veränderungen und Konsequenzen auch für unser heutiges Klima erläutert der Meeresgeologe THIEDE anhand der Geschichte des Weltmeeres.

Erst vor etwa 35 Ma setzte dann im Unter-Oligozän die letzte große marine Überflutung unseres Raumes ein, die auch für das heutige Berlin insofern von unmittelbarer Bedeutung ist, als eines der charakteristischen marinen Sedimente dieser Zeit, der mitteloligozäne Septarienton, als wasserstauender Horizont ein tieferes salzführendes Grundwasserstockwerk von einem höheren süßwasserführenden hermetisch trennt, das die Grundlage unserer Trinkwasserversorgung darstellt.

Die Verteilung von Land und Meer näherte sich nun während der Folgezeit immer mehr den heutigen Verhältnissen. Am Ende des Oligozäns zog sich das Meer endgültig aus dem Berliner Raum zurück und eine Landschaft mit Flüssen und Seen entstand. In einem Klima, das zwischen subtropischen Verhältnissen bis zu warm-gemäßigten Bedingungen zyklisch schwankte, bildeten sich ausgedehnte Sumpf- und Waldmoore. Besonders in Gebieten stärkerer Absenkung entstanden aus den Pflanzenresten Braunkohlenflöze, die in zahlreichen Bohrungen des Stadtgebiets nachgewiesen sind.

Eine über lange Perioden dominierende, nur selten von "Inversionen" unterbrochene Senkungstendenz müssen wir generell für unser Gebiet und den ganzen Bereich des norddeutschen Beckens annehmen. Wie anders wäre sonst zu erklären, daß wir Sedimente, die in einem Flachmeer wenig unterhalb des Meeresspiegels abgelagert worden sind, heute in Tiefen von über 3000 m unter dem Meeresniveau antreffen? Die geotektonischen Ursachen und geodynamischen Mechanismen, die das Einsinken von Becken bewirken, gehören auch heute noch zu den bedeutenden Forschungsgegenständen der Geologie und Geophysik. Von unmittelbar praktischer Konsequenz sind die Prozesse der Beckengenese insbesondere für die Exploration von Kohlenwasserstoffen.

Während es noch im Miozän ungewöhnlich warm war, gehen gegen Ende des Tertiärs die Temperaturen zurück, und für den jüngsten Zeitabschnitt der Erdgeschichte, das Quartär, sind auch für den Berliner Raum mindestens drei Kaltzeiten und zwischengeschaltete Warmzeiten nachgewiesen. Die jüngste Warmzeit hält noch an. Während der "Eiszeiten" war unsere Umgebung zeitweise mit einer mehrere hundert Meter mächtigen Gletschereisdecke überzogen. Es waren übrigens die Kalkfelsen von Rüdersdorf, an denen der Schwede Torell im Jahre 1875 erstmals den Nachweis führte, daß die allgegenwärtigen skandinavischen Gesteins-Findlinge nicht mit driftenden Eisbergen über das Meer, sondern von den Gletschern selbst aus dem Norden zu uns verfrachtet worden sind.

Kurz vor dem Ende der letzten Vereisungsperiode ist bis hierher in unseren Raum auch ein anderes exotisches Material transportiert worden: vulkanische Asche, die beim explosionsartigen

Ausbruch des Laachersee-Vulkans über weite Teile Mitteleuropas
verbreitet wurde. Die Meteorologin LABITZKE stellt in ihrem
Beitrag an aktuellen Beispielen die weitreichenden Wirkungen
von großen Vulkanausbrüchen auf Wetter und Klima dar.

Nach seinem Rückzug, oder besser nach seinem Abschmelzen, hin-
terließ das Inlandeis eine Landschaft, die mit ihren Hochflä-
chen, Tälern, Rinnen und Seen im großen und ganzen den heutigen Landschaftsformen entsprach. Im Bereich der südlichen Nordsee war während der jüngsten, der Weichsel-Kaltzeit, der Meeresspiegel auf mehr als 100 m unter das heutige Niveau abgesunken. Seither ist er mit unterschiedlicher Geschwindigkeit auf
das heutige Niveau angestiegen.

GEOGENE URSACHEN UND WIRKUNGEN

Wenn wir zurückblicken, so sind es Meeresspiegelschwankungen
und Klimaänderungen, die die Dynamik des erdgeschichtlichen Ab-
laufs in unserem Raum - und nicht nur hier - in starkem Maße
bestimmt haben. Ausmaß und zeitlicher Ablauf globaler Änderungen des Meeresspiegelniveaus während der jüngeren Erdgeschichte sind nicht zuletzt dank der Untersuchungen von Erdölgesell-
schaften gut bekannt (Abb. 4). Mögliche Ursachen werden in
großer Zahl und kontrovers diskutiert und belegen einmal mehr
die Komplexität der Wechselwirkungen dynamischer Prozesse.

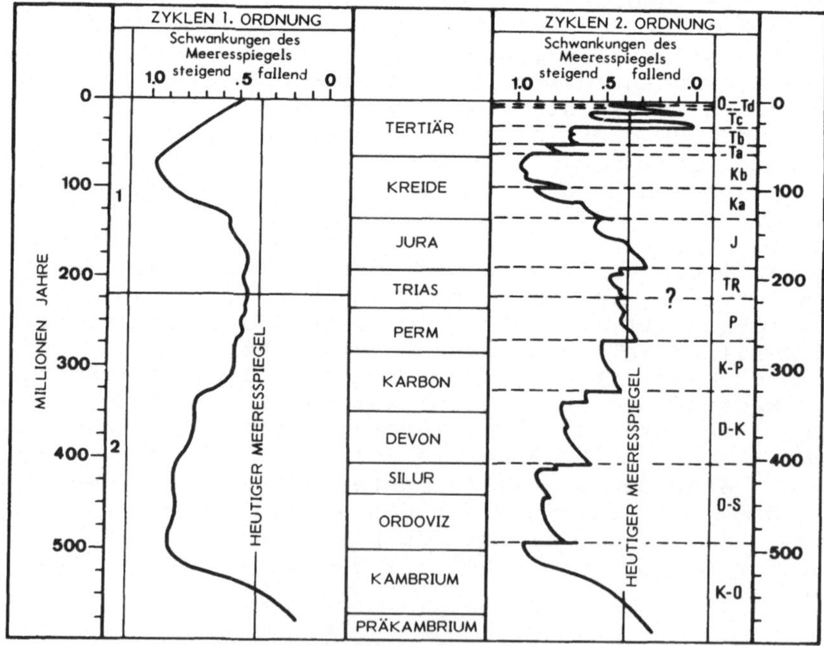

<u>Abb. 4.</u> Relative Meeresspiegelschwankungen während des Phanero-
zoikums (nach Vail et al. 1977).

Globale Meeresspiegelhochstände - während der Kreide z.B. mehrere hundert Meter über dem heutigen Niveau - traten besonders während Perioden starker globaler Erwärmung auf, als die polaren Eiskappen abgeschmolzen waren. Neben solchen "glazio-eustatischen" Schwankungen, also den Änderungen des verfügbaren Wasservolumens, sind es Schwankungen der Geometrie bzw. des Volumens der Meeresbecken selbst, verursacht z.B. durch Vertikalbewegungen des Meeresbodens, die Spiegeländerungen erzeugen. Eine den Anstieg des Meeresspiegels bewirkende Hebung des Meeresbodens wiederum könnte mit verstärkter Aktivität, d.h. größerem Volumen, der ozeanboden-erzeugenden mittelozeanischen Rücken und damit also mit der endogenen, der tektonischen Dynamik der Erde in Zusammenhang stehen. Meeresspiegelhochstand bedeutet aber auch größere flächenhafte Verbreitung der Ozeane und damit verstärkte Absorption der einfallenden Sonnenstrahlung. Umgekehrt würde bei tieferem Meeresspiegel und damit kleinerer Ozeanfläche wegen der geringeren Wärmekapazität des festen Landes weniger Wärme gespeichert. In einer solchen Situation würden sich auch die Effekte der "Kontinentalität" des Klimas verstärken, d.h. über den östlichen Teilen der Kontinente würden größere jahreszeitliche Temperaturunterschiede auftreten und die Vergletscherung könnte begünstigt werden. Die zunehmende Bedeckung der Erde mit Schnee und Eis würde dann zu einer Erhöhung der großräumigen Albedo, d.h. zu einem höheren Anteil der reflektierten Strahlung und damit zu weiterer Abkühlung führen. Es ist sogar spekuliert worden, daß bereits eine Ausdehnung der polaren Eismassen bis herab zu 50 Grad Breite zu einer Vergletscherung der gesamten Erde führen könnte. Niedriger Meeresspiegel bedeutet aber auch geringere Meeresoberfläche und damit geringere Verdunstung und geringere Niederschläge. Regional könnte dies zu einer Ausdehnung von Wüstengebieten und global zu einem verminderten atmosphärischen Wärmetransport in Richtung auf die Pole führen. Ein niedriger Meeresspiegel erzeugte also eine Art von positivem Rückkoppelungseffekt derart, daß alle Abkühlungsvorgänge, die ihrerseits zu einem Absinken des Spiegels beigetragen haben können, noch einmal verstärkt werden. Globale und regionale klimatische Entwicklungen auf der Erde stehen also offensichtlich auch in einer sehr engen Beziehung zur Dynamik der Lithosphäre.

Als ein interessantes Beispiel für die komplizierte Vernetzung von dynamischen Prozessen in Lithosphäre, Hydrosphäre, Atmosphäre auch mit der Biosphäre kann folgendes angeführt werden: Meeresüberflutungen sind in der jüngeren Erdgeschichte nachweisbar mit einer verstärkten Entwicklung des marinen planktonischen Lebens, insbesondere des Phytoplanktons, verknüpft gewesen. Diese pflanzlichen Organismen verbrauchen für den Aufbau ihrer Körpersubstanz aber viel Kohlendioxid und reduzieren damit dessen Konzentration in der marinen Hydrosphäre und damit auch der Atmosphäre, die mit dem marinen Kohlendioxid-Reservoir in Wechselwirkung steht (siehe hierzu den Beitrag von DEGENS). Die Wärmeabstrahlung der Erde kann aber durch diese Abschwächung des Kohlendioxid-Glashauseffektes verstärkt werden, d.h. der durch die Meeresüberflutung eigentlich bewirkten Erwärmung wirkte in diesem Falle ein Abkühlungseffekt entgegen.

Geotektonik und Klimaentwicklung

Die klimatische Entwicklung kann auch auf ganz unmittelbare
Weise mit globalen tektonischen Prozessen verknüpft sein:
Nicht nur das Verhältnis der Flächen von Land und Meer, sondern auch ihre räumlichen Beziehungen zueinander und die va-
riable Lage der Kontinente und Meere auf dem Erdball sind für
die regionalen klimatischen Bedingungen maßgeblich. Werfen wir
deshalb einen letzten Blick auf den Krustenausschnitt Berlin
und verfolgen seine geographische Wanderung durch die Erdgeschichte.

Die paläogeographischen Koordinaten für den Platz Berlin, vor
allem die in bezug auf das Klima bestimmende Paläobreite, können dabei aus Karten entnommen werden, in denen aus paläomag-
netischen Messungen - also Bestimmungen der Paläo-Pole - die
Paläo-Kontinentlagen rekonstruiert worden sind (z.B. Smith et
al. 1982; Owen 1983). Noch während des Karbons lag danach die
Region Berlin etwa im Bereich des Äquators und damit in warm-
feuchtem Klima, wie auch die Kohlenflöze angezeigt hatten. Für
die Zeit der Salzabscheidung im Zechstein - wir erinnern uns
an die starke Verdunstung und das trocken-heiße Klima, das wir
dafür voraussetzen mußten - ist eine Paläobreite abzuleiten,
die im Bereich des nördlichen Wendekreises, etwa am Platz des
Zentrums der heutigen Sahara, liegt. Viele Jahrmillionen dauerte dann die Reise der Region Berlin durch milde mediterrane
Breiten, bis uns - nun schon an Ort und Stelle - am Ende des
Tertiärs die globale Abkühlung vollends ereilte.

Kosmische Effekte

Zwei wichtige und sehr gegensätzliche Einflüsse auf die irdische Klimadynamik sind noch zu nennen: kosmische (oder besser:
astronomische) und menschliche.

Die Strahlungsenergie, die ein bestimmter Punkt der Erde von
der Sonne empfängt, ist - etwa gleichbleibende Strahlungsinten-
sität der Sonne, d.h. Solarkonstante, vorausgesetzt - von der
Zusammensetzung der Atmosphäre und von drei Erdbahnparametern
abhängig, die langperiodisch schwanken: der Exzentrizität der
elliptischen Erdbahn, der Neigung der Erdachse und der Präzession der Erdachse, d.h. der Richtung, in die die Erdachse
weist. Die Exzentrizität bestimmt den Abstand der Erde von der
Sonne, Präzession und Neigung bestimmen die Verteilung der Sonnenenergie; alle drei Parameter bestimmen also die Sonneneinstrahlung auf die Erde. Alle drei Parameter sind aber zeitab-
hängig mit einer wohldefinierten Periodizität: die Exzentrizität variiert mit einer Periode von 100 000, die Erdbahnneigung
mit 41 000 und die Präzession mit 21 000 Jahren. Und mit eben
diesen Perioden variiert auch eine Vielzahl von klimaabhängi-
gen geologischen Merkmalen.

Der Jugoslawe Milankovich, nach dem diese Theorie der astrono-
mischen Erdbahnberechnungen benannt wurde, hatte ursprünglich
vor allem zur Klärung von Ursachen, Dauer und Ablauf der jüngeren Eiszeiten beitragen wollen, denn daran lassen sich die
zyklischen Klimaveränderungen besonders eindrucksvoll belegen
(Abb. 5). Es stellt sich aber immer deutlicher heraus, daß
sich Milankovich-Zyklen mit ihren typischen erdorbit-bestimm-
ten Perioden auch in geologisch älteren Schichtenfolgen nachweisen lassen, wie z.B. in marinen Kreidesedimenten.

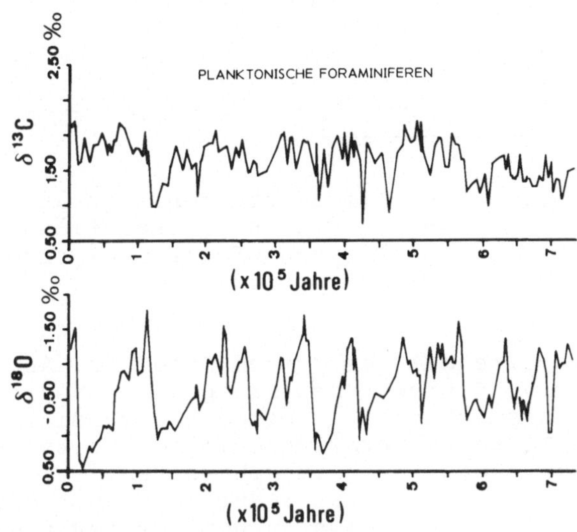

Abb. 5. Klimakurve eines nordatlantischen Tiefsee-bohrkerns für das Quartär. Die klimaabhängige zyklische Variation der stabilen Sauerstoff- und Kohlenstoff-Isotopenverhältnisse in planktonischen Foraminiferen ist dargestellt (nach Eder et al. 1984).

Atmosphärisch-ozeanische Vernetzungen

Zur Illustration der Kompliziertheit der Systemzusammenhänge,
die der Wissenschaft heute zwar im Prinzip und auch in vielen
Details mehr und mehr bekannt werden, sie jedoch bei der quantitativen Behandlung vielfach vor schier unüberwindliche
Schwierigkeiten stellt, sei kurz ein Beispiel aufgezeigt: das
Klimasystem, und zwar zunächst allgemein und dann in einem interessanten, charakteristischen Detail.

Selbst in einer bereits vereinfachten Darstellung (Abb. 6) erweisen sich die thermodynamisch-hydrodynamischen Verknüpfungen
zwischen den verschiedenen Teilsystemen, wie Zusammensetzung
der Atmosphäre, Strahlungshaushalt, Temperaturfeld, Strömungsfeld, Ozean (Hydrosphäre), feste Erdoberfläche, Eisreservoir
(Kryosphäre), als außerordentlich komplex und wegen der unre-
gelmäßigen Land-Meer-Verteilung, der Kugelgestalt der Erde,
der Erdrotation und der Neigung der Erdachse gegen die Eklip-
tik zusätzlich kompliziert. Leicht erkennt man, daß sich innerhalb des Systems an verschiedenen Stellen Rückkopplungen befinden, nämlich überall dort, wo sich die Verknüpfungen zu ge-
schlossenen Kurven verbinden lassen; aber stets sind diese
Rückkopplungs- oder Regelkreise untereinander vernetzt.

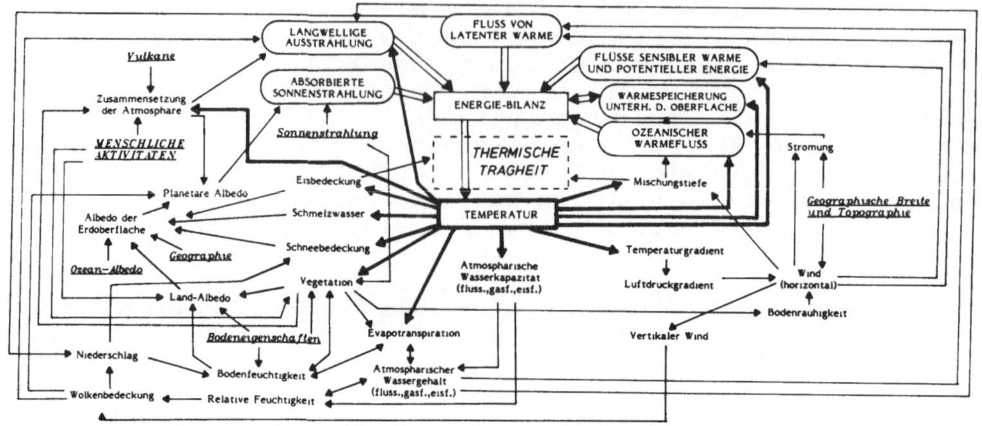

Abb. 6. Beziehungsschema zwischen den Klimaelementen, den äußeren Antriebskräften (in Schrägschrift), den Energieflüssen (rund umrandet) und der Temperatur (Wirkungspfeile hervorgehoben) im Rückkopplungssystem Klima (nach Robock 1985).

Insbesondere ist die Atmosphäre mit dem System Ozean (s. Abb. 7) und dem der Kryosphäre, d.h. Schnee- und Eissphäre unseres Planeten, durch Rückkopplungsmechanismen verknüpft, wobei die einzelnen Wirkungsstränge z.T. sehr unterschiedliche Zeitskalen aufweisen (die schnell bewegliche Atmosphäre reagiert zu meist recht spontan, der Ozean wegen seiner viel größeren Masse hingegen wesentlich langsamer, wegen seiner großen Wärmekapazität dafür aber auch nachhaltiger).

Die unterschiedlichen Zeitskalen bewirken aber u.a., daß viele der an den Wechselwirkungskreisläufen beteiligten Prozesse im Hinblick auf großskalige, weiträumige Vorgänge nicht mehr als deterministische, sondern nur mehr als stochastische Phänomene in Erscheinung treten und somit eine Auffindung und Beschreibung weiter komplizieren (vgl. hierzu den Beitrag von FORTAK).

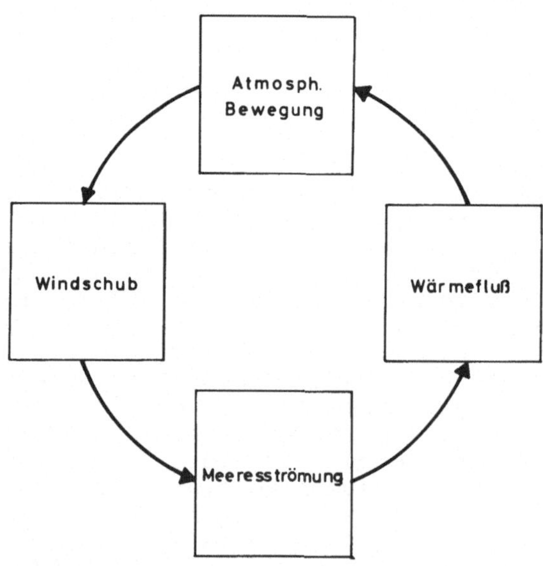

Abb. 7. Schematische Darstellung des Rückkopplungssystems Atmosphäre - Ozean.

Räumliche Vernetzungen

Was für die Wechselwirkung zwischen Ozean und Atmosphäre soeben nur sehr allgemein dargestellt wurde, läßt sich mit einem
konkreten Beispiel verdeutlichen, bei dem noch räumliche Verknüpfungen hinzukommen. Es handelt sich um einen vor etwa 20
Jahren von Bjerknes (1969) an Hand neuerer Beobachtungsmateri-
als beschriebenen weiträumigen Regelmechanismus, der zu charakteristischen, mehr oder weniger regelmäßigen Schwankungen im
atmosphärisch-ozeanischen Zirkulationssystem des zentralen und
südlichen Pazifik führt. Sein Name "Southern Oscillation" geht
dabei auf Sir Gilbert Walker (Walker 1924) zurück, der erstmals auf einen gegenläufigen statistischen Zusammenhang zwischen dem mehrjährigen Luftdruckgang über dem Indischen Ozean
und Indonesien einerseits und über dem Südost-Pazifik andererseits hinwies. Dieser Regelkreis verbindet also Erscheinungen
in Gebieten, die viele Tausende Kilometer voneinander entfernt
sind, und es lassen sich derartige "Telekonnektionen" inzwischen bis in unsere Breiten - und somit als globale Erscheinung - nachweisen (Wright 1985).

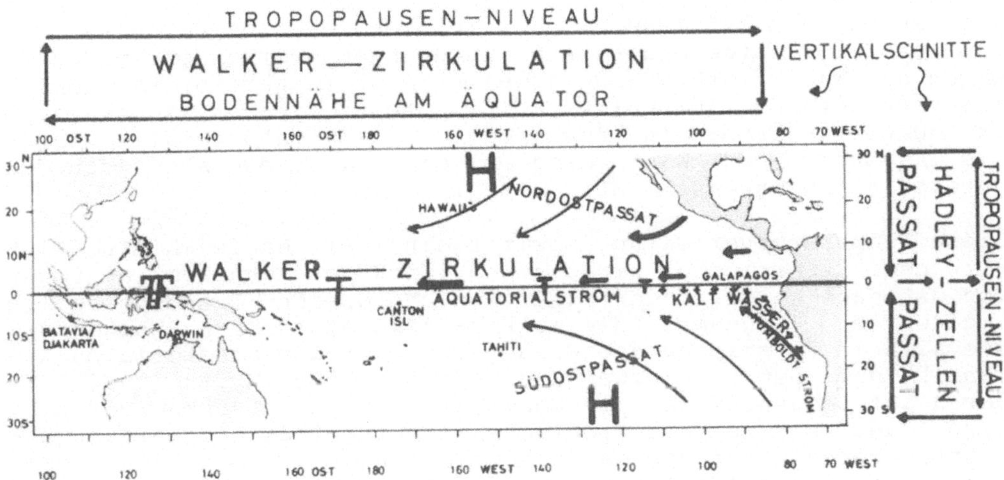

Abb. 8. Orientierungsskizze zum großräumigen atmosphärisch-
ozeanischen Rückkopplungssystem im Pazifischen Ozean ("Southern Oscillation").

Das pazifische Rückkopplungssystem sei hier exemplarisch aufgegriffen, weil es am weitesten untersucht worden ist. Es existiert in einem Gebiet (vgl. Abb. 8), das meteorologisch durch
das Ineinandergreifen der nord- und südhemisphärischen Hadley-
Zirkulationen einerseits und der pazifischen Walker-Zirkulation (Bjerknes 1969) andererseits charakterisiert ist. Es läßt
sich - hypothetisch und stark vereinfacht - wie folgt verstehen:

Die Hadley-Zirkulation, bekanntlich eine über dem Ozean ausgeprägte planetarische, thermisch bedingte Vertikalzirkulation

zwischen dem Subtropen-Hochdruckgürtel und der äquatorialen
Tiefdruckrinne, transportiert in der oberen Troposphäre den
aus der positiven Strahlungsbilanz resultierenden tropischen
Wärmeüberschuß in verschiedenen Energieformen (fühlbare Wärme,
latente Wärme des Wasserdampfes und Drehimpuls) polwärts, und
zum Ausgleich fließt in Bodennähe kältere Luft in Form der bekannten, sehr beständigen Passatwinde äquatorwärts.

Diese üben nun - wie alle Winde - auf die Meeresoberfläche einen Windschub aus. Vor der südamerikanischen Westküste bewirkt
der hier wehende Südostpassat durch seine stark ablandige Wir-
kungsrichtung, daß der ohnehin aus kühleren Regionen kommende
Humboldt-Meeresstrom zusätzlich mit kaltem Auftriebswasser ver-
sorgt wird, was im Südostpazifik zu einer beachtlichen negati-
en Abweichung der Wassertemperatur vom sonst üblichen Breiten-
kreismittel führt (vgl. Dietrich und Ulrich 1968). Dieser relativ kalte Humboldt-Strom geht im Bereich der Galapagos-Inseln
- deren Wüstenklima unter dem Äquator übrigens z.T. durch die
vom Kaltwasser hervorgerufene Niederschlagsarmut herrührt - in
den westwärts driftenden Äquatorialstrom über. Dessen Kaltwas-
sercharakter bleibt trotz intensiver Sonnenbestrahlung wiederum über weite Strecken erhalten, weil der Windschub der hier
weitgehend rein östlichen Winde infolge der beiderseits des
Äquators in entgegengesetzte Richtungen wirkenden, und zwar
wegen der Westwärtsbewegung jeweils polwärts gerichteten Corio-
liskraft erneut für kaltes Auftriebswasser sorgt, so daß sich
im Äquatorialstrom ein ausgeprägtes Temperaturgefälle längs
des Äquators von West nach Ost einstellt, das sich auch den
unteren Atmosphärenschichten mitteilt.

Diese Temperaturverteilung bewirkt eine der Hadley-Zirkulation
verwandte thermische Zirkulation längs des Äquators, am Boden
von Ost nach West, in der mittleren und oberen Troposphäre in
umgekehrter Richtung: die Walker-Zirkulation (Bjerknes 1969),
die sich in entsprechender Weise auch über dem äquatorialen Atlantik und dem Indischen Ozean finden läßt (Wyrtki 1982). In
deren aufsteigendem Ast, im Westteil des tropischen Pazifik,
wird dadurch eine rege tropische Niederschlagtätigkeit begünstigt, während über den östlichen Teilen des tropischen Pazifiks der absinkende Teil dieser äquatorialen Vertikal-Zirkula-
tion durch seine die tropische Quellbewölkung unterdrückende
Wirkung die kaltwasserbedingte Niederschlagsarmut (Galapagos)
noch zusätzlich verstärkt. Die bodennahen Ostwinde dieser Walker-Zirkulation tragen nun ihrerseits, den Passatwinden überlagert, zur Aufrechterhaltung der negativen Temperaturanomalie
des Äquatorialstroms bei.

Es läßt sich nun leicht eine Kausalkette finden, die zu den
erstmals von Walker beobachteten und von Bjerknes beschriebenen, verhältnismäßig regelmäßigen charakteristischen Schwankungen des geschilderten Zirkulationssystems führt. Gehen wir, unter Zuhilfenahme der Abb. 8 und 9, von einem ausgeprägt kalten
Äquatorialstrom aus, dann muß in diesem Fall die Hadley-Zirkulation, die ja vom Temperaturunterschied zwischen den warmen
Tropen und den demgegenüber kühleren Subtropen angetrieben
wird, relativ schwach ausgeprägt sein, weil die Temperaturdif-

ferenz gering ausfällt. Folglich ist der polwärtige Energie-
abtransport in die Subtropenregion geschwächt, und der verrin-
gerte Drehimpulstransport sorgt für eine schwächere Ausprägung
des Subtropenhochs. Dadurch verringert sich die Luftdruckdif-
ferenz Subtropenhoch - Äquator, die den Passat antreibt, d.h.
der Südost-Passat wird geschwächt, so daß sich seine Auftriebs-
wasserproduktion vor der südamerikanischen Küste verringert,
der Humboldt-Strom wird damit wärmer und folglich schwächt
sich auch die Walker-Zirkulation ab, wodurch schließlich auch
der Äquatorialstrom wärmer wird.

Ein wärmeres Äquatorialgebiet facht nun aber wieder die Hadley-Zirkulation an, deren sich verstärkender Drehimpulstransport das Subtropenhoch kräftigt, damit den Südost-Passat beschleunigt und dadurch den Humboldt- und schließlich den Äquatorialstrom kälter macht. Wir sind wieder am Ausgangspunkt der
Schleife, im Sinne einer negativen, d.h. system-stabilisieren-
den Rückkopplung.

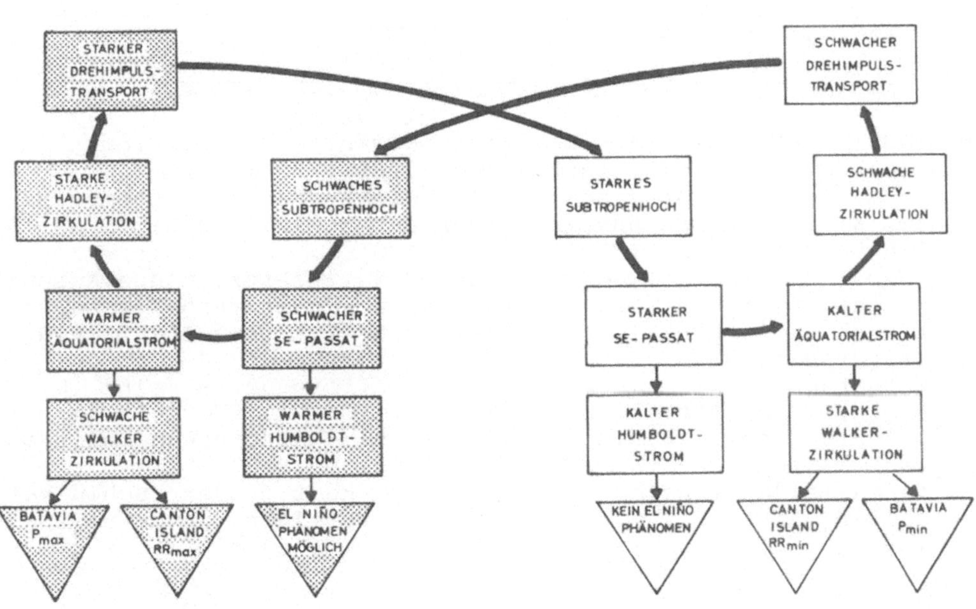

Abb. 9. Regelmechanismus der gekoppelten atmosphärisch-ozeanischen Zirkulation im tropischen und subtropischen Südpazifik
(Southern Oscillation) (vgl. Abb. 8).

In dieses Schema fügen sich einige bekannte kurzperiodische
klimatische Schwankungen ein. Ist zum Beispiel der Äquatorialstrom kalt (starke Walker-Zirkulation), erstreckt sich seine
niederschlagsdämpfende Wirkung bis weit in den zentralen Pazifik; ist er wärmer (schwache Walker-Zirkulation), treten im
zentralen Pazifik - wie sonst erst weiter westlich - beachtli-

che tropische Regenfälle auf. Dies geht aus dem weitgehenden Gleichlauf der Kurven A und B in Abb. 10, durch den (dreieckigen) Indikator Regenmenge (RR) Canton Isld. in Abb. 9 verdeutlicht, hervor.

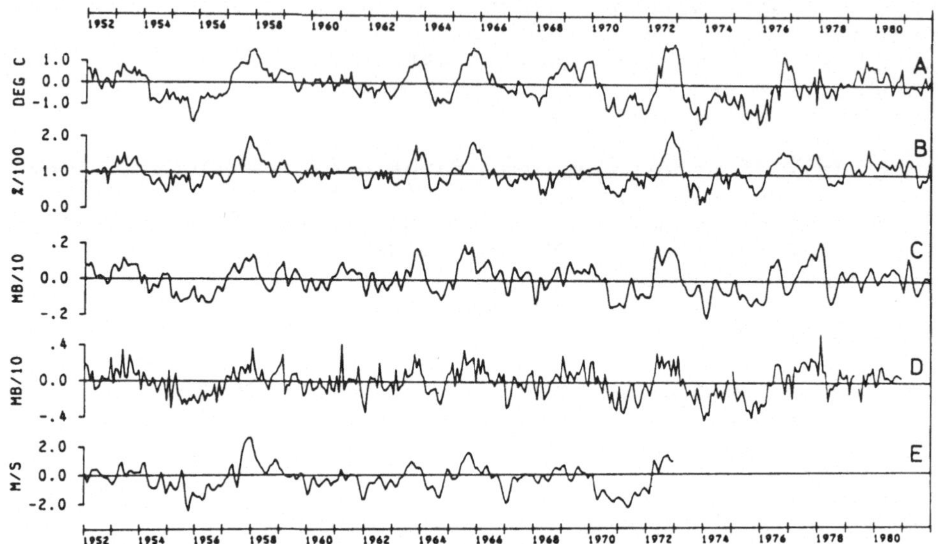

Abb. 10. Monatliche Mittelwerte ausgewählter Indikatoren der "Southern Oscillation" (nach Wright 1985).
(A) Anomalie der Monatsmittel der Meeresoberflächentemperatur (in K) in den Schlüsselregionen 6-2° N, 170-90° W; 2 N-6° S, 180-90° W; 6-10° S, 150-110° W;
(B) Anomalie eines Niederschlagsindex in Prozent des Normalwerts, ermittelt über maximal sechs äquatornahe Inselstationen zwischen 157° W (Christmas I.) und 167° E (Nauru) (s. Wright 1984);
(C) Luftdruckanomalie in Darwin, geglättet durch ein (0,25; 0,5;0,25)-Filter;
(D) Luftdruckanomalie in Darwin minus Luftdruckanomalie auf Tahiti;
(E) Anomalie der zonalen Windgeschwindigkeit in der Schlüsselregion 5° N-7° S, 150° E-150° W, übergreifend gemittelt wie (C).

Ist der Humboldtstrom ungewöhnlich warm, so tritt an der südamerikanischen Westküste, vor allem an der peruanischen, das gegebenenfalls über Monate anhaltende "El Niño"-Phänomen auf, d.h. starke, z.T. verheerende Regenfälle in dem sonst niederschlagsarmen Küstenstreifen, verbreitetes Fischsterben infolge des Ausbleibens von nährstoffreichem Tiefenwasser u.v.a.m. (vgl. Fairbridge 1967). So waren z.B. die Jahreswenden (Südsommer) 1957/58, 1965/66, 1972/73, 1976/77 ausgesprochene El Niño-Zeiten. In den Kurvenverläufen aller dargestellten Elemente in Abb. 10 sind sie an den markanten Gipfeln unschwer zu erkennen.

Die Absicherung der hier geschilderten Zusammenhänge durch weitere Bearbeitung von Beobachtungsdaten sowie durch Simulation mit Hilfe numerischer Rechenmodelle ist weltweit ein gegenwärtig intensiv gepflegtes Forschungsgebiet von Meteorologen und Ozeanographen. Es erweist sich aber als besonders schwierig, weil es sich bei dem hier exemplarisch beschriebenen Regelsystem um kein abgeschlossenes System handelt, sondern die hier eine Rolle spielenden Einzelfaktoren sowohl physikalisch als auch geographisch gesehen diversen äußeren Einflüssen unterliegen.

So ist - beispielsweise - die Stärke des Äquatorialstromes selbstverständlich eng mit der internen Gesamt-Dynamik des Pazifischen Ozeans verkoppelt und hängt daher nicht nur von der Stärke des äquatorialen Windschubs ab; die Ausprägung der subtropischen Hochdruckgürtel wird zweifellos durch ganz anderen Einflüssen unterliegende Vorgänge in den Westwindzonen der gemäßigten Breiten mitbestimmt; die Walker-Zirkulationen der drei Ozeane wiederum beeinflussen sich auch noch gegenseitig. LABITZKE wird darüber hinaus in ihrem Beitrag auf Wechselwirkungen "am oberen Rand", nämlich auf Zusammenhänge mit der Stratosphäre, hinweisen. Dazu sind auch noch zahlreiche, jahreszeitlich schwankende interne Wechselwirkungsbeziehungen und Regelkreise sowohl mit positiver als auch negativer Rückkopplung eingestreut, die hier der Übersichtlichkeit halber weggelassen wurden; als Beispiel sei lediglich die Rückwirkung der Bewölkung auf die Meeresoberflächentemperatur (über den Strahlungshaushalt) erwähnt. Wir haben es also offensichtlich mit einem komplexen Regelungssystem zu tun, bei dem sowohl die zahlreichen Komponenten des Systems als auch das Gesamtsystem ständigen Schwankungen unterliegen.

Die Frage nach der Stabilität solcher dynamischen Regelsysteme unter dem Einfluß sich verändernder Randbedingungen, wie z.B. vermutete Änderungen des Strahlungs- und Wärmehaushalts durch weitere CO_2-Zunahme, wird ein wichtiger und interessanter Aspekt bei der künftigen Erforschung von Klimaveränderungen und deren Vorhersage sein. Möglicherweise pendeln sich solche Regelungssysteme bei Veränderung der Randbedingungen über gewisse Schwellenwerte hinaus gar sprunghaft auf neue Gleichgewichtsniveaus ein und können somit einen Schlüssel für die Erklärung mancher früherer, regionaler oder globaler Zustände unseres irdischen Klimasystems liefern.

BETROFFENHEIT UND EINFLUSS DES MENSCHEN

Kommen wir nun zum Problem der anthropogenen Wirkungen auf das Klima. Der Geomorphologe PACHUR setzt sich in seinem Beitrag mit einer für Millionen von Menschen akut lebensbedrohlichen Entwicklung auseinander, der Entstehung und Vergrößerung von Wüsten. Ist Wüstenbildung, so stellt sich die zentrale Frage, ein natürliches, klimabedingtes Phänomen oder das Ergebnis des zerstörerischen Eingriffs der Menschen in das natürliche klimatische Wirkungsgefüge?

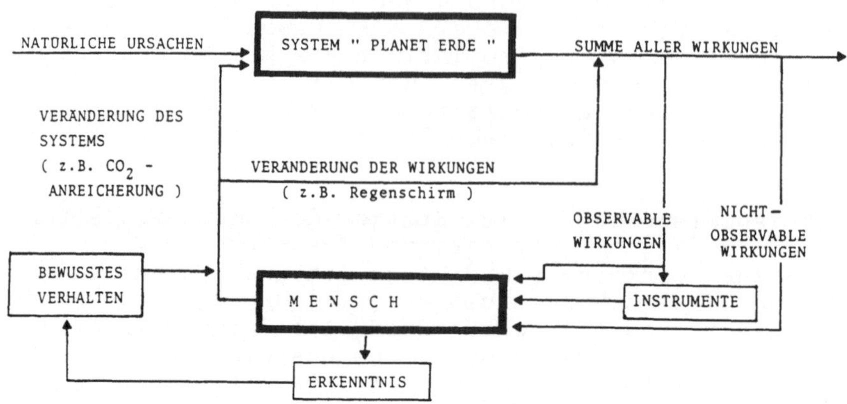

Abb. 11. Mensch und Erde in Wechselwirkung.

In Abb. 11 ist schematisch dargestellt, in welchem prinzipiellen Wirkungszusammenhang der Mensch mit dem System "Planet Erde", dessen Teil er wiederum ist, eigentlich steht. Da sind zunächst die bewußten (wahrnehmbaren, beobachtbaren) und die unbewußten Wirkungen des Systems auf den Menschen, deren physische Seite schon zu den Ur-Erfahrungen der Menschheit gehört, deren auch psychische Effekte bereits von Dove (1837) angesprochen und zu Anfang dieses Jahrhunderts erstmals von Hellpach (1923) umfassend dargestellt wurde.

Der Mensch vermag nun aber auch – bewußt oder unbewußt, absichtlich oder unabsichtlich – sowohl auf die Wirkungen des Systems auf ihn als auch auf das System selbst einzuwirken. Ersteres geschieht zumeist zur Abwehr, Begrenzung oder Vermeidung von Schäden durch - meist extreme - Naturerscheinungen, wobei das natürliche System vielfach selbst nicht angetastet wird. Letzteres, nämlich die Einwirkung auf das System selbst, birgt aber, wie etwa die Ökologie heute durch zahlreiche Beispiele belegen kann, u.U. weitreichende Gefahren für die Natur und auch für den Menschen. Daher sollte diesem Thema unsere besondere Aufmerksamkeit gelten.

Mit den möglichen Veränderungen im irdischen Klimasystem durch die zunehmende anthropogene Emission von Kohlendioxid befaßt sich der Beitrag von DEGENS. Als Geochemiker geht er dieses Problemfeld über den natürlichen Kohlenstoffkreislauf mit seinen großen Reservoiren Biosphäre, Ozean und Süßwasser an.

Aber nicht nur das durch menschliche Aktivitäten in der Atmosphäre zunehmend angereicherte Kohlendioxid hat - wegen seiner starken Absorptionsbanden im Spektralbereich der terrestrischen Wärmestrahlung - einen bereits der breiten Öffentlichkeit bekannten Einfluß auf den Strahlungshaushalt der Erde

(Glashauseffekt), sondern auch andere, weniger bekannte anthropogene atmosphärische Spurenstoffe lassen eine mindestens ebenso starke menschliche Einwirkung auf das globale Klima erwarten, wie das der Meteorologe Hans-Walter GEORGII in seinem Beitrag erläutert. Dies wird uns zum Nachdenken über unseren Umgang auch mit vermeintlich unschädlichen Chemikalien anregen.

Überlegungen zu den Folgen des potentiell am nachhaltigsten wirksamen anthropogenen Eingriffs in das System Erde - eines (in jedem Augenblick möglichen) Nuklearkriegs - stellt der Geochemiker CRUTZEN an. Es sind dies Folgen, die bei der bisherigen, durchaus vielfältigen Diskussion, die alle kriegstechnischen, medizinischen, genetischen, soziologischen und ethnischen Aspekte ansprach, über fast ein halbes Jahrhundert hinweg schlichtweg vergessen wurden und dennoch offensichtlich so bedeutsam sind, daß sie ein völliges militär-politisches Umdenken erfordern und die Zulässigkeit und Verantwortbarkeit eines jeglichen Nuklearkrieges nunmehr gänzlich auschließen dürften. Damit wird sich die grundlegende Frage erheben, wie weit es unser gegenwärtiger wissenschaftlicher Kenntnisstand überhaupt ermöglicht, ein adäquates Bewußtsein für die Folgen all unseres täglichen Tuns (bis hin zur völligen Existenzgefährdung allen Lebens) zu vermitteln, wenn doch menschliche Folgenabschätzungen so gefährlich lückenhaft sein können. Müssen wir da nicht viel energischer vor der allzu forschen und gutgläubigen Umsetzung wissenschaftlicher Ergebnisse in technische Entwicklungen warnen und viel mehr Selbstkontrolle und Selbstbeschränkung üben, das "Prinzip Verantwortung" (Jonas 1979) als ethische Kategorie zum Tragen bringen?

In welch starkem Maße bereits die Natur der Wissenschaft Schranken auferlegt - genauer gesagt: ihrer Fähigkeit, natürliche Zustandsänderungen vorauszusagen, Grenzen setzt, legt der Meteorologe Heinz FORTAK am Beispiel der Vorhersagbarkeit atmosphärischer Zustände, also der Vorhersage von Wetter und Klima dar.

In einem weiteren Beitrag versucht der Meteorologe WARNECKE zu zeigen, wie uns moderne Techniken helfen können, zumindest einige der dynamischen Vorgänge auf unserer Erde aus der uns seit zwei Jahrzehnten künstlich erschlossenen Weltraumperspektive besser und umfassender als bisher zu beobachten und mittels kinematographischer Verfremdung auch als dynamische Vorgänge visuell direkt erfaßbar zu machen.

HISTORISCHE ANMERKUNGEN

Wenn der Planet Erde hier als veränderliches Gebilde präsentiert wird, dann geschieht dies keinesfalls in der Annahme, mit dieser Veränderlichkeit etwas gänzlich Neues vorzustellen, doch sehr wohl in der Absicht, diesen Sachverhalt stärker in das Bewußtsein der Öffentlichkeit zu bringen, da doch viele

der heutigen menschlichen Handlungen und Entscheidungen von
der absoluten Beständigkeit und Unverletzlichkeit zumindest
unserer physikalischen Umwelt auszugehen scheinen.

Die Instationarität der physischen Welt, die wir gegenwärtig
vorfinden, war nämlich mindestens schon Aristoteles bewußt. So
finden wir in seiner "Meteorologie" folgende Sätze:

"Es ist aber nicht so, daß immer dieselben Gegenden der Erde
feucht oder trocken wären, sondern dies wechselt mit dem Entstehen und Versiegen der Flüsse. Daher wechseln auch die Stellen von Land und Meer, und nicht immer ist die ganze Zeit hin-
durch hier Land und dort Meer, sondern es entsteht ein Meer,
wo jetzt Festland ist, und wo jetzt Meer ist, ist ein andermal
wieder festes Land. Nur muß man sich vorstellen, daß dies in
gewisser Ordnung und nach gewissen Zeitspannen geschieht. Ursprung und Grund hierfür ist, daß auch das Erdinnere, wie die
Körper der Pflanzen und Tiere, seine Blüte erlebt und sein
Greisenalter. Nur daß jene Geschöpfe dies an sich nicht teilweise erleben, sondern nur im ganzen blühen und vergehen müssen, während die Erde dies in Teilen erlebt durch Abkühlung
und Erwärmung, und diese wieder schwanken unter dem Einfluß
der Sonne und des Himmelsumlaufs. Daher entwickeln die einzelnen Teile der Erde verschiedenartige Kräfte, so daß sie bis zu
einer gewissen Zeit überflutet sind, dann abtrocknen und
schließlich versteinern, wofür dann andere Teile wieder aufle-
ben und an ihrem Teil überflutet werden. ... Aber weil jede natürliche Entwicklung nur ganz allmählich und in langen Zeiträumen sich vollzieht, merken wir davon nichts. Ja, Untergang und
Vernichtung ganzer Völker vollzog sich, ohne daß man diesen
Wechsel vom Beginn zum Ende im Gedächtnis behält. Die größte
und schnellste Vernichtung erfolgt in Kriegen, andere in Seu-
chen oder durch Mißwachs. Die letzten sind entweder große Zu-
sammenbrüche oder allmähliche Entwicklungen, so daß sich der
Wechsel der Bevölkerung nicht bemerkbar macht, weil die einen
auswandern, die anderen so lange bleiben, bis das Land überhaupt keinen mehr ernähren kann. Aber von der ersten Auswande-
rung bis zur letzten verfließt gewöhnlich eine lange Zeit, so
daß man sie nicht behält, sondern die Fülle mit der Zeit
längst vergessen ist, obwohl noch Nachkommen übrig sind."
(Gohlke 1955)

Im zweiten Teil dieses zitierten Abschnitts sprach Aristoteles
auch bereits die Einbezogenheit des Menschen in die Veränderlichkeit der physikalischen Welt und der Biosphäre an - und un-
willkürlich stehen dem heutigen Leser hierbei Bilder aus der
Sahelzone oder aus Äthiopien vor Augen.

Bei Aristoteles finden wir des weiteren den Hinweis auf die
Existenz von Kreisläufen in der unbelebten Natur, nämlich die
Beschreibung des Wasserkreislaufs, also des hydrologischen Zyk-
lus, über dessen atmosphärischen Anteil er folgendes schreibt:

"Während die Erde ruht, strömt die Feuchtigkeit ihrer Umgebung, durch die Sonnenstrahlung und die sonstige Wärme von
oben verdampft, aufwärts; und wenn nun die Wärme, die Feuchtigkeit nach oben geführt hat, sie wieder verlassen hat, teils

verflüchtigt in den oberen Bereich, teils auch ausgelöscht,
weil sie sich zu hoch in die Lufthülle der Erde erhoben hat,
dann tritt der durch Entzug der Wärme und Wechsel des Ortes ab-
gekühlte Dampf wieder zusammen und verwandelt sich aus Luft in
Wasser zurück. Darauf fällt dies auf die Erde zurück. ... Dieser Kreislauf ahmt die Sonnenbahn nach: so wie diese schräg
verläuft, so jener auf- und abwärts. Man muß ihn sich vorstellen wie einen Strom, der nach oben und unten fließt und gemeinsam von Luft und Wasser getragen wird. Wenn nämlich die Sonne
nahe ist, fließt der Strom aufwärts, entfernt sie sich, fließt
der Wasserstrom abwärts. Und dies will ohne Unterlaß geschehen
nach der Ordnung." (Gohlke 1955)

Was hingegen als "neu" anzusehen sein wird, sind die Erkenntnisse der Neuzeit über das Wie und Warum der dynamischen Vorgänge sowie eine genauere Beschreibung und Begründung der Einzelheiten dieser Vorgänge, besonders nachdem sie nach Galilei
und Newton auch der quantitativen (mathematischen) Beschreibung zugänglich geworden sind (siehe auch hierzu den Beitrag
von FORTAK).

PLÄDOYER FÜR EIN GANZHEITLICHES NATURVERSTÄNDNIS

Mit der Gesamtheit der Beiträge dieses Buches sollte ein Bild
unseres Planeten als eines dynamischen physico-bio-chemischen
Gesamtsystems gezeichnet werden, an dessen Zustandekommen insbesondere die nach unserem heutigen Verständnis fachübergreifenden (interdisziplinären) Aspekte mitwirken werden, die mehr
oder weniger in die Richtung einer ganzheitlichen Naturbetrach-
tung weisen, wie sie heute etwa am ausgeprägtesten durch die
Ökologie versucht wird. Aber auch hierin finden wir im Prinzip
nichts gar so Neues vor. Wir brauchen nicht viel mehr als 150
Jahre zurückzublicken, da Alexander von Humboldt noch eine einheitliche Gesamtschau der Natur betrieb bzw. anstrebte, und
für die von ihm begründeten Wissenschaftsdisziplinen der Klimatologie und der Geomorphologie die Beschreibung des Zusammen-
wirkens von Kräften und Vorgängen aus allen Teilsystemen der
Natur - was heute als Synergismus bezeichnet wird - zum Haupt-
gegenstand der Betrachtung machte.

Heinrich Wilhelm Dove, der erste Professor für Meteorologie an
der Berliner Universität, formulierte das 1837 sogar so:

"Jeder Mensch, seine Tätigkeit sei noch so sehr durch die An-
forderungen des bürgerlichen Lebens auf einen bestimmten Kreis
von Geschäften gewiesen, hat doch eine Seite, nach welcher er
sich zur Natur verhält, und wäre es auch nur die, nach der er
sie gewähren läßt, und wer kann sich ihr entziehen! Wenn wochenlang der Himmel mit einem einförmigen Grau bedeckt ist, so
werden am Ende auch wir trübe, wenn es endlich oben wieder
hell wird, werden auch wir heiter. So sind wir ein treuer Spie-
gel des Himmels über uns, wir gehen ein in seine Launen, und
jeder ist in diesem Sinne nicht nur ein Meteorologe, sondern
sozusagen die Meteorologie selbst."

Die Einbezogenheit des Menschen in das Gesamtsystem der belebten und unbelebten Natur, wie sie uns zuvor schon bei Aristoteles begegnete, spricht aber auch aus den in der Hebräischen Bibel überlieferten beiden, offenbar alt-orientalischen Schöp-
fungsgeschichten (Genesis 1,6-30 und Genesis 2,5-15). Sie gehört zweifellos zum ältesten Erfahrungsschatz der Menschheit:
das gilt ebenso - spätestens seit der Entwicklung von Acker-
bau, Rodung und künstlicher Bewässerung - für die Möglichkeit
einer lokalen Einwirkung auf das System. Neu hingegen dürfte
die Erkenntnis sein, daß auch menschliche Einwirkungen auf das
Gesamtsystem der Erde, zumindest in die größeren Teilsysteme,
wie sie uns als Ozean, Atmosphäre, feste Erde, Klima oder Biosphäre begegnen, stattfinden und daß auch Eingriffe in deren
Stabilität möglich erscheinen. Hier sei lediglich an einige
bekannte Beispiele erinnert, die nicht nur Eingriffe in die im
engeren Sinne überwiegend biologisch verstandenen Ökosysteme,
sondern auch in fälschlicherweise zumeist als stabil bzw. wenig beeinflußbar angesehene physico-chemische, unbelebte Teilsysteme unserer Erde darstellen:

- Die weltweite Abholzung der Wälder ohne Ersatz durch gleich-
  wertige Vegetation verringert die Sauerstoffproduktion und
  die Bildung nützlicher Böden.
- Die hemmungslose Besiedelung und "Erholungs"nutzung der Alpen fördert deren Abtragung, die sich z. B. durch zunehmende
  Lawinen- und Bergrutsch-Tätigkeit äußert.
- Das Einbringen chemisch träger Treibgase, wie der Fluor-
  chlorkohlenstoffe, in die Atmosphäre greift in den Ozonhaus-
  halt der Stratosphäre ein, unseren Schutz gegen exzessive
  Ultraviolettstrahlung der Sonne gefährdend ("Ozonloch").
- Das beständig zunehmende Einbringen von vielerlei Verbren-
  nungsprodukten (Gase, aber auch Rauch und Ruß) in die Atmosphäre verändert deren Zusammensetzung und greift dadurch in
  verschiedene Teilsysteme, wie Klima und Biosphäre, ein, aber
  auch in die natürlichen Verwitterungsprozesse von Gesteinen.

Wichtig dabei ist die Erkenntnis der Verletzlichkeit der Erde,
besonders die Erkenntnis, daß ein Teil dieser Einwirkungen offensichtlich irreversibel ist, das heißt, daß irreparable
Schäden entstehen bzw. entstehen können. Es gilt also, diese
zum Teil in hohem Maße vorhandene Verletzlichkeit auch des Systems der unbelebten Natur zur Kenntnis zu nehmen und verbreitet bewußt zu machen, selbst wenn genaue Ausmaße, insbesondere
hinsichtlich ihrer räumlichen Verteilung oder Zuordnung nicht
immer völlig geklärt oder genügend abgesichert erscheinen.

Aus dieser Erkenntnis heraus wird beim Bemühen, irreparable
Schäden zu vermeiden, zu beachten sein, daß wir bei der Nutzung der Natur deren Schutz, d.h. die Erhaltung ihrer natürlichen dynamischen Gleichgewichtszustände, nicht schon dadurch
gewährleisten, daß wir menschliche Interessen gegen andere
menschliche Interessen aufrechnen (z.B. den Verkehrsnutzungs-
wert einer Landschaft gegen ihren Erholungswert). Der Schutz
kann nur gelingen, wenn menschliche Interessen mit den "Interessen" der übrigen Natur in Einklang gebracht werden.

Ziel menschlichen Bemühens muß es daher werden, zu einer "gerechten" Herrschaft über die Natur zu kommen, d.h. Frieden und Gerechtigkeit - als ein zusammengehörender Begriff verstanden - nicht nur zwischen Menschen und Völkern anzustreben, sondern auch mit der gesamten belebten und unbelebten Natur, der gesamten Schöpfung - mindestens einen "kultivierten Umgang mit der Natur" (Meyer-Abich 1984). Es gilt schließlich, daß wir uns nicht als Gegenüber der Natur verstehen, sondern im Sinne von Jantsch (1984) die Systeme menschlichen Lebens als Bestandteile des Gesamtsystems der belebten und unbelebten Natur nicht nur wissenschaftlich verstehen, sondern überhaupt begreifen lernen - und danach handeln.

Vieles hiervon mag vielleicht als trivial, als selbstverständlich erscheinen, doch man gewinnt nicht den Eindruck, daß unsere politische, wirtschaftliche, gesellschaftliche Wirklichkeit - unsere Lebenswirklichkeit - dem tatsächlich Rechnung trägt, und so sollte die hiermit dokumentierte Veranstaltungsreihe über die Vermittlung des gegenwärtigen Kenntnisstandes und neuerer Fakten zu einer neuen Bewußtseinsbildung beizutragen helfen.

LITERATUR

Baumgartner A, Reichel E (1975) Die Weltwasserbilanz. 179 S. (Oldenburg) München
Bjerknes J (1969) Atmospheric Teleconnections from the Equatorial Pacific. Mo Wea Rev 97: 163-172
Dietrich G, Ulrich J (1968) Atlas zur Ozeanographie. Bibliographisches Institut Mannheim, S. 29
Dove HW (1837) Meteorologische Untersuchungen. Verlag der Sanderschen Buchhandlung (CW Eichhoff), Berlin
Eder FW, Füchtbauer H, Maronde D, Thiede J, Ziegler W (1984) Marine Geowissenschaften - Herausforderung und Zukunft. 51 S. Deutsche Forschungsgemeinschaft, Bonn
Fairbridge RW (Ed) (1967) The Encyclopedia of Atmospheric Sciences and Astrogeology. Reinhold Publishing Corporation, New York Amsterdam London
Gohlke P (Hrsg. 1847) (1955) Aristoteles: Meteorologie. 192 S. Verlag Ferdinand Schöning Paderborn
Hellpach W (1923) Geopsychische Erscheinungen. 3. Auflage. Verlag von Wilhelm Engelmann Leipzig
Jantsch E (1984) Die Selbstorganisation des Universums. 2. Aufl. Deutscher Taschenbuch Verlag
Jonas H (1979) Das Prinzip Verantwortung. Insel Verlag Frankfurt/M; auch (1984) als Suhrkamp Tb 1085, 426 S.
Meyer-Abich KM (1984) Wege zum Frieden mit der Natur. Carl Hanser Verlag, München, Wien
Owen HG (1983) Atlas of continental displasement, 200 Million years to the present. 159 p. Cambridge University Press, Cambridge
Robock A (1985) An Updated Climate Feedback Diagram. Bull Americ Meteorol Soc 66:786-787

Smith AG, Hurley AM, Briden JC (1982) Paläokontinentale Welt-
  karten des Phanerozoikums. 102 S. Enke, Stuttgart
Strobach K (1985) Erdbebenforschung und Physik des Erdinnern.
  Geowissensch in unserer Zeit 3:15-22
Vail PR, Mitchum RM jr, Thompson, IIIS (1977) Seismic strati-
  graphy and global changes of sea level, part 4: Global cy-
  cles of relative changes of sea lebel. In: Payton CE (ed)
  Seismic Stratigraphy - applications to hydrocarbon explora-
  tion. AAPG Mem 26:83-97 Tulsa
Walker GT (1924) World Weather. Mem Indian Meteorol Dept 24:
  275-332
Wright B (1985) The Southern Oscillation: An Ocean-Atmospheric
  Feedback System? Bull Americ Meteorol Soc 66: 398-412
Wyrtki K (1982) The Southern Oscillation, Ocean-Atmosphere In-
  teraction and El Nino. Marine Technol Soc Journ 16: 3-10
Ziegler PA (1982) Geological Atlas of Western and Central
  Europe. 130 p, 40 encl, Shell, The Hague

Die Region Europa in ihrer geologischen Entwicklung –
Ein Spielball der Geodynamik seit drei Milliarden Jahren

Peter Giese

Betrachtet man Europa auf einer physischen Landkarte, so fällt
sofort die starke Zergliederung dieses Teilkontinentes auf.
Nicht nur Rand- und Binnenmeere greifen tief in unseren Kontinent ein, sondern alte und junge Gebirgszüge untergliedern
ihn. Im Gegensatz zu Europa stellen z. B. Afrika und Südamerika geschlossene Kontinentmassen dar. Diese starke Zergliederung ist nicht nur ein einfacher morphologischer Befund, sondern sie hat darüber hinaus eine tiefgreifende Bedeutung für
die Entwicklung der europäischen Menschheitsgeschichte; morpho-
tektonische Elemente gaben eine ganze Reihe nationaler und
ethnologischer Grenzen vor.

Wie hat sich Europa im Laufe der Erdgeschichte entwickelt? Das
Weltall hat ein Alter von 15-20 Milliarden Jahren, und die ältesten Gesteine Europas, die in Nordskandinavien gefunden werden, zeigen ein Alter von etwa 3 Milliarden Jahren. Ebenso wie
in den vergangenen Jahrmillionen spielen sich auch heute geologische Prozesse der verschiedensten Art ab. Rezente Gebirgsbildung findet z. B. südlich von Kreta unter dem Boden des Mittelmeeres statt. So überstreicht ein geologischer Schnitt vom
Nordkap bis zur Küste Nordafrikas drei Viertel des gesamten
Erdalters, oder ein Fünftel des Alters des Weltalls.

Wie vollzog sich die Entwicklung vom hypothetischen Urknall
bis heute? Es ist klar, daß in diesem kurzen Überblick nur die
wichtigsten Ereignisse skizziert werden können. Eine ausführliche Beweisführung muß ebenso entfallen wie die Diskussion möglicher Einwendungen und Gegenmeinungen zu manchen z. T. recht
hypothetischen Vorstellungen. Die Entwicklung, die im folgenden dargestellt wird, geht daher nur auf die wichtigsten Punkte ein, und in dieser sehr allgemeinen Form wird sie auch von
den meisten Experten vertreten. Unberücksichtigt muß in dieser
Beschreibung die Entwicklung des Lebens auf unserem Planeten
bleiben, auch wenn sie in engster Wechselwirkung zur geologischen Entwicklung steht (hierzu siehe den nachfolgenden Beitrag von SCHIDLOWSKI). Erinnert sei hier nur an die Bildung
der Atmosphäre in ihrer heutigen Zusammensetzung; Sauerstoff
und Stickstoff wurden durch Lebewesen freigesetzt.

VOM URKNALL BIS ZUR BILDUNG DER ERDE

Die heutige Astrophysik geht von der Vorstellung aus, daß sich das Weltall vor ca. 15 - 20 Milliarden Jahren aus einem "Urknall" heraus gebildet hat. Innerhalb der ersten Sekunden existierten nur Strahlung und Neutrinos als Hauptbestandteile des Weltalls, in geringer Menge waren auch Protonen, Neutronen und Elektronen vorhanden. Nach "erst" etwa 200 Sekunden konnte das erste Deuterium (^{2}H) gebildet werden, nachdem die Strahlungstemperatur weit genug gefallen war. Mit dem Anlaufen der Deuteriumsbildung setzte auch der Prozeß der Elementbildung ein, das erste Helium entstand. Ein Viertel der Materie des Weltalls wurde in dieser Anfangsphase zu Helium umgewandelt. Nach einer Million Jahre konnte sich das erste neutrale Gas, bestehend aus Wasserstoff und Helium, bilden, und damit wurde das Ende der Neutralisationsphase mit der nun einsetzenden Galaxienentstehung markiert.

Die folgende Entwicklung ist einerseits durch die weitere Expansion des Weltalls charakterisiert, andererseits bildete sich eine Hierarchie von Verdichtungen der Materie mit ganz unterschiedlichen Größenordnungen heraus: Superhaufen von Galaxien, Galaxienhaufen, Galaxien, Sternhaufen, Einzelsterne, Planeten und schließlich Monde. Für die Bildung von Galaxien sind zwei Vorstellungen entwickelt worden: das Bild der gravitativen Instabilität, bei der die Gravitation irgendwelche schwachen Dichteunregelmäßigkeiten verstärkt, und ferner die Theorie der kosmischen Turbulenz, bei der Verdichtungen durch hypothetische Wirbel entstehen, die nach der Neutralisierungsphase kollidieren.

Die Bildung von Einzelsternen innerhalb einer Galaxis ist ein Vorgang, der heute recht gut überschaubar ist, da im Weltall Sterne aller Alters- und Entwicklungsstufen existieren. Aus einer Materiewolke heraus beginnt ein Stern zu kondensieren. Der Ur-Stern schrumpft unter Wirkung der Schwerkraft, die freiwerdende kinetische Energie wird in Wärme umgesetzt, das Innere des sich bildenden Sterns erhitzt sich. Bei Temperaturen von 10^7 K setzte eine erneute Bildung von Helium durch die Verschmelzung von Wasserstoff ein - der Stern beginnt sein eigentliches Strahlungsleben. Dieser thermonukleare Fusionsprozeß kann über viele Jahrmillionen laufen. Massenreichere Sterne haben ein kürzeres Leben als massenarme. Wenn fast der gesamte Wasserstoff zu Helium umgewandelt ist, beginnt der Stern, sich auszudehnen. Das Stadium des "Roten Riesen" ist erreicht, und Materie wird allmählich in den Weltenraum abgeblasen. Im Innern des Roten Riesen steigt die Temperatur auf 10^8 K und die Bildung von Kohlenstoff und Sauerstoff setzt ein. Sobald alles Helium verbraucht ist und die Temperatur sich auf 10^9 K erhöht hat, beginnt der Aufbau der schweren Elemente bis zum Eisen. Die Bildung noch schwererer Elemente wird durch Anlagerung von Neutronen an Eisenatome mit nachfolgenden Umwandlungen erklärt.

Das letzte Stadium im Leben eines Sterns hängt stark von seiner Masse ab. Sterne von der Größe unserer Sonne erleiden einen Gravitationskollaps und beenden ihr Leben friedlich als "weißer Zwerg". Sehr massenreiche Sterne dagegen sterben gewaltsam in einer Supernovaexplosion. Die äußeren Schichten werden hierbei in den Weltraum geschleudert, während das Innere zu einem Neutronenstern und als letztes Stadium zu einem "schwarzen Loch" zusammenbricht, aus dem keine Strahlung austreten kann.

Aus den vorangegangenen Beschreibungen wird deutlich, daß der Aufbau der Elemente schwerer als Helium auf das Engste mit der Sternenentwicklung verknüpft ist. Die Elemente werden in den Sternen zusammengesetzt und am Lebensende auf friedliche oder auch gewaltsame Weise in den Weltenraum geschleudert. Sie bilden somit eine Komponente der interstellaren Materie. Eine erneute Sternenbildung benutzt also teilweise die Asche vorangegangener Generationen von Himmelskörpern. Bevor unsere Sonne und die Planeten entstanden, wurde jedes Atom auf unserer Erde und in unserem Körper in einem thermonuklearen Sternbrennofen gebildet. Nur der Wasserstoff hat einen quasi primären Ursprung.

Die Astrophysiker schätzen das Alter unserer Galaxis auf etwa 12 Milliarden Jahre. Vor etwa 4,6 Milliarden Jahren begann in einer äußeren Partie unserer Milchstraße die Entwicklung unserer Sonne. Möglicherweise ausgelöst durch die Stoßwelle einer benachbarten Supernova setzte eine gravitativ bedingte Verdichtung von Gas und kosmischem Staub ein. Etwa 100 000 Jahre nach Einsetzen des Kontraktionsprozesses bildete sich eine rotierende Scheibe aus, und unter zunehmendem Druck und steigender Temperatur entstand ein heißer Zentralkörper, aus dem sich in der Folge unsere Sonne und das sie umgebende Planetensystem entwickelte. Im Druck- und Temperaturgefälle begann auch die erste Trennung der Materie. In der Umgebung des Kernbereichs verblieb der bereits vorhandene schwerere Gesteinsstaub, während die leichten Elemente und Verbindungen, wie Wasserstoff, Wasserdampf, Methan und Ammoniak, verdampften und sich in den äußeren Bereichen des sich bildenden Sonne-Planeten-Systems versammelten. Damit wurde die Trennung in die stofflich sehr unterschiedlichen inneren und äußeren Planeten eingeleitet.

Die Bildung der Planeten ist ein Prozeß, der sich mit steigender Intensität über einen Zeitraum von nur ca. 100 Millionen Jahren erstreckte. Die Staubpartikel berührten sich, begannen zu verschmelzen und Klumpen zu bilden. Diese Akkretionsprodukte ordneten sich unter der Schwerewirkung in Verbindung mit der Rotation des Sonnensystems in der Äquatorebene der entstehenden Sonne an. Der Vereinigungsprozeß schritt fort, es bildeten sich immer größere Brocken, die sogenannten Planetesimale, die bereits einen Durchmesser von mehreren Kilometern aufwiesen (Abb. 1). Größere Planetesimale zogen kleinere an, und dieser Wachstumsprozeß führte schließlich zur Entstehung der vier gesteinshaltigen inneren Planeten Merkur, Venus, Erde und Mars und der fünf im wesentlichen aus Eis und Gasen bestehenden äußeren Planeten Jupiter, Saturn, Uranus, Neptun und Pluto.

Auch der Kontraktionsvorgang der Sonne nahm seinen Fortgang, im Kern stiegen Druck und Temperatur weiter an, und als schließlich eine Temperatur von ca. 10^7 K erreicht war, begann die nukleare Fusion von Wasserstoff zu Helium, ein Prozeß, der auch heute noch andauert und wahrscheinlich noch 5 Milliarden Jahre laufen wird.

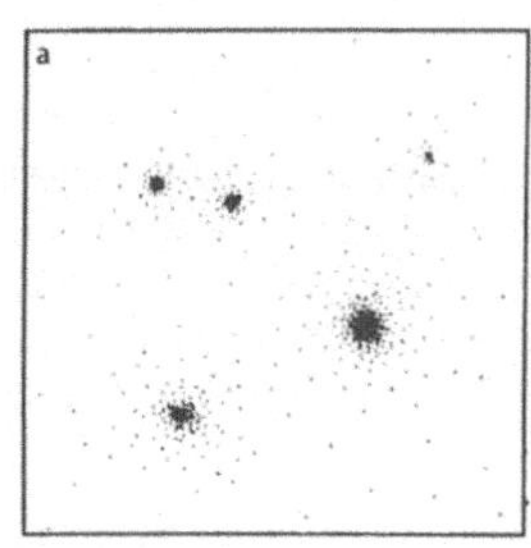

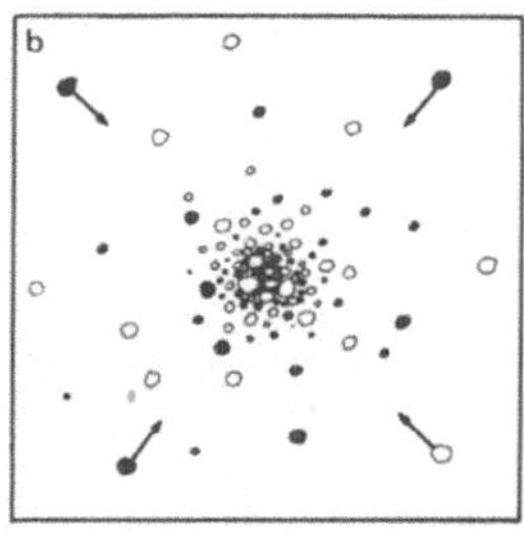

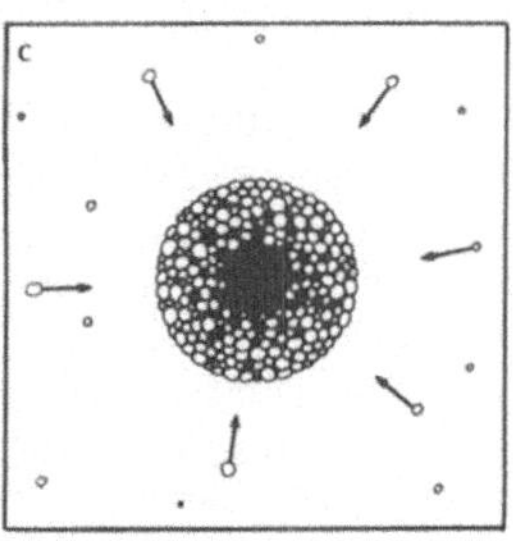

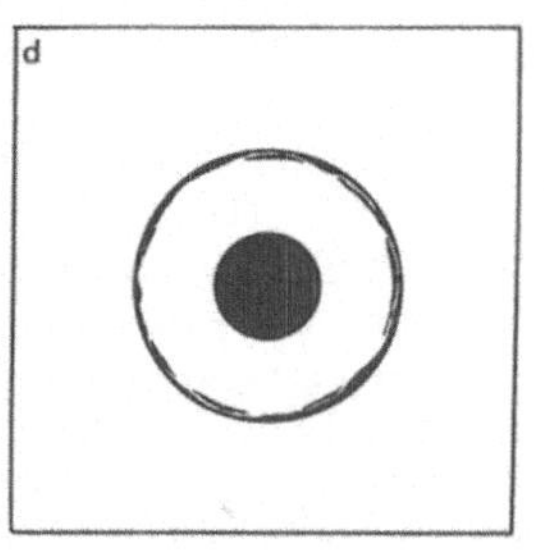

Nach der bisher skizzierten Vorstellung bildeten sich die Planeten durch lokale Zusammenballungen auf kaltem Wege aus einem Gas- und Staubnebel. Derartige Ideen wurden bereits in der zweiten Hälfte des 18. Jahrhunderts von Kant und Laplace entwickelt. Heute wissen wir, daß die Erde einen schalenförmigen Aufbau besitzt: Kern, Mantel und Kruste. Zwei Theorien sind entwickelt worden, um diese Saigerung in einen eisenhaltigen Kern und eine Silikat-Schale, bestehend aus Mantel und Kruste, zu erklären. Das Modell der **inhomogenen** Akkretion geht davon aus, daß bereits bei der Zusammenballung unseres Planeten der Erdkern aus eisenreichen Planetesimalen aufgebaut wurde, der anschließend durch silikatreiche Gesteinsbrocken ummantelt wurde (vgl. hierzu auch den nachfolgenden Beitrag von SCHIDLOWSKI). Die Vorstellung der **homogenen** Akkretion läßt die Erde aus einheitlich zusammengesetzten Planetesimalen entstehen; ein später bei höherer Temperatur einsetzender Saigerungsprozeß führte zur Bildung von Kern und Mantel.

In beiden Modellen muß davon ausgegangen werden, daß die kinetische Energie der einen Durchmesser von Kilometern erreichenden Gesteinsbrocken, die auf die sich bildende Erde aufprallten, in Wärme umgewandelt wurde. Das führte zu einer Erhitzung und zumindest partiellen Aufschmelzung unseres Urplaneten. Eine weitere Wärmequelle muß in dem radioaktiven Zerfall gesehen werden, der damals stärker war als heute. Im Modell der homogenen Akkretion setzt hier die Ausbildung von Kern und Mantel ein.

Der Akkretionsprozeß soll in einer "geologisch kurzen" Zeit von nur einigen Millionen Jahren abgelaufen sein und vor etwa

Abb. 1. Akkretionsmodell zum Frühstadium der Erde: a) Staubpartikel bilden einen Nebel; b) größere Partikel ziehen kleinere an; c) ein Körper in Planetengröße bildet sich, in dem die schweren Elemente zu einem dichten Kern absinken; d) der äußere Mantel bildet sich (aus Cattermole und Moore 1985).

4,5 Milliarden Jahren seinen Abschluß gefunden haben. Damit
wurde ein Zustand erreicht, von dem ab die weitere Entwicklung
der Erde im wesentlichen durch innere Prozesse und die Strahlung der Sonne gesteuert wurde. Der Zeitraum zwischen 4,5 und
4 Milliarden Jahre war durch eine intensive konvektive Durchmi-
schung des Erdmantels mit mächtigen vulkanischen Eruptionen
und wohl auch erster Krustenbildung festen Gesteins, das allerdings immer wieder aufgeschmolzen wurde, charakterisiert.

DIE FRÜHGESCHICHTE DER ERDE UND DIE ÄLTESTEN GESTEINE EUROPAS

Die ältesten Gesteine, die bislang auf der Erde entdeckt wurden, stehen im Westen Grönlands an und zeigen ein Alter von
knapp 4 Milliarden Jahre. Es handelt sich um plutonische, vulkanische, sedimentäre und metamorphe Gesteine in einer Ausbildung, wie sie auch aus jüngeren Epochen der Erdgeschichte bekannt sind. Nicht nur das Alter ist von Bedeutung, sondern
auch die Erkenntnis, daß diese Gesteine nicht die ersten Krustengesteine sein können, da sie sich z.T. bereits aus anderen
Gesteinen ableiten. Außerdem ist die Aussage wichtig, daß es
bereits zu jener Zeit eine kontinentale Kruste gab, die im Aufbau und vermutlich auch in ihrer Mächtigkeit unserer heutigen
sehr ähnlich war. Ob auch schon damals 30 % der Erdoberfläche
von kontinentaler Kruste bedeckt war, ist unbekannt. Wahrscheinlich war die Kontinentalbedeckung geringer, der Anteil
der ozeanischen Kruste größer.

Die ältesten Gesteine Europas, hochmetamorphe Gneise, finden
sich in Nordskandinavien und zeigen ein Alter von etwa 3 Milliarden Jahren. Von dieser Zeit an können wir die geologische
Entwicklung des sehr komplex aufgebauten Kontinentalblocks Europa recht gut verfolgen, auch wenn viele Einzelfragen noch einer Beantwortung harren.

Abbildung 2 zeigt eine stark vereinfachte tektonische Karte
Europas, die in ihren Grundzügen bereits vor 50 Jahren von
einem der wichtigsten Geowissenschaftler dieses Jahrhunderts,
von Stille, erarbeitet wurde. Aufgrund des unterschiedlichen
Alters der Gesteine in den verschiedenen Regionen bietet sie
die Basis für die folgende Gliederung:

Ur-Europa (älter als 600 Millionen Jahre)
    mit der Osteuropäischen Plattform im Kern und Finnland und
    Schweden (dem Baltischen Schild) als Randgebiete

Paläo-Europa (zwischen 600 und 400 Millionen Jahren)
    mit den Kaledoniden Norwegens und Englands

Meso-Europa (zwischen 400 und 200 Millionen Jahren)
    mit den Varisziden Mitteleuropas, Süd-Englands, Frankreichs
    und Spaniens

Neo-Europa (von 200 Millionen Jahre bis zur Gegenwart)
mit den Gebirgszügen der Mittelmeerländer (Alpen, Karpaten,
Helleniden, Dinariden, Apenninen, Pyrenäen, südostspanische
Betische Kordilleren und nordafrikanischer Atlas).

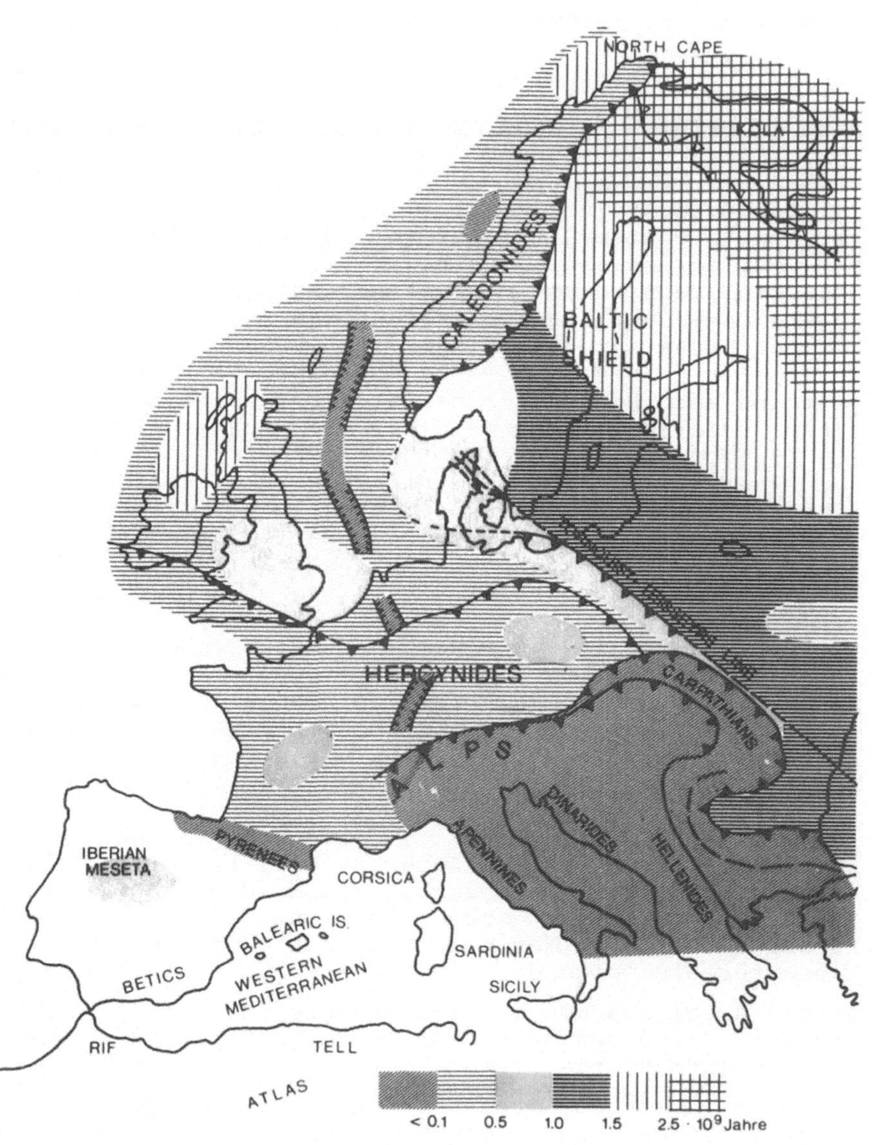

Abb. 2. Vereinfachte tektonische Karte von Europa mit Alters-
provinzen (nach Meißner et al. 1987). Die altersgemäße Gliederung, die sich heute in einer überwiegend von Nord nach Süd
angeordneten Abfolge widerspiegelt, charakterisiert den Werdegang des europäischen Kontinents.

Bevor auf die Beschreibung dieser wechselvollen, 3 Milliarden
Jahre langen Geschichte eingegangen wird, muß jedoch ein kurzer Abriß der wesentlichen Elemente der Plattentektonik gegeben werden, denn nur auf dieser Basis wird die verwirrende
Entwicklung von Kontinenten, so auch unseres europäischen, ver-
ständlicher.

PLATTENBEWEGUNG UND GEBIRGSBILDUNG

Die Erdoberfläche gliedert sich in Kontinente und Ozeane. Diese prinzipielle Zweiteilung reicht sehr weit in die Erdgeschichte zurück. Gesteine, die ein Alter von ca. 3,8 Milliarden Jahre zeigen, bezeugen bereits die Existenz eines Ozeans.
Aufbau, Struktur und Werdegang der Kontinente und Ozeane unterscheiden sich in fundamentaler Weise. Die kontinentale Kruste
ist aus SiO_2-reichen Gesteinen, wie Graniten und Gneisen, aufgebaut. Ihre mittlere Dichte beträgt etwa 2,7 g/cm^3, während
die des oberen Mantels zwischen 3,2 - 3,3 g/cm^3 liegt. Die
Mächtigkeit der kontinentalen Kruste mißt 30 - 40 km, unter
jungen Gebirgen, wie z. B. den Alpen und den Anden, kann sich
die Krustenmächtigkeit auf 60 - 80 km verdoppeln.

Einen ganz anderen Aufbau weist die ozeanische Kruste auf. Unter einer Sedimentschicht wechselnder Mächtigkeit folgt eine
6 - 8 km dicke Basalt- und Gabbroschicht, die sich aus magmati-
schen Derivaten ultrabasischer Gesteine des oberen Mantels gebildet hat. Die Basalt-/Gabbroschicht hat eine mittlere Dichte
von 2,9 g/cm^3.

Während die Kontinente in ihren ältesten Kernen Gesteine mit
einem Alter von fast 4 Milliarden Jahren enthalten können, zeigen die ältesten Gesteine heutiger Ozeane nur ein Alter von etwa 200 Millionen Jahren. Es gibt zwar ozeanische Gesteine mit
einem deutlich höheren Alter, doch finden sie sich heute auf
oder innerhalb kontinentaler Kruste. Gebirgsbildende Prozesse
vermögen es, die oberen Schichten ozeanischer Kruste abzuschä-
len und sie der kontinentalen Kruste anzuschweißen.

Wie ist diese Diskrepanz der so verschiedenen Alter zu erklären? Die Theorie der Plattentektonik, die vor etwa 20 Jahren
entwickelt wurde, bietet die Basis für die Erklärung dieser
fundamentalen Unterschiede zwischen kontinentaler und ozeanischer Kruste.

Auch wenn uns der Erdmantel als fest erscheint, so verhält er
sich doch über Jahrmillionen hinweg wie ein zähflüssiges Medium, das zu Fließbewegungen fähig ist. Durch diese subkrustalen
Strömungen mit Geschwindigkeiten von wenigen Zentimetern pro
Jahr wird die überlagernde starre äußere Haut der Erde, die
kontinentale wie die ozeanische Kruste, in Schollen oder Platten unterschiedlicher Größe zerlegt. Die Mantelströmungen verursachen Plattenbewegungen, die denen von Eisschollen auf einem strömenden Fluß ähnlich sind. Die Platten stoßen aneinan-

der, kollidieren, und überschieben sich gegenseitig; sie können sich aber auch voneinander weg bewegen, dann entsteht eine
freie Wasseroberfläche, oder sie gleiten aneinander vorbei.
Dieses Bild läßt sich, zumindest phänomenologisch, auf die
(quasi) starre Lithosphäre übertragen.

Thermische Inhomogenitäten im Erdmantel in Verbindung mit einer Fließfähigkeit bedingen Strömungsprozesse, die die starren
Lithosphärenplatten zerbrechen und sich bewegen lassen. Durch
Emporquellen von Mantelgestein wird längs der mittelozeanischen Rücken neuer Ozeanboden gebildet. Dieser Prozeß wird als
Ozeanbodenspreizung ("sea-floor spreading") bezeichnet (siehe
hierzu auch den Beitrag THIEDE).

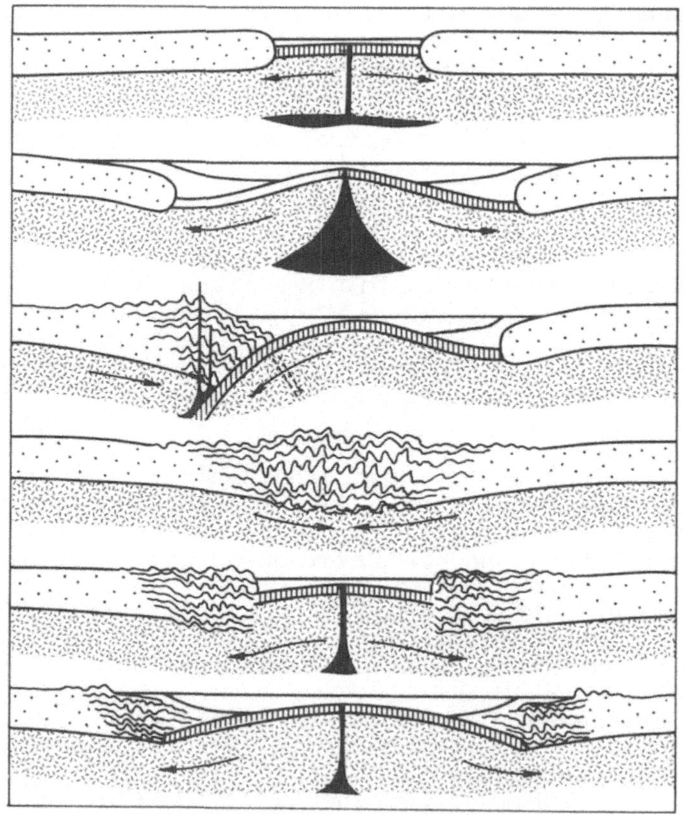

<u>Abb. 3.</u> Wilson-Zyklus. Erläuterungen siehe Text.

Wenn sich die Erdoberfläche der Erde nicht vergrößern soll
- alle Anzeichen sprechen für einen konstanten Erdradius -, so
muß zwangsläufig an anderer Stelle Ozeanboden vernichtet werden. Dies geschieht in den sogenannten Subduktionszonen. Hier
wird Ozeanboden in den Mantel hineingesogen und diesem wieder
einverleibt. Die leichteren Gesteine der kontinentalen Kruste
dagegen entziehen sich aufgrund ihrer geringen Dichte einer

tiefen und dauernden Verschluckung; sie haben das Bestreben, als leichte kontinentale Kruste an der Erdoberfläche zu verbleiben.

Die Rekonstruktion der Plattenbewegungen in den vergangenen Jahrmillionen zeigt tatsächlich, daß die kontinentalen Blöcke Wanderungen von Tausenden von Kilometern vollführen können. Sie können von der Nordhalbkugel auf die Südhalbkugel wechseln und umgekehrt.

Konvergierende (zusammenstoßende) Platten führen zur Entstehung von Gebirgen oder Inselketten. Andererseits können durch divergierende (auseinander gerichtete) Fließbewegungen Dehnungsprozesse verursacht werden, die wieder zu einem Zerbrechen von Kontinenten und somit zur Bildung neuer Ozeane führen. So schließt sich der Kreis zwischen Wachsen und Zerbrechen von Kontinenten, zwischen der Entstehung und dem Verschwinden von Ozeanen. Diese sich einander ablösenden Vorgänge werden als Wilson-Zyklus bezeichnet. Abbildung 3 zeigt in vereinfachter Weise dieses Wechselspiel zwischen Konvergenz und Divergenz, zwischen dem Verschwinden und dem Werden eines Ozeans.

Während noch bis Anfang der sechziger Jahre die Geschichte und die Entwicklung der Kontinente und Ozeane von den meisten Geowissenschaftlern sehr fixistisch gesehen wurde, hat die Plattentektonik mit dem oben in sehr knappen Sätzen geschilderten Wilson-Zyklus das geowissenschaftliche Weltbild von einem fixistischen in ein dynamisches verwandelt. Die ersten, sehr konkreten Ansätze zu einem mobilistischen Bild des Werdens der Erdoberfläche wurden allerdings bereits vor über 70 Jahren von Alfred Wegener im Rahmen seiner Kontinentalverschiebungstheorie entwickelt.

DAS WACHSEN DES EUROPÄISCHEN KONTINENTS IM LAUFE DER ERDGESCHICHTE

Eine Reise durch die geologische Vergangenheit Europas muß, wie gesagt, im Norden beginnen. Wie einleitend erwähnt, finden sich die ältesten (präkambrischen) Gesteine Europas, die ein Alter von ca. 3 Milliarden Jahren zeigen, in Nordskandinavien (vgl. Abb. 2). Die Anwendung der radiometrischen Altersdatierung erlaubt es, auch die präkambrischen Gesteinsserien nach ihrem Alter zu gliedern und damit den Werdegang alter Kristallingebiete aufzuhellen. Von einem archäischen Kern im Nordosten Skandinaviens ausgehend hat sich durch gebirgsbildende Prozesse, die sich über eine Zeitspanne von mehr als 1000 Millionen Jahre hinzogen, zunächst der Baltische Schild gebildet. Dieser Nukleus wurde später von keiner weiteren Gebirgsbildung erfaßt.

Einen Eindruck von der paläogeographischen Situation vor etwa 500 Millionen Jahren, also im frühen Paläozoikum, vermittelt

die Abb. 4a. Der Baltische Schild (Baltica) als Rand der ost-
europäischen Plattform liegt auf der Südhalbkugel (links unten
im Bild). Diese Rekonstruktion zeigt gleichzeitig, wie der
Kern Europas in Nachbarschaft zweier größerer Kontinentalblök-
ke, Laurentia und Gondwana, liegt. Vergleicht man an Hand der
folgenden Abbildungen die Lage der einzelnen Kontinente, so erkennt man die weiten Lageveränderungen.

<u>Abb. 4a.</u> Rekonstruierte Lage der Kontinentalfragmente im spä-
ten Kambrium (Condie 1983). Der Baltische Schild (Baltica) befindet sich auf der Südhalbkugel (links im Bild).

Zum Beginn des Devons (vor ca. 400 Millionen Jahren) hat sich
der Kern Europas mit den Kontinentalblöcken Grönlands und Nordamerikas vereinigt, der Japetus-Ozean ist verschwunden. In dieser Kollisionsphase hat sich das Gebirgssystem der Kaledoniden
gebildet. Der größte Teil der Gebirge Norwegens ist zu jener
Zeit entstanden. Weitere Reste des Kaledonischen Gebirges finden sich in Schottland und auf Grönland. Aber auch unter der
Norddeutschen Tiefebene müssen Reste dieses Gebirges unter den
jungen Sedimenten verborgen liegen.

Ein Blick auf die paläogeographische Situation zu Beginn des
Devons läßt eine Konzentrierung von zwei Kontinentalblöcken erkennen: jeweils einer auf der Nord- und einer auf der Südhalbkugel (Abb. 4b). Zwischen ihnen erstreckte sich ein breiten-
paralleler, mehrere tausend Kilometer breiter Ozean, die
Paläo-Tethys.

Die geodynamischen Prozesse im mittleren und oberen Devon und
im Karbon (vor ca. 345-280 Millionen Jahren) führten zu einer
Einengung dieses Ozeans und zu einer Kollision dieser beiden
kontinentalen Blöcke (Abb. 4c), es entstand der Super-Konti-
nent Pangäa. Entlang der Kollisionsnaht bildete sich wieder
ein Gebirgssystem, das Variskische (oder auch Herzynische) Ge-

Abb. 4b. Rekonstruierte Lage der Kontinentalfragmente zu Beginn des Devons (Condie 1983). Der Baltische Schild wurde mit Laurentia zu Laurussia verschweißt und liegt nördlich des Äquators. Diesem Kontinentalblock liegt auf der Südhalbkugel der Gondwana-Block gegenüber.

Abb. 4c. Rekonstruierte Lage der Kontinentalfragmente im Oberkarbon (Condie 1983). Laurussia und Gondwana sind zu einem Superkontinent, der Pangäa, vereinigt. Die in Abb. 4b am Nordrand von Gondwana liegenden südeuropäischen Kontinentalfragmente haben sich weiter nach Norden an den Südrand des Baltischen Schildes geschoben. Diese äquatornahe Position hatte bedeutende klimatische Auswirkungen (siehe Text). Sie veränderte sich in den folgenden 280 Millionen Jahren nur noch geringfügig nach Norden.

birge. Für Mitteleuropa ist die variskische Gebirgsbildung die
krustenbildende Phase, und in weiten Bereichen finden sich sowohl Sedimente als auch metamorphe und magmatische Gesteine
dieses Alters. Zu den variskischen Gebirgen gehören in Mitteleuropa u.a. die Sudeten, das Erzgebirge, der Harz, das Rheini-
sche Schiefergebirge und die Ardennen ebenso wie der Bayrische
Wald, der Schwarzwald und die Vogesen (Abb. 5). Auch das von
den mesozoischen Sedimenten bedeckte Süddeutsche Dreieck hat
einen variskischen Untergrund. Sowohl in der nördlichen Vor-
senke dieses variskischen Gebirges, dem heutigen Ruhrkarbon,
als auch in intramontanen Becken, z. B. im Saarland, haben
sich mächtige Kohlenlagerstätten gebildet. In der damaligen
äquatorialen Lage Mitteleuropas wuchsen in großen Sumpfwäldern
riesige Siegelbäume und Schachtelhalme. Durch die kontinuier-
liche Absenkung des Untergrundes in Verbindung mit gleichzeitiger Sedimentation wurden die organischen Substanzen der Oxidation entzogen. Zunehmender Überlagerungsdruck ließ schließlich diese für uns heute so wichtigen Kohlelagerstätten entstehen.

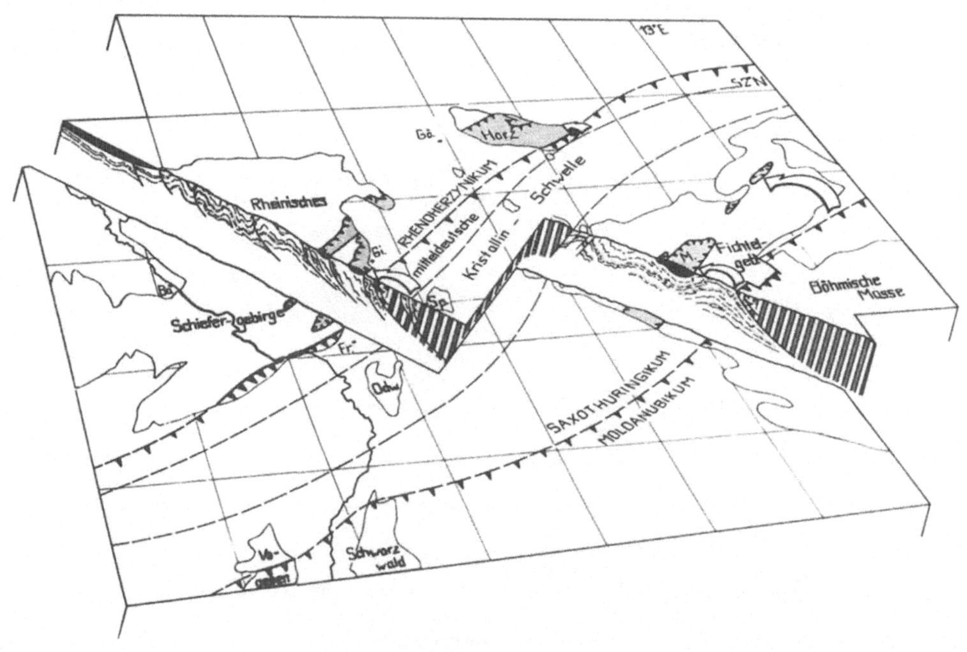

<u>Abb. 5.</u> Blockdiagramm der variskischen Strukturen in Mittel-
europa (Franke 1986). Grau: variskisches Grundgebirge;
schwarz: geologische Decke; senkrechte Streifen: Kristallin.

Mit gebirgsbildenden Prozessen ist auch stets eine magmatische
Aktivität verbunden. Die Erzlagerstätten der Mittelgebirge,
die heute allerdings zum größten Teil schon abgebaut sind,
sind ebenso wie die des Schwarzwaldes und des Bayrischen Wal-
des zu jener Zeit entstanden.

Die äquatornahe Position Mitteleuropas und die ausklingende Gebirgsbildung mit ihren Beckenbildungen am Ende des Paläozoikums, also im Perm, führten in Norddeutschland, aber auch in Teilen Mitteldeutschlands (Hessen und Thüringen) zur Bildung von ausgedehnten Salzlagerstätten. Ein rhythmischer Wechsel von Überschwemmungen von flachen Meeresbecken, Abschnürung derselben und anschließende Austrockung unter einer heißen Äquatorsonne ließen Salzlager bis zu 1000 m Mächtigkeit entstehen (vgl. hierzu auch die ausführliche Beschreibung in der Einleitung von GERMANN und WARNECKE). Am Ende des Paläozoikums und zu Beginn des Mesozoikums (vor etwa 200 Millionen Jahren) begann die Abtragung des variskischen Gebirges unter ariden, also wüstenartigen, Klimabedingungen. Es bildete sich der besonders in Mitteleuropa weit verbreitete Buntsandstein.

Am Ende des Paläozoikums (vor ca. 225 Millionen Jahren) hatten sich die einzelnen Kontinentalblöcke zu einer riesigen Landmasse, der Pangäa, zusammengefügt, die praktisch alle heutigen Kontinente in sich vereinigte. Doch dieser Koloß war gegenüber den im Erdmantel ablaufenden Strömungen nicht stabil, so daß bald nach der Vereinigung ein Zerbrechen dieser Landmasse einsetzte. Aus dieser Situation heraus entwickelte sich die Konfiguration der Kontinente und Ozeane, wie wir sie heute sehen (vgl. Abb. 6a-c).

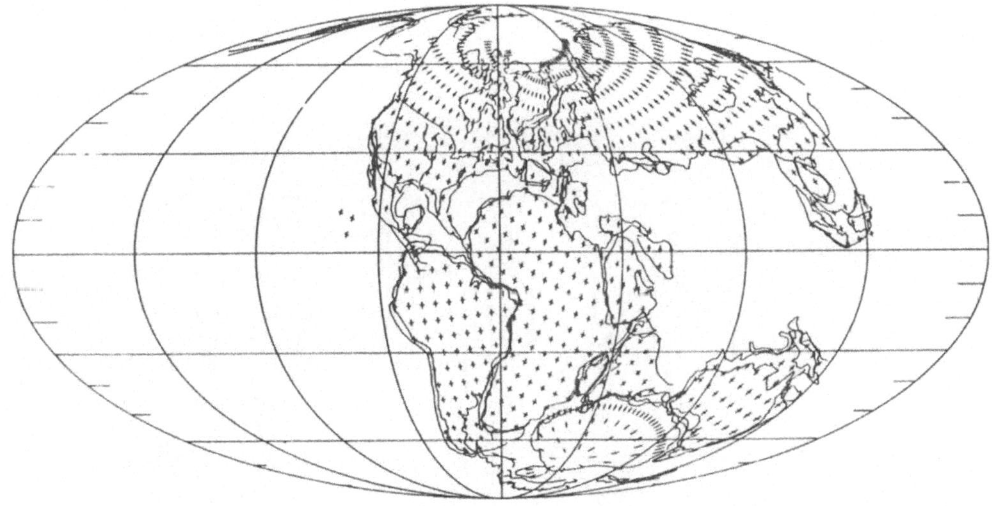

Abb. 6a. Rekonstruierte Lage der Kontinentalfragmente im Oberjura (Condie 1983). Die Bezeichnungen der einzelnen Kontinente entsprechen denen in Abb. 4a-c. Mit der nordwestwärts gerichteten Bewegung Nordamerikas weg von Afrika hat die Öffnung des Nordatlantiks begonnen.

Für die weitere Entwicklung Europas waren zwei große Bruchzonen, entlang denen Pangäa zerbrach, von entscheidender Bedeutung: eine etwa Nord-Süd verlaufende Bruch- und Dehnungszone, aus der sich der Atlantik entwickelte, und eine West-Ost strei-

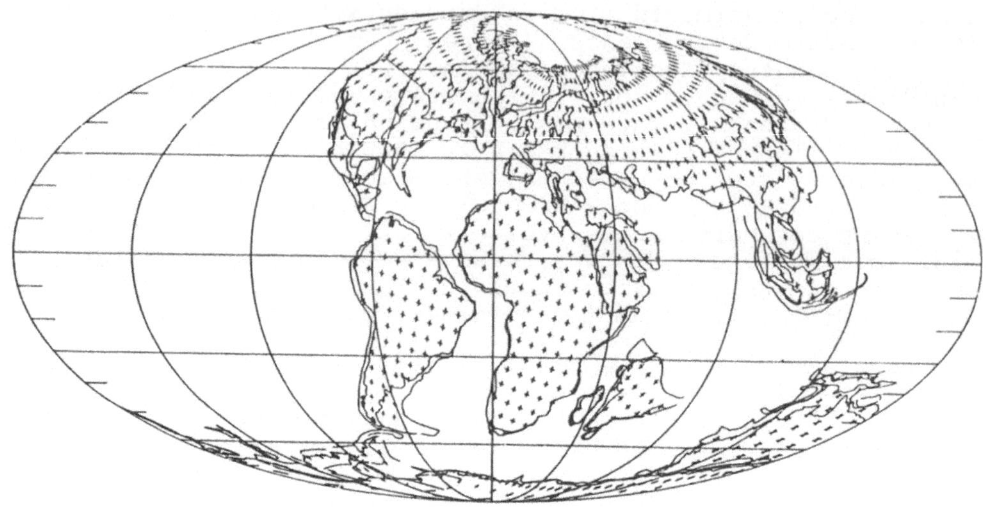

<u>Abb. 6b.</u> Rekonstruierte Lage der Kontinentalfragmente in der Oberkreide (Condie 1983). Die Bezeichnungen der einzelnen Kontinente entsprechen denen in Abb. 4a-c. Bis auf den nördlichsten Abschnitt ist die Öffnung des Atlantiks vollzogen.

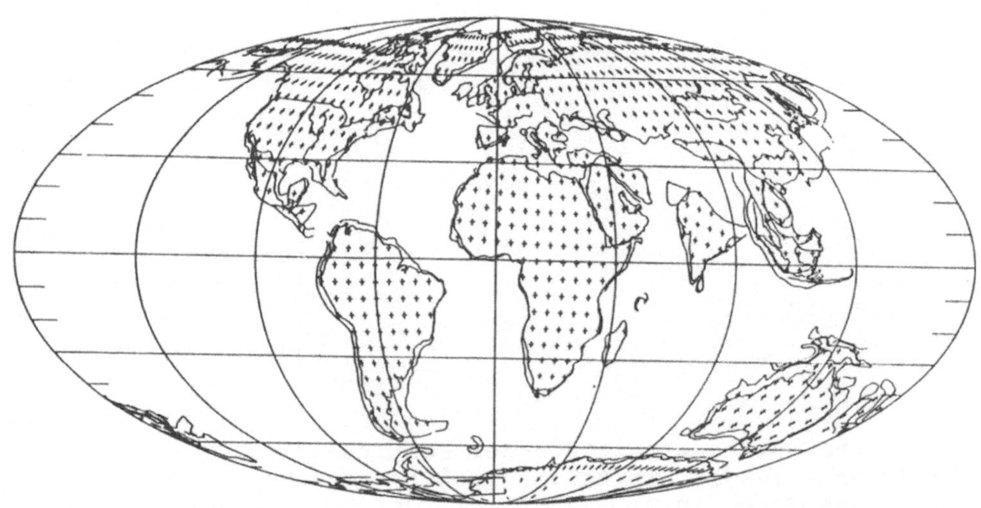

<u>Abb. 6c.</u> Rekonstruierte Lage der Kontinentalfragmente im frühen Tertiär (Condie 1983). Die Bezeichnungen der einzelnen Kontinente entsprechen denen in Abb. 4a-c. Ihre Lage hat sich in den folgenden 60 Millionen Jahren nur noch unwesentlich verändert.

chende Dehnungs- und Scherungszone, die Anlaß zur Bildung der
Neo-Tethys gab, deren kümmerliche Reste wir heute noch an wenigen Stellen des Mittelmeeres, z.B. in der Ionischen See, finden. Das Auseinanderbrechen begann im frühen Jura in der Mitte
Pangäas (vor ca. 190 Millionen Jahren). Nordamerika und Eura-
sia trennten sich von dem noch vereinigten Block Afrika- Südamerika. Von hieraus fortschreitend vollzog sich die weitere
Entwicklung in folgende Richtungen: Im Norden trennte sich
Europa von Nordamerika, der Nordatlantik entstand. Nach Osten
hin entstand eine Verbindung zum Pazifik, die Tethys; sie
trennte Europa von Afrika. In dem sich hierbei bildenden Ozean
lagerten sich Sedimente ab, die einen Teil der das heutige Mittelmeer säumenden Gebirge aufbauen. In der mittleren Kreide begann nun auch der Block Afrika-Südamerika zu zerbrechen; der
Südatlantik wurde geboren.

Auch wenn sich dieses Geschehen weitab von Mitteleuropa ab-
spielte, hatte es doch aufgrund der Eigenbewegungen des afrikanischen Kontinentalblockes Rückwirkungen auf die Tethys. So
begannen in der Kreide (vor etwa 130-100 Millionen Jahre) die
ersten einengenden Bewegungen zwischen Afrika und Europa, die
die alpidische Gebirgsbildung der zirkum-mediterranen Gebirge
einleiteten. Diese Entwicklung kulminierte in der Kollision
der beiden Kontinentalblöcke Afrika und Europa. Die Tethys verschwand und es entstanden die Gebirgszüge, die wir heute im
Mittelmeerraum finden. Andererseits bildeten sich in der Folge
dieser Prozesse an der Rückseite der Gebirge neue kleine Ozeane aus, wie z.B. das Tyrrhenische und das Ligurische Meer, die
im mittleren und jüngeren Tertiär aufrissen.

Diese hier in sehr groben Zügen beschriebene Entwicklung um-
faßt eine Fülle von Einzelprozessen. Nur zwei Beispiele seien
genannt:

(1) Im mittleren Tertiär spalteten sich von der Südküste Frank-
reichs zwei Kontinentalfragmente ab und drifteten entgegen dem
Uhrzeigersinn der Apennin-Halbinsel entgegen (Abb. 7). Diese
beiden Kontinentalfragmente sind die heutigen Inseln Korsika
und Sardinien. In ihrem "Heckwasser" bildete sich das Ligurische Meer.

(2) Vor etwa 6 Millionen Jahren fand im Mittelmeergebiet ein
anderes, sehr spektakuläres Ereignis statt. Die Form des damaligen Mittelmeeres war der heutigen schon sehr ähnlich. An seinem Westende, bei Gibraltar, existierte bereits der schmale
Durchfluß zum Atlantik. Infolge tektonischer Bewegungen wurde
diese Verbindung aber abgeschnürt, und das Mittelmeer begann
auszutrocknen, da seine Süßwasserzuflüsse die starke Verdunstung des Wassers nicht kompensieren konnten. An seinem Boden,
3000 m unter der mittleren Landoberfläche, bildeten sich dabei
Salzablagerungen, deren Existenz durch zahlreiche Bohrungen
nachgewiesen ist. Dieser wohl in der Erdgeschichte einmalige
Zustand eines riesigen, tiefen Beckens dauerte ca. 1 Million
Jahre. Vor etwa 5 Millionen Jahren brach der Damm bei Gibraltar, das Mittelmeerbecken wurde wieder überflutet. Sehr frühe
Vorfahren des Menschen mögen Augenzeugen dieses grandiosen Er-
eignisses gewesen sein.

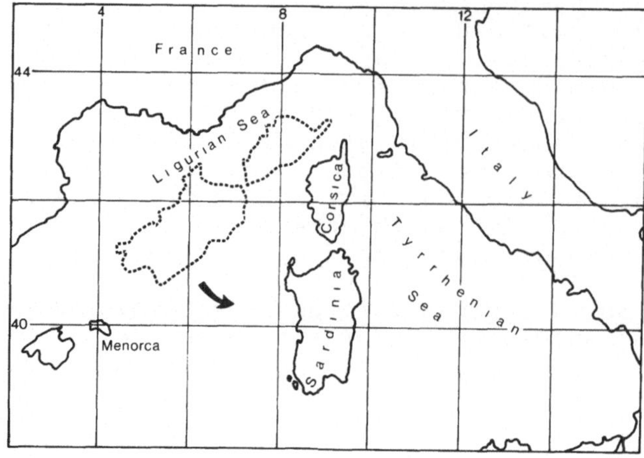

Abb. 7. Rekonstruktion der früheren Lage von Korsika und Sardinien (nach Alvarez 1973). Die Trennung des Korso-Sardischen Blockes vom europäischen Festland in südöstliche Richtung ging einher mit der Bildung des Ligurischen Meeres.

Nach der variskischen Ära spielten sich die wesentlichen tektonischen Vorgänge in Südeuropa ab. Doch Mitteleuropa blieb von den Ereignissen, die sich an seinen Süd- und Westgrenzen abspielten, nicht unberührt. In der zur Triaszeit noch vorhandenen Verbindung zwischen Europa und Nordamerika bildeten sich infolge einer großräumigen Dehnungstektonik ausgedehnte Grabensysteme und Becken. Die Nordsee-Entwicklung begann mit einer Grabenbildung. Die Norddeutsche Tiefebene senkte sich seit dem Ende des Paläozoikums mehr oder minder kontinuierlich ein; stellenweise haben sich hier bis zum Quartär mehr als 10 km mächtige Sedimente angesammelt. Damit waren hier die Voraussetzungen zur Bildung von Erdöllagerstätten gegeben. Im Tertiär entstanden am Südrand des Norddeutschen Beckens, im heutigen Mitteldeutschland, große Braunkohlenlagerstätten.

In Süddeutschland war die postvariskische Absenkung nicht so intensiv wie in Norddeutschland, die mesozoischen Sedimente erreichten eine maximale Mächtigkeit von 1 - 2 km. Nur im Übergangsgebiet zum Alpenorogen bildete sich der Molasse-Trog als Vorlandsenke aus, der zum großen Teil den Abtragungsschutt der im Tertiär aufsteigenden Alpen aufnahm. Auch hier entstanden Erdöllagerstätten.

Für Süddeutschland war ein weiteres Ereignis von größerer Bedeutung, das wohl letztlich auch mit den großtektonischen Vorgängen im Mittelmeer und Atlantik in Verbindung zu bringen ist, nämlich die Bildung des Oberrheingrabens. Zu Beginn des Tertiärs begann zwischen (heutigem) Frankfurt und (heutigem) Basel, ein 30 - 40 km breiter Krustenstreifen einzusinken, der zeitweise sogar Verbindung mit dem offenen Ozean hatte. Stellenweise wurden Sedimente von 3 - 4 km Mächtigkeit abgelagert. Dieses Grabensystem setzt sich sowohl nach Norden in die Niederrheinische Bucht bzw. nach Nordosten in die Wetterau und den Hessischen Graben als auch - in abgeschwächter Form - nach Süden in Bresse- und Rhônegraben fort.

Gleichzeitig fand im Tertiär im mittleren Deutschland auf einer etwa West-Ost verlaufenden Zone zwischen der Eifel und der Lausitz eine ausgedehnte vulkanische Tätigkeit statt. Die Vulkane des Westerwaldes, des Vogelsberges und der Rhön sind die prominentesten Vertreter. Ob dieser Vulkanismus ursächlich mit der tertiären Dehnungstektonik oder mit einem sogenannten "hot spot" in Verbindung steht, der anscheinend von Ost nach West unter Mitteleuropa durchzog, ist umstritten. Weitere Vulkangebiete finden sich auf der Schwäbischen Alb, im Hegau und im Kaiserstuhl.

Die hier in sehr groben Zügen geschilderte Entwicklung Europas zeigt, wie sich dieser Kontinent sowohl durch die Kollision von großen und kleinen Teilkontinenten als auch durch Zerbrechen großer Kontinentblöcke gebildet hat. Ein alter Kern, Skandinavien, blieb stets erhalten, an den sich sukzessiv andere Kontinentalblöcke anlagerten. Trotz mancher zwischenzeitlich chaotischer Entwicklungen bildete sich der heute wie zoniert erscheinende Aufbau Europas heraus, wie er bereits im Jahre 1924 von Stille beschrieben wurde, der allerdings die verursachenden geodynamischen Prozesse noch nicht deuten konnte.

BLICK IN DIE ZUKUNFT

Wie geht die Entwicklung weiter? Ausgehend von den Plattenbewegungen in den letzten 50 Millionen Jahren kann prognostiziert werden, daß sich Afrika weiterhin gegen Europa bewegen und damit das Mittelmeer allmählich verschwinden wird. Der Atlantik wird sich weiter verbreitern, und nach einigen 100 Millionen Jahren wird es wahrscheinlich eine neue Pangäa geben, die dann auch wieder zerbrechen wird, und ein neuer Wilson-Zyklus beginnt. Infolge der Abkühlung der Erde wird sich die geotektonische Aktivität aber verlangsamen. Wann es dann zu einem Erlöschen der plattentektonischen Bewegungen kommt, kann zur Zeit kaum abgeschätzt werden. Die Plattentektonik ist seit wenigstens 2,5 Milliarden Jahren aktiv, und vermutich wird die thermische Konvektion im Erdmantel die Plattenbewegungen noch wenigstens ebenso lange am Leben erhalten.

Vorhersagbar ist allerdings ein anderes Ereignis. In ungefähr 5 Milliarden Jahren wird sich die Sonne zu einem Roten Riesen aufgeblasen haben, die Erde in ihre glühenden Gasmassen einschließen und alles Leben, sofern ein solches dann noch vorhanden ist, zum Erlöschen bringen. Auch ein Verdampfen der gesamten Erde wäre schließlich denkbar. Somit würde sich der Kreis schließen - die Erde hat sich durch Akkretion kleinster Partikel gebildet, nach einer Lebenszeit von etwa 10 Milliarden Jahren zerfällt sie wieder zu heißem Staub. Material zur Bildung eines neuen Sonnensystems steht zur Verfügung.

LITERATUR

Alvarez W (1973) The application of plate tectonics to the Me-
    diterranean region. In: Tarling DS, Runcorn SK (Eds) Impli-
    cations of Continental Drift to the Earth Sciences. Vol 2.
    p 893-908. Academic Press New York
Cattermole P, Moore P (1985) The Story of the Earth. 224 p.
    Oregon Press London
Condie KC (1983) Plate Tectonics and Crustal Evolution. 2nd
    Edition. 310 p. Pergamon Press New York
Franke W (1986) Development of the central European Variscides
    - a review. Proc. 3rd EGT Workshop, 65-72
Meißner R, Wever T, Flüh ER (1987) The Moho in Europe - Impli-
    cations for crustal development. Ann Geophys 5B(4): 357-364
Stille H (1924) Grundfragen der vergleichenden Tektonik. Ver-
    lag Borntraeger Berlin

WEITERFÜHRENDE LITERATUR

Die Dynamik der Erde. Einführung: R. Siever. Spektrum der Wis-
    senschaft: Verständliche Forschung. 216 S. Spektrum Heidel-
    berg
Frisch W, Loeschke J (1986) Plattentektonik. Erträge der For-
    schung, Band 236. 204 S. Wissenschaftliche Buchgesellschaft
    Darmstadt
Ozeane und Kontinente. Einführung: P. Giese. Spektrum der Wis-
    senschaft: Verständliche Forschung. 248 S. Spektrum Heidel-
    berg
Vulkanismus. Einführung: H.Pichler. Spektrum der Wissenschaft:
    Verständliche Forschung. 208 S. Spektrum Heidelberg
Weiner J (1987) Planet Erde. Schicksal und Zukunft der Erde.
    582 S. Droemer-Knaur München

Die Geschichte der Erdatmosphäre[1]

MANFRED SCHIDLOWSKI

SONDERSTELLUNG DER IRDISCHEN ATMOSPHÄRE

Spätestens seit Raumsonden die Gashüllen unserer Nachbarplaneten im Sonnensystem erkundeten, ist offensichtlich, daß die Erdatmosphäre einen kosmischen Sonderfall darstellt (Tab. 1). Zum Beispiel bestehen die Gashüllen von Mars und Venus hauptsächlich aus Kohlendioxid. Dagegen setzt sich die Erdatmosphäre zu 99 Prozent aus Stickstoff und Sauerstoff zusammen. Ihr Gehalt an Kohlendioxid beträgt verschwindende 0,033 Prozent. Die Erde ist freilich noch in einer anderen Hinsicht ein Ausnahmeplanet: Auf ihr hat sich Leben entwickelt. Der Verdacht liegt somit nahe, daß sich das Leben und die Besonderheiten der irdischen Lufthülle gegenseitig bedingen.

Tab. 1. Die Erdatmosphäre und die Gashüllen unserer Nachbarplaneten Mars und Venus.

	Venus	Erde	Mars
Masse in Gramm	$5{,}3 \times 10^{23}$	$5{,}3 \times 10^{21}$	$2{,}4 \times 10^{19}$
Luftdruck an der Oberfläche in Bar	100	1	0,06
Temperatur an der Oberfläche in Grad Celsius	480	15	−60
Zusammensetzung			
Kohlendioxid	93−98 %	0,03 %	95,32 %
Stickstoff	2−5 %	78,08 %	2,70 %
Argon-40	~30 ppm	0,93 %	1,60 %
Argon-36	~30 ppm	31 ppm	5,5 ppm
Sauerstoff	~30 ppm	20,94 %	0,13 %
Kohlenmonoxid	~20 ppm	0,05−0,2 ppm	0,07 %
Wasserdampf	0,1 %*	1,00 %*	0,03 %*
Neon	~15 ppm	18 ppm	2,5 ppm
Krypton	~1 ppm	1 ppm	0,3 ppm
Xenon	−	0,08 ppm	0,08 ppm
Ozon	−	0,02−10 ppm	0,03 ppm

ppm = parts per million = Tausendstel Promille (10^{-6}) *variabel

Den geringen Anteil an Kohlenstoff in ihrer Lufthülle verdankt die Erde letztlich ihrem günstigen Sonnenabstand. Auf Grund dieses Abstandes liegt die mittlere Erdtemperatur zwischen dem Gefrier- und Siedepunkt des Wassers, so daß große Teile der Erdoberfläche von einer Wasserhülle (der Hydrosphäre) bedeckt sind. Da sich Kohlenstoff in Wasser löst, sammelt es sich in

---

[1] Dieser Aufsatz erschien in anderer Form unter dem gleichen Titel in der Zeitschrift Spektrum der Wissenschaft, April 1981. Nachdruck mit freundlicher Genehmigung des Verlages.

den Ozeanen an und verbindet sich dort mit dem Calcium, das
bei der Verwitterung aus dem Gestein des Festlandes herausgelöst und ins Meer gespült wurde, zu schwerlöslichem Kalk (Cal-
ciumkarbonat, $CaCO_3$), der sich absetzt und Kalksedimente bildet.

Auffallend an der Zusammensetzung der Erdatmosphäre ist besonders der hohe Sauerstoffgehalt (20,9 Volumenprozent). Sauerstoff war, wie wir heute wissen, kein Bestandteil der Uratmosphäre, die die Erde nach ihrer Entstehung vor 4,5 Milliarden
Jahren besaß. Ein Indiz dafür ist paradoxerweise das Leben
selbst. Um entstehen zu können, brauchte es zunächst eine
sauerstoff-freie Umgebung; denn die Anwesenheit von gasförmigem Sauerstoff hätte verhindert, daß sich aus einfachen Molekülen die Aminosäuren als Bausteine der Eiweißstoffe (Proteine)
bilden konnten.

Auch geologische Befunde bestätigen, daß es in der frühen Erdatmosphäre keinen Sauerstoff gab. So finden sich in mehr als
zwei Milliarden Jahre alten Konglomeraten aus dem frühen und
mittleren Präkambrium Minerale wie Pyrit (FeS_2) und Uraninit
(UO_2), die von gasförmigem Sauerstoff zersetzt werden (Abb.
1). Sauerstoff überführt das vierwertige Uran des Uraninits
nämlich rasch in den sechswertigen Zustand. Der dabei entste-
hende Uranyl-Komplex $(UO_2)^{2+}$ ist im Gegensatz zum Uraninit in
Wasser gut löslich. Tatsächlich treten diese Minerale in jüngeren Konglomeraten nicht mehr auf (vgl. Abb. 8).

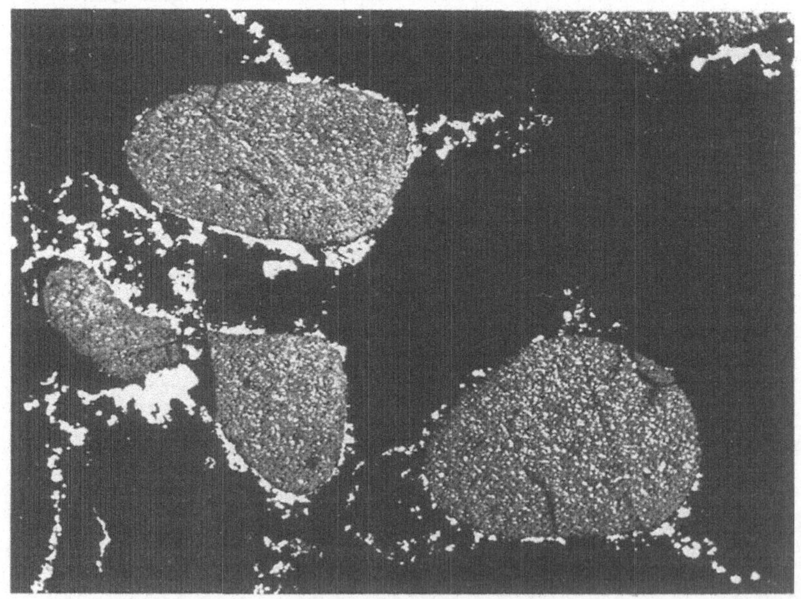

<u>Abb. 1.</u> Gerölle von Uranpecherz in zweieinhalb Milliarden Jah-
re alten Konglomeraten in Südafrika (Schidlowski 1971). Aus
der abgerundeten Gestalt und der Art ihrer Ablagerung muß man
schließen, daß sie über weite Strecken in Flüssen transportiert wurden - ein Vorgang, der nur in Abwesenheit von Sauerstoff möglich ist.

Die Abwesenheit von atmosphärischem Sauerstoff wird schließlich auch durch die für die frühe Erdgeschichte charakteristischen gebänderten, eisenhaltigen Kieselschiefer bezeugt, die
man nach der brasilianischen Stadt Itabira, in deren Nähe sich
die reichsten Vorkommen dieser Eisenerze befinden, als Itabirite bezeichnet (Abb. 2). Sie bestehen aus abwechselnd rot und
bläulich gefärbten Schichten. Die rote Färbung rührt von dem
Eisenoxid Fe_2O_3 (Roteisenerz oder "Hämatit") her, das in Form
feinverteilter Kriställchen in kieselsäure-haltiges Material
eingebettet ist. Die bläulichen Bänder bestehen aus nahezu rei-
nem Fe_2O_3. Die Itabirite wurden ursprünglich als eisenhaltiger
Schlamm aus dem Meer abgeschieden und weisen darauf hin, daß
die Ozeane im frühen und mittleren Präkambrium offensichtlich
große Mengen an gelöstem Eisen enthielten (Abb. 7).

Abb. 2. Gebän-
dertes Eisenerz
aus einer Lager-
stätte am Obe-
ren See (USA).

Heute ist die Eisenkonzentration in den Ozeanen verschwindend
klein. Der Unterschied beruht darauf, daß atmosphärischer
Sauerstoff zweiwertiges Eisen, das bei der Verwitterung aus
dem Gestein gelöst wird, sofort in unlösliche Verbindungen des
dreiwertigen Eisens überführt. Nur in einer sauerstoff-freien
Umwelt konnte das im Grundwasser gelöste Eisen durch die Flüsse ins Meer gelangen, so wie andere Elemente, beispielsweise
Natrium, Kalium, Calcium und Magnesium, noch heute von den Kontinenten heruntergewaschen werden und den Salzgehalt des Meeres bedingen. Auch die Itabirite kommen nicht in Ablagerungen
vor, die jünger als zwei Milliarden Jahre sind.

ZUSAMMENSETZUNG DER URATMOSPHÄRE

Es fragt sich also, welche Gase die Uratmosphäre anstelle des Sauerstoffs enthielt. Sicher waren die Elemente Stickstoff und Kohlenstoff vertreten. Aber in welcher Form lagen sie vor? Als Verbindungen mit Wasserstoff, das heißt als Methan (CH_4) und Ammoniak (NH_3)? Oder trat der Stickstoff, wie heute, in elementarer Form auf, während der Kohlenstoff, wie auf unseren Nachbarplaneten Mars und Venus, als Kohlendioxid vorlag? Da Wasserstoff das häufigste Element im Kosmos ist, vermuteten Urey und seine Mitarbeiter (1952), daß die wasserstoffhaltigen Gase Methan und Ammoniak in der Uratmosphäre dominierten. Aus diesem Grund hat auch Miller (1955) für seine Aufsehen erregenden Experimente, bei denen er Aminosäuren auf nichtbiologischem Weg unter Bedingungen herstellte, wie sie vermeintlich in der Uratmosphäre vorlagen, Gemische aus Wasserdampf, Methan und Ammoniak verwendet. Dabei bedachte man freilich nicht, daß das Stoffgemisch, aus dem die Erde entstand, möglicherweise anders zusammengesetzt war als die Materie des Weltalls. Wir wissen heute, daß sich die kosmische Materie teilweise entmischt hatte, bevor sich einzelne Fraktionen zu Planeten zusammenballten; auch die Materie der Erde besteht aus einer derartigen Fraktion.

Dafür spricht unter anderem die relativ geringe Konzentration der chemisch äußerst beständigen Edelgase auf der Erde. Die fünf Edelgase Helium, Neon, Argon, Krypton und Xenon stammen aus zwei Quellen: aus dem radioaktiven Zerfall unbeständiger Elemente (wie Uran oder Thorium) oder aus dem Prozeß, bei dem sich die verschiedenen Elemente im Innern aktiver Sterne (wie der Sonne) durch Kernverschmelzung aus Wasserstoff bilden. Uns interessiert hier nur der Anteil der sogenannten "Uredelgase", der auf die letztere Art entstand. Er ist auf der Erde um einen Faktor zwischen 10^{-7} und 10^{-11} geringer als im Kosmos. Beispielsweise gehören Helium, Neon und Argon zu den zehn häufigsten Elementen im Weltall, während sie auf der Erde so selten sind, daß sie zusammen mit den anderen Edelgasen erst gegen Ende des letzten Jahrhunderts entdeckt wurden.

Wenn unter den Stoffen, aus denen sich die Erde bildete, die Edelgase nur in so geringer Konzentration vertreten waren, muß man annehmen, daß andere leichtflüchtige, gasförmige Elemente wie Wasserstoff und Stickstoff gleichfalls unterrepräsentiert waren. Vermutlich ballte sich die Erde also aus schweren, nichtflüchtigen Komponenten der Urmaterie des Sonnensystems zusammen und enthielt zunächst keine nennenswerte Atmosphäre (Abb. 3). Die Lufthülle entstand erst nachträglich, indem die äußere Schale des jungen Planeten, der heutige Erdmantel, allmählich ausgaste. Dieser Vorgang ist immer noch nicht völlig abgeschlossen, wie das Vorkommen von Uredelgasen in den Exhalationen aktiver Vulkane zeigt.

Gase wie Methan oder Ammoniak könnten nur aus einem Erdmantel entgast sein, der metallisches Eisen enthielt. Beide Gase wären im Kontakt mit zweiwertigem Eisen nicht stabil und würden sich überwiegend zu Stickstoff, Wasser und Kohlendioxid umset-

zen. Tatsächlich enthielt der Erdmantel jedoch zweiwertiges
und nicht metallisches Eisen. Zu diesem Schluß zwingt unter anderem das weithin anerkannte und plausible "inhomogene Akkretionsmodell". Es besagt, daß sich zunächst eine Urerde bildete
(Abb. 3 ganz links). Sie enthielt in der Tat metallisches Eisen. Wegen seines hohen Gewichtes konzentrierte es sich beim
anschließenden "Durchschmelzen" des Urplaneten (vor allem infolge der Umwandlung von Gravitations- in Wärmeenergie und
durch den wärmeerzeugenden radioaktiven Zerfall unbeständiger

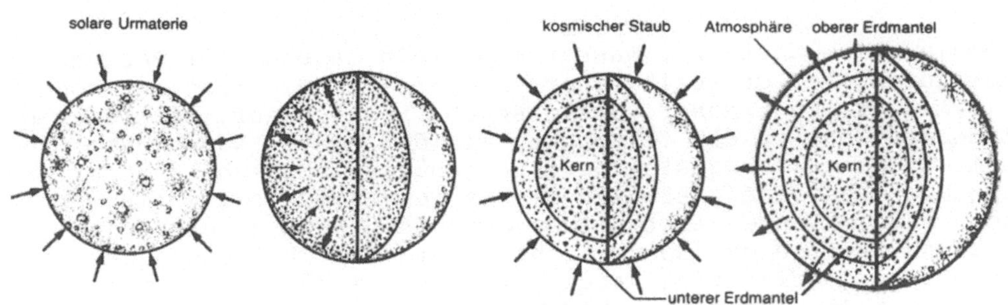

Abb. 3. Das inhomogene Akkretionsmodell beschreibt die frühe
Entwicklung der Erde als mehrstufigen Prozeß.

Elemente) jedoch im Planeteninnern und bildete den Erdkern
(Abb. 3 zweites Bild von links). Die leichteren Elemente rei-
cherten sich dafür im Mantel an. Im Laufe der Zeit lagerte
sich kosmischer Staub auf dem ursprünglichen Erdmantel ab und
bildete den heutigen oberen Erdmantel, aus dem sich später die
Erdkruste absonderte (Abb. 3 drittes Bild von links). Dieser
kosmische Staub stammte aus bereits abgekühlter Materie des
Sonnensystems und enthielt daher Eisen, das schon mit anderen
Elementen reagiert und sich dabei in zweiwertiges Eisen umgewandelt hatte. Entsprechend liegt in den Gesteinen des Erdmantels (dessen Zusammensetzung sich seit der Entstehung der Erde
nur unwesentlich geändert haben dürfte) überwiegend zweiwertiges Eisen vor. Daneben gibt es sogar etwas dreiwertiges Eisen.
Diese Spuren von dreiwertigem Eisen machen zusätzlich deutlich, daß kein metallisches Eisen im Erdmantel vorhanden gewesen sein kann: Es hätte mit dem dreiwertigen Eisen reagiert
und wäre in den zweiwertigen Zustand übergegangen.

Rubey (1951, 1955) stellte als erster Mengenbilanzen für die
Verteilung der Stoffe im äußeren Teil der Erdkugel und in der
Atmosphäre auf. Danach dürfte die Zusammensetzung der Uratmosphäre den Entgasungsprodukten heutiger Vulkane geähnelt haben. Das bedeutet, daß sie Kohlenstoff kaum in Form von Methan, sondern ganz überwiegend in Form von Kohlendioxid enthielt. Dafür spricht auch die Tatsache, daß sich bereits vor
3,8 Milliarden Jahren Carbonatgesteine (überwiegend Kalke) abgelagert hatten, deren Hauptbestandteil das aus dem Kohlendioxid gebildete Carbonat ist.

Nach dem heutigen Stand der Forschung kann man also davon ausgehen, daß die Uratmosphäre hauptsächlich aus Wasserdampf, Kohlendioxid und Stickstoff bestand (Walker 1977). In Spuren waren auch Gase wie Schwefelwasserstoff, Schwefeldioxid, Chlor-
wasserstoff, Fluorwasserstoff, Wasserstoff, Kohlenmonoxid, Methan, Ammoniak und Edelgase (vor allem Argon) vorhanden.

DIE ENTWICKLUNG DER ATMOSPHÄRE

Damals wie heute war Wasserdampf kein dauerhafter Bestandteil
der Lufthülle. Oberhalb einer bestimmten Konzentration konden-
sierte er zu Wasser. Das geschah freilich nur, weil sich die
Erdoberfläche zu dem Zeitpunkt, als der erste Wasserdampf aus
dem Erdmantel ausgaste, bereits genügend abgekühlt hatte. Wasserdampf absorbiert nämlich die Wärmestrahlung, die in geringem Maß im Sonnenlicht selbst enthalten ist, größtenteils aber
beim Auftreffen des Sonnenlichts auf die Erdoberfläche entsteht, und heizt sich dabei auf. Hätte sich Wasserdampf zu ir-
gendeinem Zeitpunkt in hoher Konzentration in der Erdatmosphäre angereichert, hätte dies zu einem sich selbst verstärkenden
Glashauseffekt geführt, und auf der Erde wäre eine "Wärmehöl-
le" wie auf der Venus entstanden, wo Temperaturen um 480 Grad
Celsius und ein Druck von etwa hundert Bar (also das Hundert-
fache des Luftdrucks an der Erdoberfläche) herrschen. Die Erde
entging diesem Schicksal letztlich wohl deshalb, weil sie weiter von der Sonne entfernt ist als die Venus und ihre Oberfläche daher von Anfang an kühler war.

Kohlendioxid löst sich in Wasser. Indem Wasserdampf kondensier-
te und niederregnete, "wusch" er auch das Kohlendioxid aus der
Atmosphäre. Dieser Nebeneffekt war sehr wichtig: denn er stellte sicher, daß das zweite Gas, das einen Glashauseffekt hervorrufen kann, - das Kohlendioxid -, gleichfalls nicht überhand
nahm. Das Kohlendioxid sammelte sich in den Ozeanen, wo es
teilweise mit Wasser reagierte und Carbonat-Ionen bildete
(Abb. 7). Diese verbanden sich mit Metall-Ionen (meist Calcium), die bei der Verwitterung aus dem Kontinentalgestein herausgelöst und ins Meer gespült worden waren, zu den bereits erwähnten Ablagerungen von festem Carbonatgestein.

Später, als sich die ersten Lebensformen auf der Erde gebildet
hatten, kam ein weiterer Prozeß hinzu, durch den Kohlendioxid
gebunden und dem Ozean und der Atmosphäre entzogen wurde. Es
handelt sich um die Photosynthese, mit deren Hilfe Cyanobakterien (alte Bezeichnung: Blaualgen) und grüne Pflanzen die von
ihnen benötigten Stoffe aus Kohlendioxid, Wasser und Sonnenlicht synthetisierten (Abb. 4). Die Ablagerungen, die sich aus
diesen von lebenden Organismen aufgebauten "organischen"
Stoffen bildeten, sind beispielsweise das Erdöl, Erdgas und
die Kohle. Zur Unterscheidung von dem carbonatischen
Kohlenstoff, der in den Kalken gespeichert ist, spricht man
hier von organischem Kohlenstoff. Natürlich zählt dazu auch
der Kohlenstoff, der in allen heute existierenden Lebewesen
(der Biomasse) enthalten ist.

Würde man den carbonatischen und organischen Kohlenstoff auf
der Erde vollständig in Kohlendioxid-Gas zurückverwandeln, er-
hielte man 2×10^{23} Gramm Kohlendioxid, das heißt das Hundert-
tausendfache der Menge, die die Erdatmosphäre gegenwärtig enthält ($2,6 \times 10^{18}$ Gramm). Dieser Wert stimmt erstaunlich gut mit
den annähernd $5,3 \times 10^{23}$ Gramm Kohlendioxid überein, die insgesamt in der Gashülle der Venus anzutreffen sind (Tab. 1). Gegenüber einer solchen Menge Kohlendioxid würde der Stickstoff-
gehalt der Erdatmosphäre auf nur noch etwa ein Prozent schrump-
fen - gleichfalls ein Wert, wie er auf den Planeten Venus und
Mars gefunden wurde. Ursprünglich dürften demnach auf Venus,
Erde und Mars die gleichen Gase mit etwa gleichen Häufigkeiten
vorgelegen haben. Dank des günstigen Sonnenabstands der Erde
wurden der irdischen Lufthülle jedoch Kohlendioxid und Wasserdampf kontinuierlich entzogen. Das erklärt die Sonderstellung
der Erdatmosphäre hinsichtlich des niedrigen Kohlendioxid-Ge-
halts. Doch wie kam der Sauerstoff in die Erdatmosphäre?

Abb. 4. Stromatolithenkalk aus Simbabwe; Alter: 2,6 Milliarden
Jahre (Schidlowski 1978). Die bogenförmigen, nach oben gewölb-
ten, teilweise ineinandergreifenden Lamellen deutet man - ausgehend vom Aufbau heutiger Algenkolonien - als Reste überein-
andergewachsener fossiler Algenrasen. Bei diesen Algen dürfte
es sich aller Wahrscheinlichkeit nach um Blaualgen (Cyanobakterien) gehandelt haben. Viele Stromatolithenkalke enthalten
teilweise noch Abbauprodukte des grünen Blattfarbstoffs (des
Chlorophylls). Stromatolithenkalke lassen sich in der Erdgeschichte bis zu 3,4 Milliarden Jahre zurückverfolgen (siehe
auch Abb. 7).

NICHT-BIOLOGISCHE SAUERSTOFFQUELLEN

Kann der Sauerstoff aus dem Erdinnern ausgegast sein? Mit etwa 46 Gewichtsprozent ist er das häufigste Element der Gesteinshülle der Erde, der sogenannten "Lithosphäre". Aber der Sauerstoff ist in Silicat-Mineralen chemisch so fest gebunden, daß er sich bei den in der Erdkruste und im Erdmantel herrschenden Bedingungen nicht aus diesen Verbindungen lösen läßt.

In den wichtigsten "jungfräulichen" Gesteinen, die aus dem Magma des Erdmantels erstarrt sind, überwiegt darüber hinaus zweiwertiges gegenüber dreiwertigem Eisen. Das zeigt, daß die Lithosphäre, obwohl die Silicate, aus denen sie besteht, reich an Sauerstoff sind, nicht völlig an diesem Element gesättigt ist. Wäre dies der Fall, dann müßte das gesamte Eisen vollständig oxidiert worden sein und jetzt ausschließlich im dreiwertigen Zustand vorliegen. In diesem Fall dürften auch die vulkanischen Exhalationen keinen Wasserstoff oder Schwefelwasserstoff enthalten, da diese beiden Gase von Sauerstoff in Wasser und Schwefeldioxid umgewandelt werden. Tatsächlich beträgt der Anteil des Sauerstoffs an den Gasen, die in den basaltischen Magmen im Erdmantel gelöst sind, nur 10^{-7} bis 10^{-8} Bar. Der Sauerstoff in der Atmosphäre kann also nicht aus dem Erdinnern stammen.

Denkbar wäre, daß der Sauerstoff in die Erdatmosphäre kam, indem Wasserdampf und Kohlendioxid direkt durch Sonnenlicht in Wasserstoff, Sauerstoff und Kohlenmonoxid aufgespalten wurden. Der bei dieser sogenannten "Photolyse" entstandene Wasserstoff könnte wegen seines geringen spezifischen Gewichts aus der Erdatmosphäre ins Weltall entwichen sein. Da sich jedoch aus Sauerstoff und Wasserstoff wieder Wasser zurückbildet, hätten nach vorliegenden Modellrechnungen nur etwa zehn Prozent der Wasserstoff-Moleküle entweichen können, ehe sie vom Sauerstoff wieder eingefangen und in Wasser zurückverwandelt werden konnten. Man kennt die Menge des aus Wasserdampf durch Photolyse gebildeten Wasserstoffs, die heute aus der irdischen Lufthülle pro Jahr ins Weltall gelangt: Es sind 25 000 Tonnen. Die Menge an freiem Sauerstoff, die dabei zurückbleibt und sich in der Atmosphäre anreichert, beträgt etwa 200 000 Tonnen. Verglichen mit dem Gehalt der Lufthülle an Sauerstoff ist dieser jährliche Zuwachs verschwindend klein. Nimmt man an, daß er während der ganzen Erdgeschichte von 4,5 Milliarden Jahren konstant war - und nichts spricht gegen diese Annahme -, dann kann er höchstens drei Prozent zum heutigen Gesamt-Sauerstoffbudget von etwa $3,2 \times 10^{22}$ Gramm beigetragen habe (siehe Abb. 5).

Unter der Annahme, daß der Sauerstoff in der frühen Atmosphäre aus der Photolyse von Wasserdampf stammte und der gesamte dabei freigesetzte Wasserstoff ins Weltall entwich, ergibt sich nach einem von Berkner und Marshall (1967) entwickelten Modell für die Uratmosphäre ein Sauerstoffgehalt von etwa einem Promille des heutigen Wertes. Dieser Gehalt kann sicher als oberste Grenze gelten. Denn in dem Modell von Berkner und Marshall ist nicht berücksichtigt, daß nur ein Teil des Wasserstoffs entweichen konnte. Außerdem haben nach Walker (1977) die Vulka-

ne mehr Wasserstoff, Schwefelwasserstoff und andere Gase, die
Sauerstoff binden, freigesetzt, als Sauerstoff bei der Photolyse des Wasserdampfs entstand. Daher könnte der Sauerstoffgehalt der Uratmosphäre in Wirklichkeit um den Faktor 10^{-13} geringer gewesen sein als der heutige Wert.

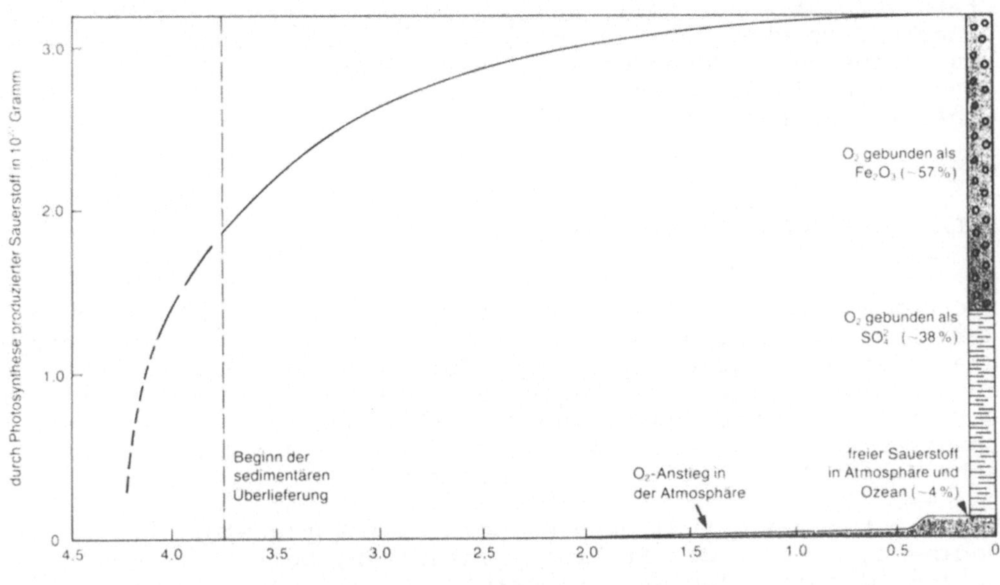

Abb. 5. Berechneter Anstieg des irdischen Vorrats an photosyn-
thetisch erzeugtem Sauerstoff seit der Bildung der ersten bekannten Sedimente vor 3,8 Milliarden Jahren (Schidlowski et
al. 1975, 1979; Junge et al. 1975).

EINE BIOLOGISCHE SAUERSTOFFQUELLE: DIE PHOTOSYNTHESE

Die ersten Lebewesen auf der Erde ernährten sich aus der "Ur-
suppe" der Meere, die auf nicht-biologischem Weg entstandene
Nährstoffe enthielt. Als dieser Nahrungsvorrat der weiteren
Ausbreitung des Lebens Grenzen setzte, gingen einige Lebewesen
dazu über, mit Hilfe der Sonnenenergie die benötigten Nährstoffe selbst aus Kohlendioxid herzustellen. Die wirkungsvollste
Methode entwickelten die Cyanobakterien und grünen Pflanzen,
die das allgegenwärtige Wasser als Wasserstoffquelle nutzten,
um nach der folgenden Gleichung Kohlenhydrate aufzubauen:

$$CO_2 + 2\ H_2O* \xrightarrow{\text{Licht-energie}} CH_2O + H_2O + O_2*$$

Die Verbindung CH_2O symbolisiert den Grundbaustein der Kohlenhydrate, der etwa im Traubenzucker ($C_6H_{12}O_6$) sechsmal vorhanden ist. Bei dieser sogenannten "Photosynthese" entsteht pro Kohlenstoffatom, das in ein Kohlenhydrat eingebaut wurde, genau ein Sauerstoffmolekül, das, wie die Markierung durch den Stern verdeutlichen soll, aus dem Wasser stammt. Nachdem alle anderen Versuche, den Sauerstoffgehalt der Atmosphäre zu erklären, keine befriedigenden Resultate lieferten, muß man die Photosynthese als den Prozeß betrachten, durch den sich der Sauerstoff in unserer Lufthülle ansammelte.

BILANZ DES KOHLENDIOXIDS UND SAUERSTOFFS

Nachdem wir wissen, daß pro Sauerstoff-Molekül, das sich bei der Photosynthese bildet, ein Kohlenstoffatom in ein Kohlenhydrat eingebaut wurde (also ein "organisches" Kohlenstoffatom entsteht), sollte die Menge des organischen Kohlenstoffs auf der Erde der Menge des durch die Photosynthese freigesetzten Sauerstoffs entsprechen. Wie aber läßt sich der gesamte organische Kohlenstoff auf der Erde bestimmen?

Dazu gibt es eine indirekte Methode. Der Kohlenstoff, den die Sedimentgesteine der Erdkruste enthalten, besteht aus zwei Anteilen: dem organischen Kohlenstoff (C_{org}) und dem im Kalkstein und Dolomit gespeicherten Carbonat-Kohlenstoff (C_{carb}). Die Quelle für beide bildet das aus dem Erdmantel ausgegaste Kohlendioxid. Nun besteht aber das Element Kohlenstoff aus zwei stabilen Atomsorten mit den gleichen chemischen Eigenschaften, aber unterschiedlicher Masse, nämlich zu rund 99 % aus dem Kohlenstoffisotop mit der Atommasse 12 (^{12}C) und zu etwa einem Prozent aus dem Kohlenstoffisotop mit der Atommasse 13 (^{13}C). Da die Photosynthese treibenden Pflanzen geringfügig das leichtere Kohlenstoffisotop mit der Masse 12 bevorzugen, ist dieses in der organischen Kohlenstoff-Fraktion der Sedimente stärker vertreten als in Carbonat-Gesteinen.

Als Maßstab für das Mengenverhältnis der beiden Kohlenstoffisotope $^{13}C/^{12}C$ verwendet man den $\delta^{13}C$-Wert. Er gibt die Abweichung des ^{13}C-Gehalts einer Substanz vom ^{13}C-Gehalt eines Standards in Promille an. Als Standard hat man einen marinen Kalkstein aus der Kreide-Formation gewählt, dessen ^{13}C-Wert vereinbarungsgemäß gleich null ist (die Werte aller sedimentären Carbonate streuen um ±2 Promille um diesen Standard). Es stellte sich nun heraus, daß der durchschnittliche $\delta^{13}C$-Wert des organischen Kohlenstoffs, der in den Sedimenten der Erdkruste enthalten ist, -25 Promille beträgt, während der $\delta^{13}C$-Wert des aus dem Erdmantel ausgasenden Kohlendioxids bei etwa -5 Promille liegt. Damit hat man Daten an der Hand, mit denen sich der Anteil des organischen Kohlenstoffs an der Gesamtmenge in den Sedimenten der Erdkruste gespeicherten Kohlenstoffs berechnen läßt. Von 100 Atomen Kohlenstoff, der in Form von Kohlendioxid aus dem Erdmantel ausgaste und einen $\delta^{13}C$-Wert von -5 Promille besaß (er sei als primordialer (Ur-)Kohlenstoff C_{prim} bezeichnet), wurden n Atome (n steht für eine vorläufig unbekannte Zahl) zu organischem Kohlenstoff mit einem δ^{13}C-Wert von -25, während die verbleibenden (100-n) Atome als Carbonat-Kohlenstoff mit einem δ^{13}C-Wert von 0 endeten. Das läßt sich durch die folgende Gleichung ausdrücken:

$$100 \text{ Atome } C_{prim} \times \delta^{13}C_{prim} = n \text{ Atome } C_{org} \times \delta^{13}C_{org} + (100-n)\, C_{carb} \times \delta^{13}C_{carb}$$

Diese Gleichung geht nur dann auf, wenn (mit $\delta^{13}C_{prim} = -5$, $\delta^{13}C_{org} = -25$, $\delta^{13}C_{carb} = 0$) n = 20 ist. Folglich ist etwa ein Fünftel des gesamten Kohlenstoffs, der in den Ablagerungen der Erdkruste vorkommt, organischer Herkunft. Die restlichen vier Fünftel sind Carbonat-Kohlenstoff. Die Gesamtmasse der Sedimente beträgt $2,4 \times 10^{24}$ Gramm. Etwa drei Prozent davon, also $7,2 \times 10^{22}$ Gramm, bestehen aus Kohlenstoff, von dem nach der obigen Isotopen-Massenbilanz-Gleichung ein Fünftel, also ungefähr $1,4 \times 10^{22}$ Gramm, organischer Kohlenstoff ist. Hochrechnungen, die auf einigen tausend Direktbestimmungen von organischem Kohlenstoff in Sedimenten beruhten, ergaben in Übereinstimmung damit Werte zwischen 1,2 und $1,4 \times 10^{22}$ Gramm. Wählen wir den unteren dieser beiden Grenzwerte, dann entspricht das $3,2 \times 10^{22}$ Gramm Sauerstoff, der durch Photosynthese entstanden sein muß.

Das ist eine weit größere Menge, als in der heutigen Atmosphäre vorliegt (vgl. Budgetsäule in Abb. 5). Tatsächlich enthält die Atmosphäre nur etwa vier Prozent dieser Menge. Der weitaus größere Teil wurde nach seiner Freisetzung wieder in Sedimenten gebunden. Dabei hat sich der Sauerstoff mit zweiwertigem Eisen zum Oxid des dreiwertigen Eisens und mit den Sulfiden zu Sulfat umgesetzt.

DER ZEITLICHE VERLAUF DER FREISETZUNG DES SAUERSTOFFS

Nach diesem Verfahren läßt sich nicht nur ermitteln, wieviel Sauerstoff insgesamt bis heute durch biologische Prozesse freigesetzt wurde. Kennt man die Masse der Sedimente, die sich zu jedem Zeitpunkt der Erdgeschichte abgelagert haben und kann man ihren Gehalt an organischem Kohlenstoff bestimmen, so läßt sich die Sauerstoffmenge, die auf biologischem Wege entstand, während der gesamten Erdgeschichte verfolgen. Die Anhäufung der Sedimente läßt sich durch ein Modell beschreiben, dessen Ableitung hier zu weit führen würde. Danach ergibt sich die Sedimentmasse M_t, die zu einem beliebigen Zeitpunkt t während der Erdgeschichte vorlag, in guter Näherung aus der heutigen Sedimentmasse $M_{tp} = 2,4 \times 10^{24}$ Gramm nach der Gleichung:

$$M_t = M_{tp} \times (1 - e^{-\lambda t})$$

Dabei bedeutet e die Eulersche Zahl (ungefähr 2,72) und λ die irdische Entgasungskonstante, die angibt, mit welcher Geschwindigkeit Kohlendioxid aus dem Erdinneren ausgast. Die Gleichung beschreibt eine Kurve, die zunächst steil ansteigt, mit wach-

sendem t abflacht und schließlich dem Wert M_{tp} zustrebt. Entsprechend ist die Sedimentmasse kurz nachdem sich die Erde vor
4,5 Milliarden Jahren gebildet hatte am schnellsten und dann
immer langsamer angewachsen.

Wir haben in den letzten Jahren das Verhältnis der Kohlenstoffisotope $^{13}C/^{12}C$ auch in den alten Sedimenten bis hin zu den ältesten bekannten Ablagerungen von Isua in Grönland untersucht,
die vor 3,8 Milliarden Jahren entstanden sind. Sieht man von
den Gesteinen ab, die nach ihrer Ablagerung noch eine chemische oder mineralogische Umwandlung erfuhren, so hat sich gezeigt, daß die $\delta^{13}C$-Werte des organischen wie des Carbonat-Kohlenstoffs während der ganzen Erdgeschichte im wesentlichen
gleichgeblieben sind (Abb. 6).

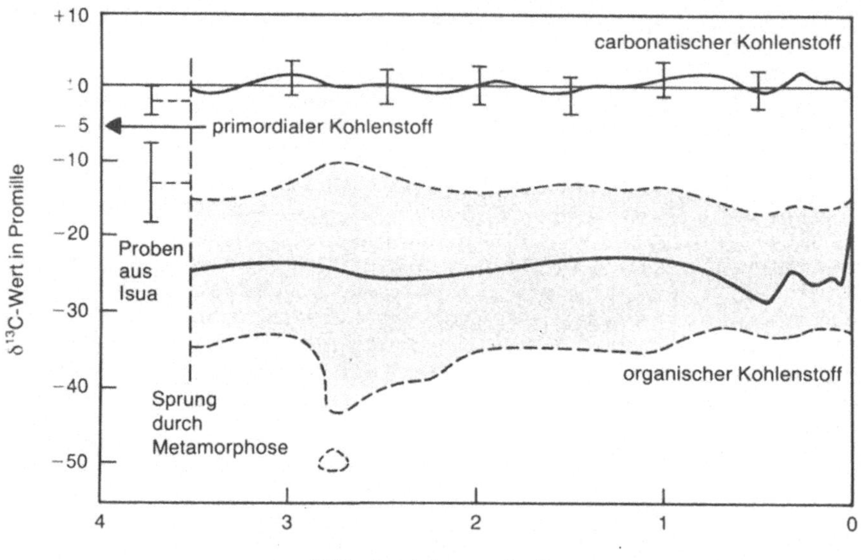

Abb. 6. Die Entwicklung des $\delta^{13}C$-Wertes im Verlauf der Erdgeschichte. Die Schwankungsbreite der gemessenen Isotopen-Werte
ist im Falle des Carbonat-Kohlenstoffs in Form von Standardabweichungen angegeben, im Falle des organischen Kohlenstoffs dagegen als Gesamt-Streubereich, in den sämtliche Meßwerte
fallen (graues Band).

Da auch die Konzentration des gesamten Kohlenstoffs in den Sedimenten stets bei ungefähr drei Prozent lag, sollte die Menge
des organischen Kohlenstoffs und damit auch die des durch Photosynthese erzeugten Sauerstoffs in der gleichen Weise zugenommen haben wie die Menge der Sedimente insgesamt. Abbildung 8
zeigt die so errechnete Zunahme der durch Photosynthese gebildeten Sauerstoffmenge im Verlauf der Erdgeschichte. Nach diesem Modell hatten sich vor 3,8 Milliarden Jahren bereits fünf-
zig bis sechzig Prozent der bis heute von den Pflanzen produzierten Sauerstoffmenge gebildet. Diese Aussage erscheint auf
den ersten Blick unvernünftig; denn wie wir beispielsweise aus

56

dem Vorkommen der Minerale Pyrit und Uranpecherz in mehr als
zwei Milliarden Jahre alten Konglomeraten wissen, gab es damals kaum freien Sauerstoff in der Atmosphäre. Wo also blieb
der durch Photosynthese erzeugte Sauerstoff?

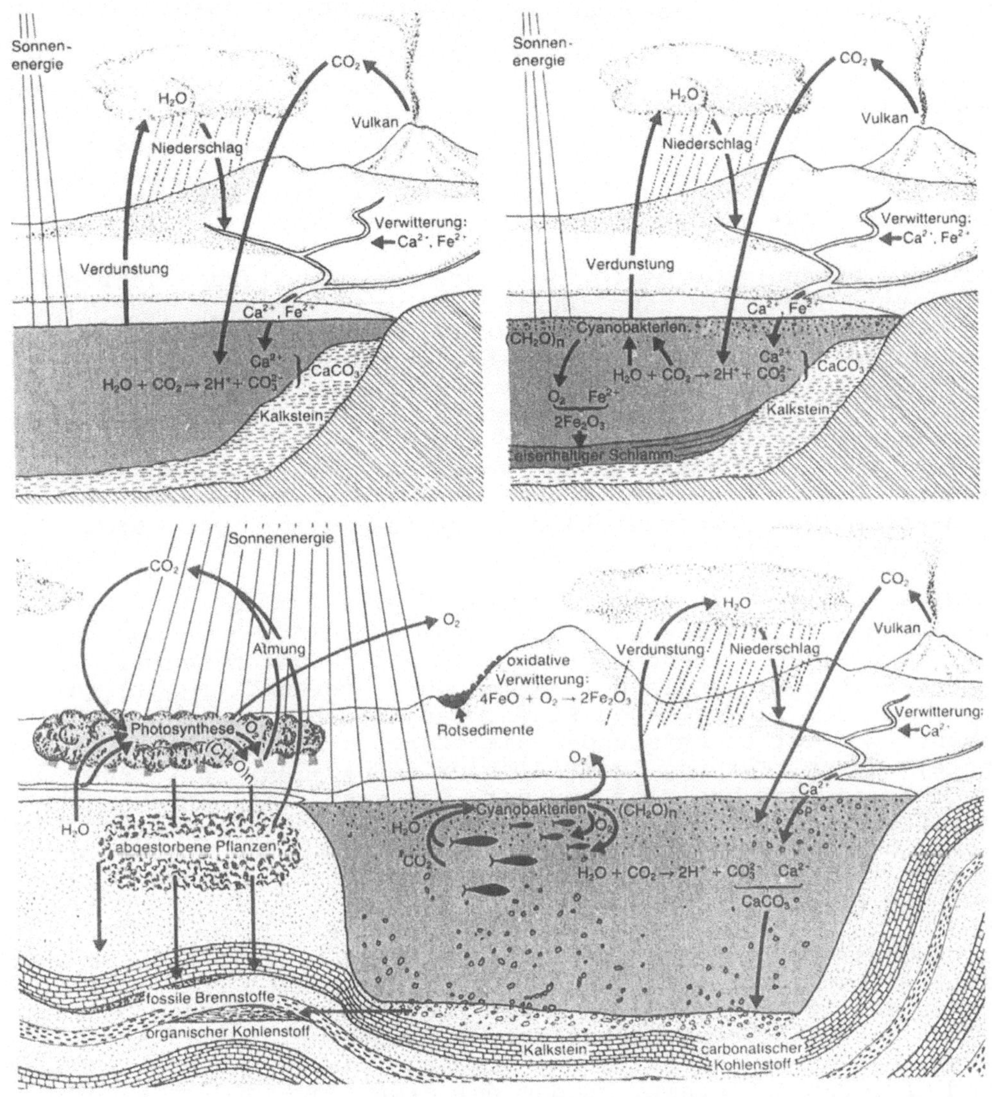

Abb. 7. Drei Szenarien, die wesentliche Stadien der Entwicklung der Atmosphäre sowie die zugehörigen Formen der Verwitterung und Sedimentation zeigen.

Auf diese Frage gibt es zwei einander ergänzende Antworten. Zu
Anfang der Entwicklung des Lebens, also vor über drei Milliarden Jahren, wurde von den damals existierenden primitiven Bakterien wahrscheinlich eine ursprünglichere Form der Photosynthese betrieben, wie sie heute noch von purpurnen und grünen

57

Schwefelbakterien (Chromatiaceen und Chlorobiaceen) praktiziert wird. Dabei entsteht kein freier, gasförmiger Sauerstoff. Stattdessen werden sauerstoffreiche Verbindungen wie
Sulfat ausgeschieden. So konnte das Reservoir des bei biolcgi-
schen Prozessen "freigesetzten" Sauerstoffs wachsen, ohne daß
Sauerstoff selbst in die Atmosphäre gelangte. Es ist jedoch
festzuhalten, daß durch die Tätigkeit solcher Bakterien erstmals ein "mildes" Oxidationsmittel wie Sulfat in größeren Mengen in die alte Umwelt kam, was durch das Auftreten von sul-
fathaltigen Lagen in den ältesten Sedimenten direkt bestätigt
wird. Wir gehen vielleicht nicht fehl in der Annahme, daß die
Zeit dieser einfacheren Photosynthese das "Goldene Zeitalter"
der photosynthetischen Schwefelbakterien war.

Darüber hinaus gab es vor mehr als zwei Milliarden Jahren Leben nur im Meer. Die damaligen Ozeane enthielten große Mengen
an zweiwertigem Eisen. Sauerstoff, der bei der Photosynthese
frei wurde, dürfte mit den zweiwertigen Eisen-Ionen zum Eisenoxid Fe_2O_3 reagiert haben, bevor er in die Atmosphäre entweichen konnte. Das unlösliche Eisenoxid fiel aus und setzte sich
als eisenreicher Schlamm ab, aus dem die gebänderten Eisensteine oder Itabirite entstanden (Abb. 7). Derartige Eisensteine
treten bereits in den ältesten bekannten Sedimenten, in der
Isua-Formation in West-Grönland mit einem Alter von etwa 3,8
Milliarden Jahren, auf.

Größere Mengen Sauerstoff konnten nach diesen Überlegungen
erst dann in die Atmosphäre gelangen, als die Ozeane von zweiwertigem Eisen "leergefegt" waren. Als danach Sauerstoff in
nennenswerten Mengen in der Atmosphäre vorkam, reagierte er
auch mit dem zweiwertigen Eisen, das in den Gesteinen der Kontinente vorlag: Es entstanden die ersten kontinentalen Rotsedimente, deren Färbung vom Eisenoxid Fe_2O_3 herrührt (Abb. 7).
Gleichzeitig war das Meer von der weiteren Eisenzufuhr abgeschnitten, da der Sauerstoff in der Atmosphäre zweiwertiges
Eisen, das bei der Verwitterung aus den Gesteinen herausgelöst
wurde, sofort in unlösliches Fe_2O_3 überführte - lange bevor es
über die Flüsse das Meer erreichen konnte.

Allerdings verband sich Sauerstoff mit dem zweiwertigen Eisen,
das im Gestein der Kontinente vorlag, sehr viel langsamer, als
er mit dem im Meer gelösten Eisen reagiert hatte. Dadurch sammelte sich ein Überschuß an freiem Sauerstoff in der Atmosphäre an, der nicht schnell genug abgebaut werden konnte. Maßge-
bend für den Zeitpunkt, zu dem der erste Sauerstoff in der Atmosphäre auftrat, war also nicht der Beginn der Sauerstoffproduktion durch Pflanzen und Bakterien, die Photosynthese betrieben. Entscheidend war vielmehr, daß irgendwann der von den
Pflanzen erzeugte Sauerstoff nicht mehr schnell genug gebunden
und in die Ablagerungen (die geochemischen Reservoire der Erdkruste) überführt werden konnte.

Auch heute enthält die Erdkruste zweiwertiges Eisen und Sulfi-
de noch in solchen Mengen, daß diese den gesamten in der Atmosphäre enthaltenen Sauerstoff aufbrauchen würden, wenn sie
augenblicklich mit ihm reagieren könnten. Die Umsetzung er-

folgt jedoch so langsam, daß der dabei verbrauchte Sauerstoff
durch die Photosynthese der Pflanzen und das Begraben von organischem Kohlenstoff im Sediment wieder ersetzt werden kann.
Wir erkennen also den Sauerstoffgehalt der Luft als eine dynamische Größe, die von der Bilanz der den Sauerstoff freisetzen-
den und der ihn der Atmosphäre entziehenden Prozesse abhängt.

Mit "verbrauchtem" Sauerstoff ist hier freilich nur der Sauerstoff gemeint, der der Atmosphäre ein für allemal entzogen wurde. Für den Sauerstoff, der beispielsweise bei der Atmung oder
der Verbrennung organischer Substanzen gebunden wird, entsteht
eine äquivalente Menge Kohlendioxid, aus dem die Pflanzen den
Sauerstoff unmittelbar zurückgewinnen können. Atmung und Verbrennung sind daher in unserer Aufstellung der "sauerstoffver-
brauchenden" Reaktionen nicht berücksichtigt.

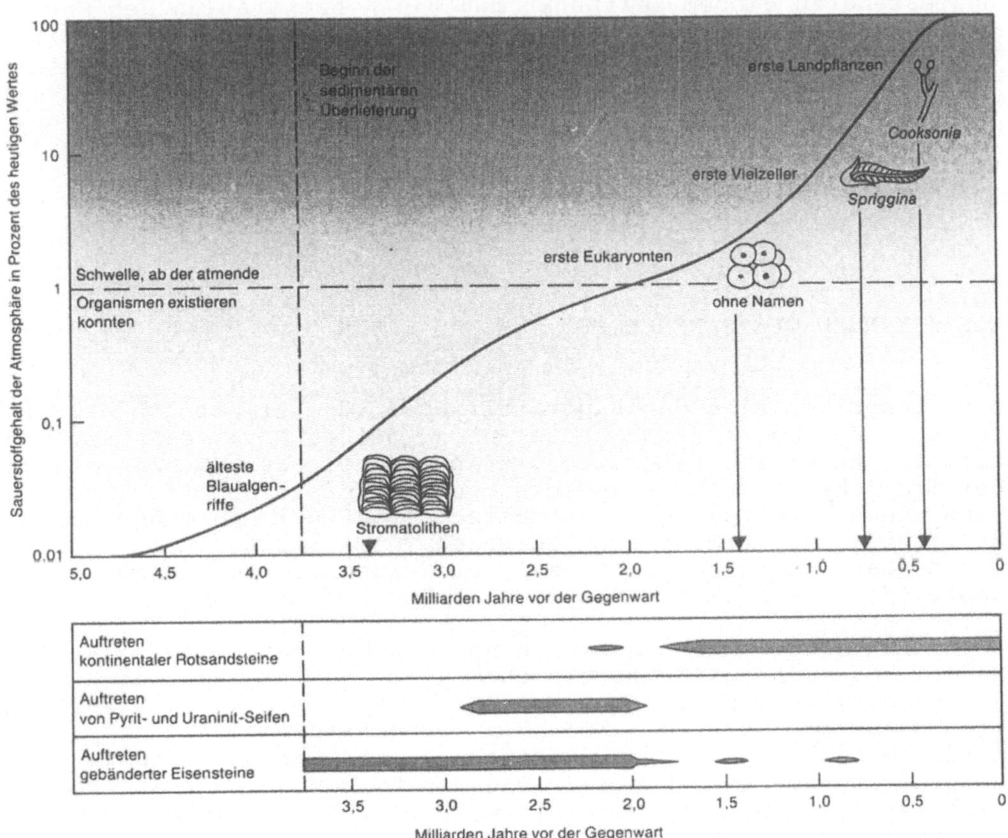

Abb. 8. Anstieg des Sauerstoffgehalts der Erdatmosphäre abgeleitet aus paläontologischen (oben) und geologischen Daten
(unten).

Ab wann die Atmosphäre tatsächlich nennenswerte Mengen Sauerstoff enthielt, ist freilich noch immer umstritten. Das liegt
unter anderem an der Ungenauigkeit der geologischen Sauer-

stoff-Barometer. So kann man aus dem Auftreten der kontinentalen Rotsedimente nur ablesen, daß überhaupt erste Spuren von
Sauerstoff in der Atmosphäre vorhanden waren. Genaue Angaben
über die Konzentration lassen sich nicht machen, da schon ganz
geringe Mengen Sauerstoff genügen, um die beobachtete Rotfär-
bung hervorzurufen. So sind auch die lockeren Gesteinsformati-
onen auf dem Mars kräftig rot gefärbt, obwohl die Marsatmosphä-
re nur 0,13 Prozent Sauerstoff enthält, der durch Photolyse
von Wasserdampf entstanden ist (Owen et al. 1977).

Neben den geologischen Befunden gibt es jedoch einige paläonto-
logische Daten, die ein annähernd quantitatives Sauerstoff-Ba-
rometer darstellen (Abb. 8). Alle Lebewesen, deren Zellen einen Kern besitzen, atmen Sauerstoff. Solche Lebewesen traten
erstmals vor 1,3 bis 1,5 Milliarden Jahren auf (Cloud 1976).
Spätestens zu diesem Zeitpunkt muß die Konzentration des Sauerstoffs in der Atmosphäre ein Prozent des heutigen Wertes betragen haben; denn erst ab dieser Konzentration können Sauerstoff
atmende Organismen existieren. Ab dem Oberkarbon, also seit
etwa 350 Millionen Jahren, dürfte annähernd die heutige Sauer-
stoffkonzentration in der Atmosphäre vorgelegen haben. Ihr
Wert hat, wie man aus der gleichmäßigen Entwicklungsgeschichte
der Säugetiere schließen kann, während der letzten zweihundert
Millionen Jahre vermutlich kaum geschwankt.

AUSWIRKUNGEN DES SAUERSTOFFS AUF DAS LEBEN

Das Leben hat also den Sauerstoffgehalt der Atmosphäre hervor-
gebracht und sorgt auch heute noch dafür, daß er bestehen
bleibt. Andererseits hatte die Anwesenheit des Sauerstoffs in
der irdischen Lufthülle Auswirkungen auf das Leben selbst. Es
kann kein Zweifel darüber bestehen, daß der steigende Sauerstoffgehalt der Atmosphäre Lebewesen, die ihren Energiebedarf
durch den unergiebigen Prozeß der Gärung deckten, dazu veran-
laßte, die wesentlich wirksamere Atmung zu "erfinden".

Abbildung 9 zeigt den Zusammenhang zwischen Gärung und Atmung.
Beide beginnen mit der gleichen Reaktionsfolge aus etwa zehn
Einzelschritten, der sogenannten Glykolyse, in deren Verlauf
Traubenzucker in zwei Moleküle Brenztraubensäure gespalten
wird. Im nächsten Schritt entsteht bei der Gärung bereits als
Endprodukt die Milchsäure. Dagegen folgen bei der Atmung auf
die Glykolyse noch etwa dreißig weitere Schritte (sämtliche Reaktionen des Zitronensäurezyklus und der Atmungskette). Das
zeigt, daß die Atmung der "archaischen" Gärung gleichsam aufge-
pfropft wurde und eine entwicklungsgeschichtlich junge Errun-
genschaft ist.

Die Atmung ermöglichte den Lebewesen, die sie "erfanden", das
Vierzehnfache der Energie zu gewinnen, die bei der Gärung frei
wird. Offenbar war die bessere Versorgung mit Energie die Voraussetzung dafür, daß sich höhere Lebensformen entwickeln konnten.

Auf diese Weise läßt sich erklären, warum das Leben ungefähr
drei Milliarden Jahre benötigte, um den vergleichsweise kleinen Schritt vom Einzeller zum mehrzelligen Organismus zu tun,
während sich die offensichtlich viel schwierigere Entwicklung
bis zur heutigen Organisationshöhe in nur siebenhundert Millionen Jahren vollzog. Erst als vor etwa 1,4 Milliarden Jahren genügend Sauerstoff in der Atmosphäre vorhanden war und die Atmung als energie-liefernder Prozeß zur Verfügung stand, konnte
die Höherentwicklung des Lebens einsetzen. Daß es dann immer
noch über fünfhundert Millionen Jahre dauerte, bis schließlich
vor siebenhundert Millionen Jahren die ersten vielzelligen Organismen auftauchten, mag daran gelegen haben, daß es, wie
Margulis et al. (1976) argumentieren, viel Zeit kostete, die
äußerst komplizierten Mechanismen zu entwickeln, die mit der
geschlechtlichen Vermehrung der Vielzeller zusammenhängen.

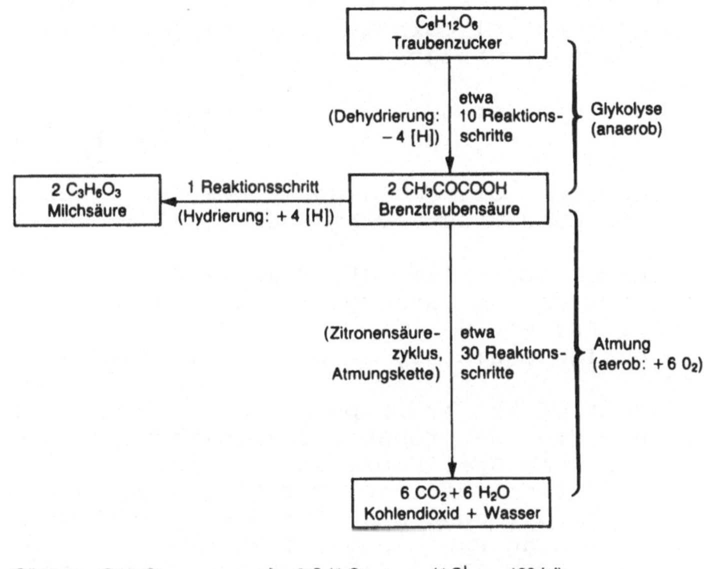

Abb. 9. Schema der energielie-fernden Prozesse von Gärung und Atmung.

Zum Schluß sei noch angemerkt, daß das Leben auf der Erde
nicht nur dafür sorgt, daß in der Atmosphäre ein stationäres
Sauerstoff-Gleichgewicht herrscht. Das Leben ist auch für einige andere "Ungereimtheiten" in der irdischen Lufthülle verantwortlich. So liegen dort Stickstoff, Methan und Sauerstoff nebeneinander vor. Das sollte auf die Dauer nicht möglich sein,
da Methan - über eine Reihe von Zwischenstufen - zu Kohlendioxid und Wasser aufoxidiert wird und Stickstoff direkt mit
Sauerstoff zu Stickstoffdioxid reagiert, das sich wiederum mit
Wasser zu Salpetersäure umsetzt. Nur weil bestimmte Mikroorga-
nismen die Salze der Salpetersäure (die Nitrate) in Stickstoff
zurückverwandeln und auch Methan durch die Tätigkeit methan-
bildender Bakterien ständig neu produziert wird, bleibt der Gehalt der Atmosphäre an Stickstoff und Methan konstant.

Auch dieses Beispiel zeigt die enge Verknüpfung zwischen dem
Leben und der Zusammensetzng der irdischen Lufthülle. So gesehen stellt die Atmosphäre keine unabhängige Komponente der Erdoberfläche dar. Sie erscheint weitgehend mitgeprägt durch die
Biosphäre - den vom Leben bewohnten und gestalteten Bereich.

LITERATUR

Berkner LV, Marshall LC (1967) The rise of oxygen in the
    earth's atmosphere with notes on the Martian atmosphere. Adv
    Geophys 12: 309-331
Cloud PE (1976) Beginnings of biospheric evolution and their
    biogeochemical consequences. Paleobiology 2: 351-387
Junge CE, Schidlowski M, Eichmann R, Pietrek H (1975) Model
    calculation for the terrestrial carbon cycle: carbon isotope
    geochemistry and evolution of photosynthetic oxygen. J Geo-
    phys Res 80: 4542-4552
Margulis L, Walker JGC, Rambler M (1976) Reassessment of the
    Roles of Oxygen and Ultraviolet Light in Precambrian Evolu-
    tion. Nature 264: 620-624
Miller SL (1955) Production of some organic compounds under
    possible primitive earth conditions. J Am Chem Soc 77: 2351-
    2361
Owen T, Biemann K, Rushneck DR, Biller JE, Howarth DW, Lafleur
    AL (1977) The composition of the atmosphere at surface of
    Mars. J Geophys Res 82: 4635-4639
Rubey WW (1951) The geologic history of sea water. Bull Geol
    Soc Am 62: 1111-1147
Rubey WW (1955) Development of the hydrosphere and atmosphere
    with special reference to the probable compositions of the
    early atmosphere. Geol Soc Am Spec Paper 62: 631-650
Schidlowski M (1978) Evolution of the Earth's atmosphere:
    current state and exploratory concepts. In: Noda H (ed) Ori-
    gin of Life, 3-20, Center Acad Publ Japan, Tokyo
Schidlowski M, Eichmann R, Junge CE (1975) Precambrian sedi-
    mentary carbonates: carbon and oxygen isotope geochemistry
    and implications for the terrestrical oxygen budget. Pre-
    cambrian Res 2: 1-69
Schidlowski M, Appel PWU, Eichmann R, Junge CE (1979) Carbon
    isotope geochemistry of the 3.7×10^9 yr old Isua sediments,
    West Greenland: implications for the Archaean carbon and
    oxygen cycles. Geochim Cosmochim Acta 43: 189-199
Urey HC (1952) The Planets. 245 S. Yale University Press, New
    Haven
Walker JCG (1977) Evolution of the Atmosphere. 318 p, Macmil-
    lan, New York

Zur Geschichte der Ozeane während der letzten 150 Millionen Jahre

Jörn Thiede

In einem Vorlesungszyklus über DIE DYNAMISCHE ERDE darf die Behandlung meeresgeologischer Themen nicht fehlen, denn die Meere sind nicht nur die größte zusammenhängende und einheitlich aufgebaute, sondern auch die dynamischste und jüngste geologische Großeinheit unserer Erde.

DIE ERFORSCHUNG DER OZEANE AUS PLATTENTEKTONISCHER SICHT

Der geologische Aufbau unserer Erde ist entscheidend durch plattentektonische Prozesse geprägt worden. Zeugen dieser Vorgänge sind auf den Kontinenten zwar zum Teil bewahrt, aber durch die zerstörenden und umwandelnden Einflüsse von Erosion, Diagenese, Metamorphose und Tektonik so lückenhaft erhalten, daß der Zusammenhang oft nicht mehr erkannt werden kann. Erst die seit etwa 20 bis 30 Jahren erfolgte systematische Erforschung der Ozeanbecken hat uns einen Schlüssel zu ihrem Verständnis gegeben.

Die formende Kraft der plattentektonischen Prozesse, ihre Dynamik, kann am besten in den Tiefseebecken des Weltmeeres verfolgt werden. Allerdings gibt es in den heutigen Ozeanen keine Gesteine, die älter als 200 Millionen Jahre sind (vgl. hierzu auch den Beitrag GIESE). Aber die zum größten Teil ungestörte oder nur wenig gestörte Erhaltung der ozeanischen Kruste erlaubt die präzise Rekonstruktion der physiographischen Entwicklung der heutigen Tiefseebecken zumindest für die letzten 150 bis 180 Millionen Jahre.

Die Idee, daß die Ozeane unserer Erde geologisch jung sind und einen prinzipiell anderen geologischen Aufbau als die Kontinente haben, ist keineswegs neu. Ganz im Gegenteil vermutete man bereits in der Zeit vor Alfred Wegeners aufsehenerregender Kontinentalverschiebungshypothese, daß die Ozeane in ihrer heutigen Ausdehnung und Form nur eine kurze und junge geologische Entwicklung dokumentieren. Ebenso wurde bereits seit mehreren hundert Jahren angenommen, daß die Tiefseebecken mit der ihnen eigenen Morphologie ein Produkt geologischer Prozesse tief im Erdinnern sind. Abbildung 1a und 1b zeigen Beispiele für diese historisch frühen, vor-Wegener'schen Vorstellungen.

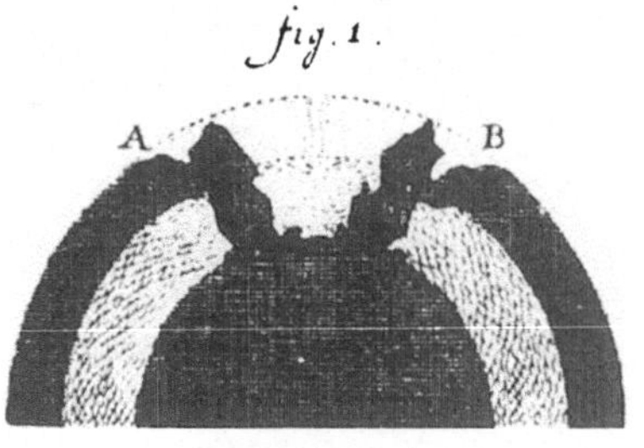

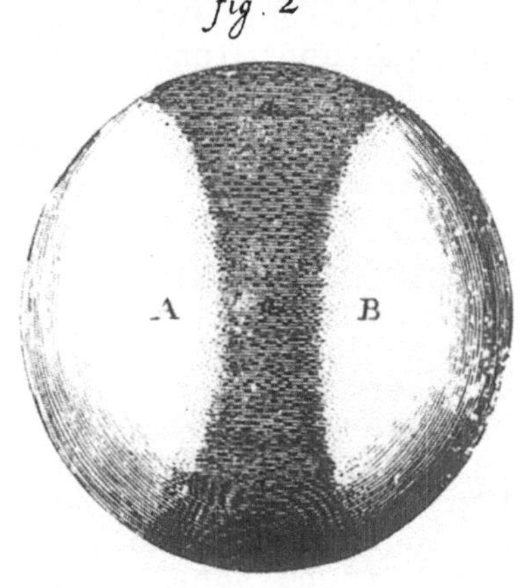

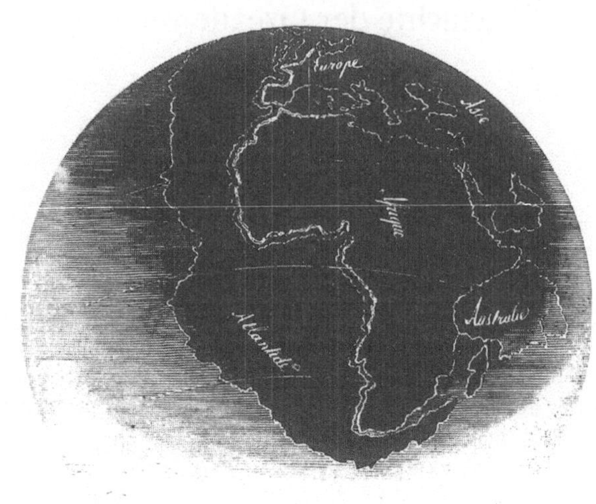

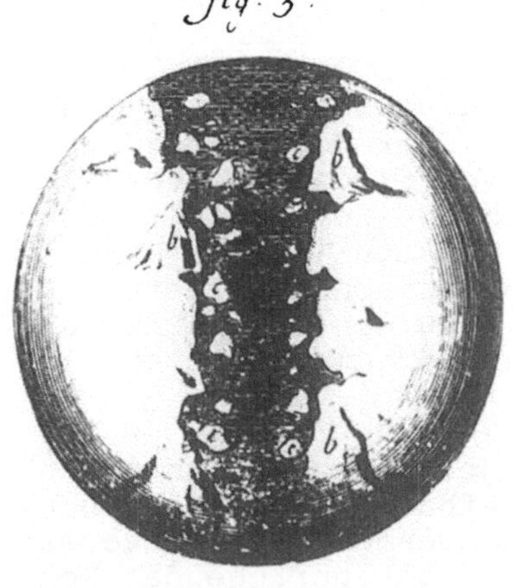

Formation of the oceans, according to Thomas Burnet, *The Theory of the Earth: Containing an Account of the Original of the Earth, and of All the General Changes Which It Hath Already Undergone, or Is to Undergo Till the Consummation of All Things* (2nd edition, London, 1691).

<u>Abb. 1</u> (nach historischen Quellen).
a) Historische Darstellung der Entstehung von Ozeanen durch geologische Prozesse im Erdinnern (links).
b) Vorstellung eines zusammenhängenden Großkontinents (Europa, Afrika, Nord- und Südamerika) in einer Zeit vor der Öffnung des Atlantiks, die einige Jahrzehnte vor Alfred Wegener in der Mitte des vergangenen Jahrhunderts entwickelt worden war (oben).

Worin besteht denn nun aber der so entscheidende Fortschritt im heutigen Verständnis der geologischen Entwicklung des Erdkörpers? Mit der Entdeckung des "sea-floor spreading"-Prozesses und der Formulierung des einheitlichen Konzeptes der Plattentektonik ist in den vergangenen zwanzig Jahren eine Methode entwickelt worden, diese frühen Vorstellungen - auch die Ideen Alfred Wegeners - und die Hypothesen, die die Geowissenschaften bis in die 60er Jahre beherrschten, wissenschaftlich zu widerlegen oder zu bestätigen und verbessern zu können.

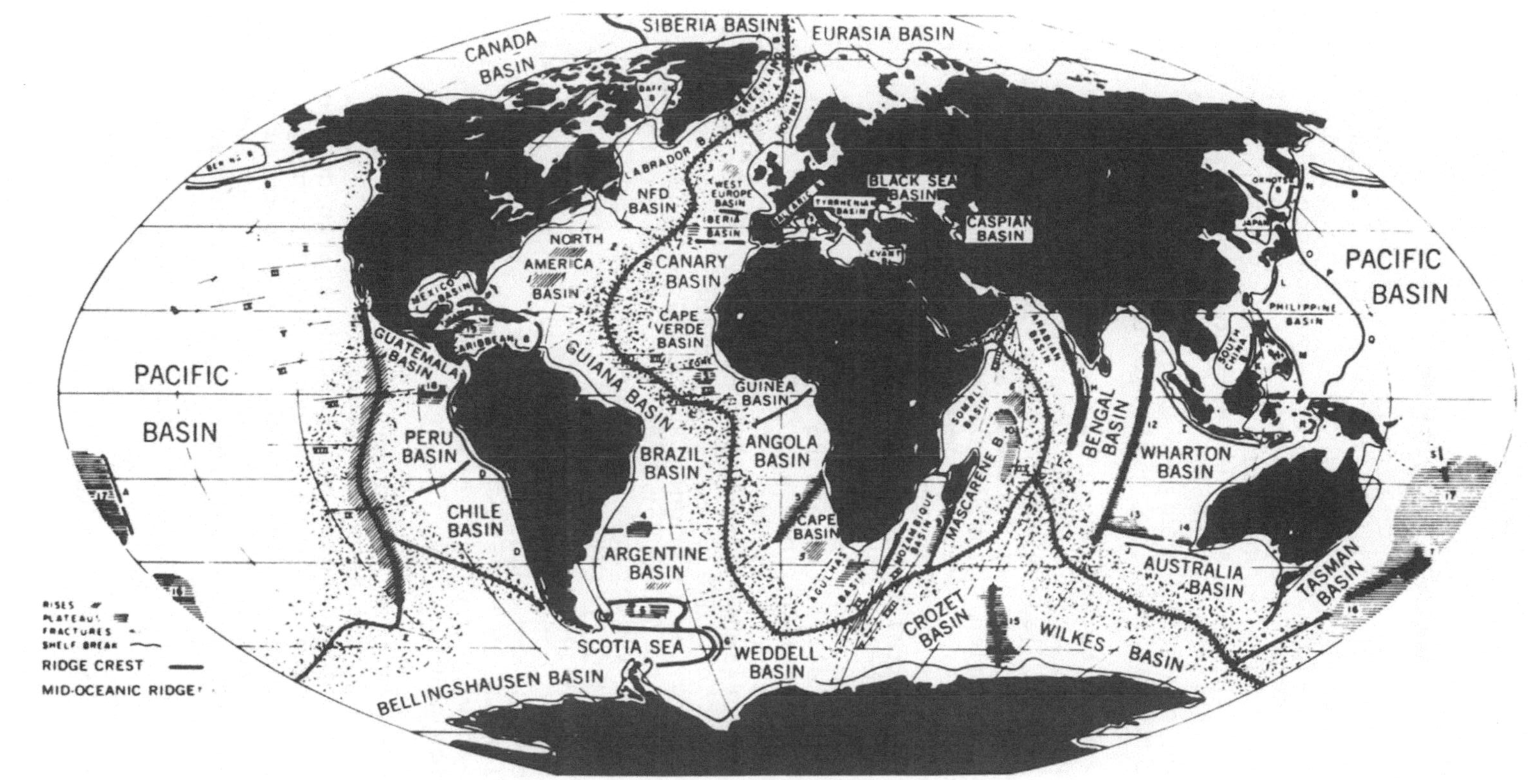

Abb. 2. Verlauf der mittelozeanischen Rücken und Lage der Tiefseebecken (Basin); schwarz: Kontinentalgebiete (Kennett 1985).

ZUR PALÄOPHYSIOGRAPHIE DER OZEANE

Methodische Ansätze

Anhand der Altersverteilung der ozeanischen Kruste können einige Eigenheiten des Aufbaus des Weltmeeres als eine zusammenhängende, einheitlich aufgebaute geologische Provinz anschaulich erläutert werden. In Abb. 3 können Vorkommen ozeanischer Kruste aus dem Känozoikum (0-65 Millionen Jahre), aus der Kreidezeit (vor 65-140 Millionen Jahren) und aus dem Jura (vor 140-180 Millionen Jahren) unterschieden werden. Der älteste, heute noch ungestört erhaltene Ozeanboden ist 150 -170 Millionen Jahre alt und wurde sowohl im Nordwest-Pazifik als auch im Nordatlantik gefunden. Wie kommen wir aber zu diesen Daten?

Die insgesamt über 60 000 km langen mittelozeanischen Rücken, an denen nach wie vor fortlaufend "dynamisch" junger Ozeanboden gebildet wird, lassen sich als ein durchgehendes Band durch alle Tiefseebecken des Weltmeeres verfolgen. Zu beiden Seiten dieses schmalen, langgestreckten, submarinen Gebirgszuges (siehe auch Abb. 2) werden symmetrisch angeordnete Streifen von Krustengestein beobachtet, dessen Alter mit der Entfernung vom Gebirgsscheitel nachweislich zunimmt. Die Isochronen (hier: Grenzen zwischen Gebieten verschiedenen Alters) wurden von magnetischen Anomalien abgeleitet, deren streifenförmige Anordnung während der Aufspreizung des Ozeanbodens (des "sea-floor spreading") entsteht. Die aus der Tiefe aufquellenden, den neuen Ozeanboden bildenden Gesteine enthalten Minerale, die aufgrund ihres Eisengehaltes magnetisierbar sind. Und diese Minerale speichern die zum Zeitpunkt ihrer Erstarrung vorherrschende Richtung des erdmagnetischen Feldes. Da nun aber das Erdmagnetfeld im Laufe der Erdgeschichte wiederholten Umkehrungen seiner Polarisierung unterlag, ergibt sich das beobachtete Streifenmuster erdmagnetischer Anomalien des Meeresgrundes. Die Umkehrungen des globalen Magnetfeldes sind heute genau datiert. So geben uns die magnetischen Anomalien durch ihren räumlichen Abstand sogar ein Maß für die Richtung und die Geschwindigkeit des "sea-floor spreading", das z.B. im Atlantik mit Geschwindigkeiten von Zentimetern bis Dezimetern pro Jahr vor sich geht.

Die aus dem Verlauf der magnetischen Anomalien ableitbare Altersverteilung der heutigen Tiefseebecken läßt also Rückschlüsse auf eine ganze Reihe von Besonderheiten des geologischen Aufbaus der Meeresböden zu. Neben den Bildungsprozessen der ozeanischen Kruste, die gerade kurz angedeutet wurden, sind sicher der einheitliche Aufbau und die globale Ausdehnung der Ozeanbecken als zusammenhängende geologische Provinz die wichtigsten Merkmale, die es hier näher zu beleuchten gilt. Das Weltmeer, dessen Tiefenverteilung in groben Zügen in Abb. 3 wiedergegeben ist, kann heute geographisch als bekannt angesehen werden, was wir vor allem der Entwicklung der technischen Möglichkeiten zur Erforschung der Ozeanböden zu verdanken haben.

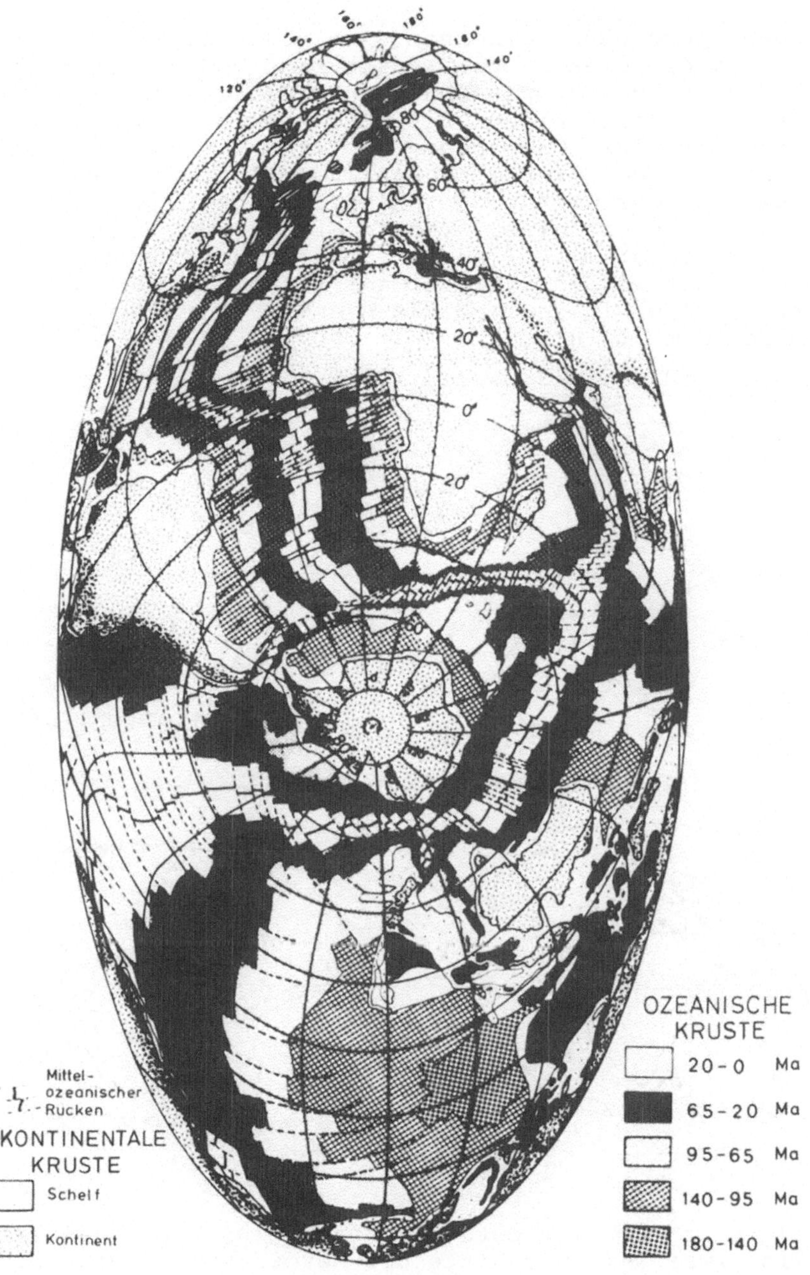

<u>Abb. 3.</u> Verlauf der mittelozeanischen Rücken, vom Südpol aus gesehen, und Altersverteilung der basaltischen Gesteine, die die Ozeanböden aufbauen (Weijermars 1984). Die jüngere Sedimentbedeckung wurde nicht berücksichtigt.

Anwendungsmöglichkeiten

Aus den gewonnenen Erkenntnissen über die Bildung und Altersverteilung der ozeanischen Kruste kann von der heutigen Physio-
graphie der Ozeanbecken ohne große Schwierigkeiten eine Rekonstruktion fossiler Ozeanböden vorgenommen werden. Denn die Al-
tersstruktur der Ozeanböden gibt uns ein Maß für das horizon-
tale Wachstum der Tiefseebecken (vgl. Abb. 2). Wenn wir also
auf Karten der Ozeanböden entsprechende Zonen gleichen Alters
rückschreitend entfernen, können Größe und Umfang ehemaliger
Ozeane zu bestimmten Zeiten mit hinreichender Genauigkeit
rekonstruiert werden. (Mit dieser Methode wurden auch die Rekonstruktionen in den Abb. 4a-c und 6a-c im Beitrag GIESE vorgenommen; Anm. d. Hrsg.)

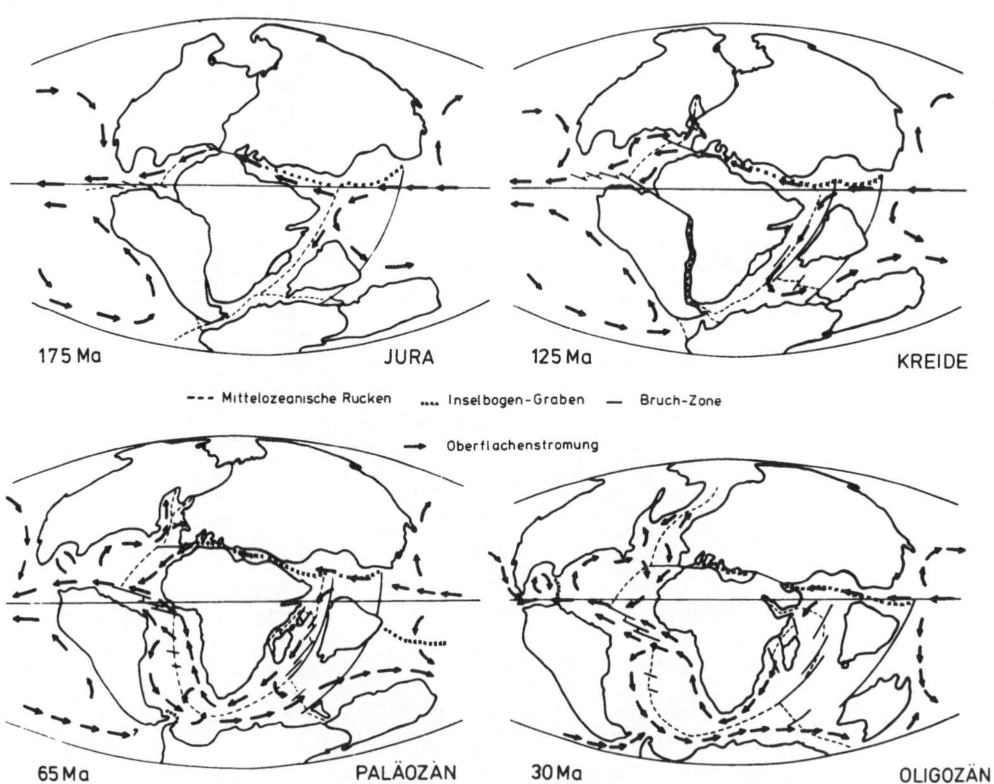

<u>Abb. 4.</u> Stark vereinfachte Rekonstruktion des Weltmeeres für
jeweils zwei Zeitabschnitte des Mesozoikums (Jura, Kreide) und
des Känozoikums (Paläozän, Oligozän). (Van Andel 1979). '

In Abb. 4 sind für vier Zeitabschnitte aus dem Mesozoikum und
Känozoikum grobe Rekonstruktionen der Paläogeographie des fossilen Weltmeeres und das sich aus dem Verlauf der Küstenlinien
erschließbare Zirkulationsmuster der ozeanischen Oberflächenwassermassen wiedergegeben. Sie weisen auf die durchgreifende

Veränderung der Verteilungsmuster von Land und Meer durch plattentektonische Prozesse hin, die so präzise jedoch nur für die
letzten 150 Millionen Jahre nachvollzogen werden können.

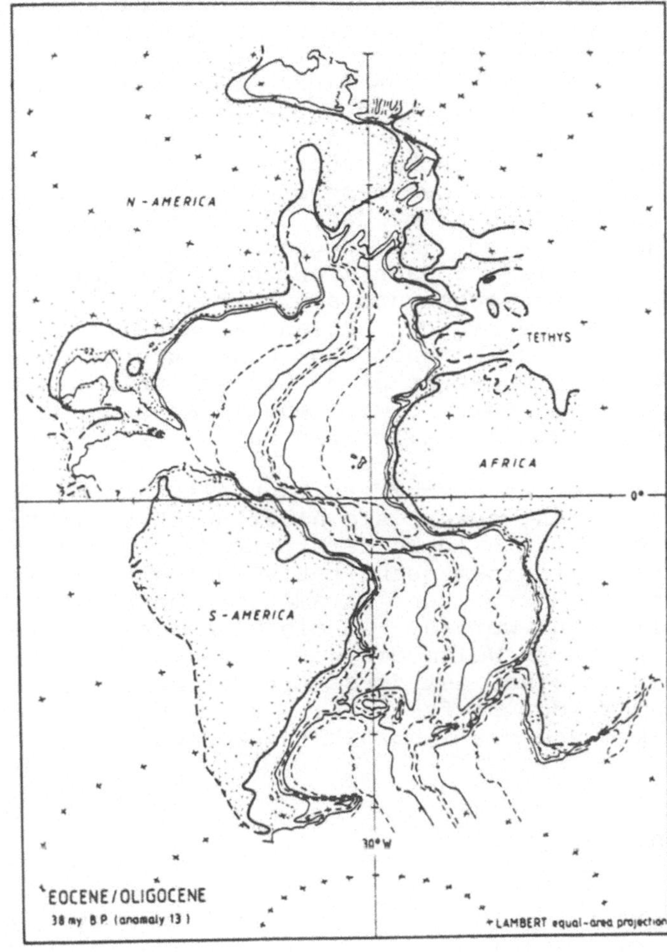

Abb. 5. Paläophysio-
graphie des Atlan-
tiks im Tertiär
(Thiede 1983).

Neben der horizontalen Ausdehnung ist aber auch die vertikale
Dimension, nämlich die Wassertiefe, bei der Rekonstruktion der
Geschichte der Ozeanböden von Bedeutung. Die ozeanische Kruste
macht nach ihrer Verfestigung entlang der vulkanischen, aktiven mittelozeanischen Rücken auch systematische vertikale Bewegungen durch, weil sie - vereinfacht gesagt - im Zuge der
Abkühlung ihr Volumen vermindert. Für die isostatische Kompen-
sation aufgrund der Auflast von Sedimenten und der Wassersäule
werden Korrekturen berechnet. Doch ist darüber hinaus bekannt,
daß die Oberfläche der ozeanischen Basalte in den ersten 5 bis
10 Millionen Jahren nach ihrer Erstarrung um tausend Meter, in
den folgenden 20 bis 30 Millionen Jahren um weitere tausend Meter, und in den darauffolgenden 40 bis 50 Millionen Jahren um
abermals einen Kilometer absinkt. Diese vertikalen Bewegungen

69

der ozeanischen Kruste können zurückverfolgt werden, solange
ein "sea- floor spreading" dokumentiert ist.

Mit der Kenntnis der Bewegungsmuster der ozeanischen Kruste erhält man einerseits ein Maß zur quantitativen Rekonstruktion
der Paläophysiographie fossiler Ozeanbecken und andererseits
eine relativ zwanglose Erklärung der Form der heutigen Ozeanbecken. Am Beispiel des Atlantiks kann diese Abhängigkeit der
Form der Ozeanbecken von der Geschichte der ozeanischen Kruste
besonders leicht erläutert werden (Abb. 5). Mit seiner ausgeprägten Symmetrie zum mittelatlantischen Rücken und den tiefen
Becken über den Gebieten alter ozeanischer Kruste stellt er
den einfachsten Fall eines Ozeanbeckens dar, das von passiven
Kontinentalrändern begrenzt wird (im Gegensatz zum Beispiel
zur pazifischen Seite Südamerikas). Nach Einbrechen der ersten
Riftgräben zwischen den afrikanischen und amerikanischen Gebieten der Pangäa in der Trias "wuchs" der Atlantik schrittweise
nach Norden und Süden, bis er im Känozoikum eine durchgehende
Verbindung zwischen den Kaltwassersphären beider Halbkugeln
unseres Planeten schuf, die heute so weitgehende Konsequenzen
für die Ozeanographie des gesamten Weltmeeres hat.

Mit den weiter oben diskutierten Parametern kann also das Wachsen und Werden der Ozeanböden, soweit sie nicht durch plattentektonische Prozesse nach ihrer Bildung zerstört oder verformt
worden sind, sehr genau mit einem quantitativ wohldefinierten
und vor allem nachprüfbaren Satz von Parametern beschrieben
und lückenlos nachvollzogen werden. Da die ältesten Gebiete
ozeanischer Kruste des rezenten Weltmeees vor 150-180 Millionen Jahren gebildet worden sind, ist diese Art der Rekonstruktion der Paläophysiographie der Tiefseebecken auf jeden Fall
für das jüngere Mesozoikum und das Känozoikum anwendbar.

ZUR ABLAGERUNGSGESCHICHTE DER OZEANE

Das heutige Klima bildet eine der wichtigsten natürlichen
Grundlagen der menschlichen Existenz. Seine Auswirkungen stehen in engem Zusammenhang mit den Ozeanen. Mit Hilfe geeigneter Methoden kann seine zyklische zeitliche Veränderlichkeit
aus der Geschichte des Weltmeeres rekonstruiert und zu einer
vorsichtigen Prognose der langfristigen Klimaentwicklung benutzt werden.

Die Geschichte der ozeanischen Wassermassen und damit des Klimas unserer Erde ist in der wechselnden Zusammensetzung der
Tiefseeablagerungen dokumentiert. Inzwischen sind die Tiefseebecken des Weltmeeres im Rahmen von internationalen Großprojek-
ten eingehend untersucht worden, in denen eine zunehmende Zahl
von Wissenschaftlerinnen und Wissenschaftlern tätig sind. Hier
sind vor allem das Tiefseebohrprogramm DSDP (Deep-Sea Drilling
Project) und das IPOD (International Project for Ocean Drilling) von 1968 bis 1983 sowie das vor zwei Jahren angelaufene
ODP (Ocean Drilling Program) zu nennen. Mit der Einrichtung

des Forschungszentrums für Marine Geowissenschaften (GEOMAR) in Kiel hat diese Forschungsrichtung die ihr zustehende Bedeutung auch in Deutschland bekommen. Denn es kann ohne Übertreibung gesagt werden, daß von dem relativ jungen Fachgebiet der marinen Geowissenschaften wichtige Impulse für unser heutiges Verständnis einer dynamischen Erde ausgegangen sind.

Für das Tiefseebohrprojektes DSDP sind in den Jahren 1968 bis 1983 auf insgesamt 96 Forschungsreisen Hunderte von Bohrungen in allen Ozeanbereichen niedergebracht worden. Jede Bohrung wurde wiederum aufgeteilt in einzelne Untersuchungsabschnitte (Proben), die dann von Spezialisten mit den verschiedensten Methoden analysiert wurden. Obwohl diese Bohrungen wider Erwarten nur ein sehr lückenhaftes Archiv der jüngsten Erdgeschichte darstellen, spiegeln sie doch in der Veränderlichkeit ihrer Zusammensetzung die wechselnde Geschichte der ozeanischen Wassermassen wider. Und mit den Ergebnissen dieser außerordentlich umfangreichen, fachübergreifenden, methodisch und personell sehr aufwendigen Untersuchungen kann nun begonnen werden, eine Paläo-Ozeanographie oder Geschichte der ozeanischen Wassermassen und Lebewesen, zu schreiben.

Eine der wichtigsten Grenzbedingungen für die ozeanischen Strömungssysteme, die die Bewegungen der Oberflächen- und Bodenwassermassen kontrollieren, ist die Form der Ozeanbecken. Die Oberflächeneigenschaften (Zusammensetzung, Verteilungsmuster) der pelagischen (Tiefsee-) und hemipelagischen (kontinentnäheren) Sedimente, die die vulkanischen Krustengesteine der Tiefseeböden überlagern, sind das Ergebnis einer Vielfalt von sich ergänzenden Prozessen. Sie haben ihren Ausgang im Klima unserer Erde, das die Entwicklung der marinen Organismenvergesellschaftungen und die Wechselwirkung der ozeanischen Strömungssysteme mit dem Meeresboden wesentlich beeinflußt, was durch zahlreiche Forschergruppen intensiv untersucht wurde (siehe u.a. THIEDE et al. 1985).

Über die bereits diskutierten Veränderungen der Paläophysiographie hinaus hat das Weltmeer in den vergangenen 150 Millionen Jahren, für die wir verläßliche Daten haben, dramatische Veränderungen erlebt. Zum einen haben die Oberflächenwassermassen ihre Zirkulationsmuster vollständig verändert, wodurch die Produktivität und die Zusammensetzung der marinen Fauna und Flora sowohl Blütezeiten als auch katastrophale Phasen eines nahezu völligen Zusammenbruchs erlebten. Zum anderen wurden die Bodenwassermassen nach einer Zeit relativ hoher Temperaturen und fast völliger Stagnation im Mesozoikum durch die zunehmende Abkühlung der polaren Wassermassen im anschließenden Känozoikum immer schneller ausgetauscht. Heute beobachten wir ein gut "durchlüftetes" Tiefseewasserreservoir, dessen wechselhafte Zirkulation in weiten Räumen zu Erosion und Sedimentumlagerung geführt haben und noch führen.

Aufgrund tektonischer und klimatischer Prozesse kam es durch stark schwankende Meeresspiegelstände auf den Kontinenten zu einer raschen Folge von Transgressionen und Regressionen des Meeres. Zeiten weiträumiger Schelfmeere folgten Zeiten, in denen die Küstenzonen des Weltmeeres ganz nahe an der Schelfkante verliefen.

PALÄO-OZEANE UND PALÄO-KLIMA DER ERDE

Die vollständige Geschichte der Vielfalt dieser Veränderungen wird heute durch die Paläo-Ozeanographie erarbeitet. Diese geowissenschaftliche Disziplin entstand nach der Entwicklung der neuen Methodik und einer neuen fachlichen Perspektive. Ihre Arbeitsweisen sollen hier beispielhaft an den Veränderungen der Temperatur als einem der wichtigsten hydrographischen Parameter erläutert werden. Dazu wurde die geschichtliche Veränderung der Temperatur der ozeanischen Oberflächen- und Bodenwassermassen als Zeitreihe seit dem Mesozoikum erfaßt, um auf die Besonderheiten des derzeitigen Klimas hinzuweisen (vgl. Abb. 6). Zum anderen wurde am Beispiel eines bestimmten Zeitabschnittes der Zustand der Ozeane zusammenfassend für eine besonders extreme Klimasituation, nämlich den Höhepunkt der letzten Eiszeit vor ca. 18 000 Jahren, dargestellt (Abb. 7).

In Abb. 6 ist die zeitliche Veränderlichkeit der Verhältnisse von Sauerstoffisotopen in den kalzitischen Gehäusen planktonischer, d.h. im Wasser schwebender, und benthonischer, d.h. am Meeresboden lebender, Foraminiferen aus känozoischen Sedimenten des Pazifiks dargestellt. Die Zusammensetzung der Sauerstoffisotopen der Foraminiferengehäuse spiegelt jeweils die Sauerstoffisotopen-Verhältnisse der ozeanischen Wassermassen während ihres fortschreitenden Wachstums wider und ist u.a. von der Wassertemperatur abhängig. Damit können diese Werte zur Rekonstruktion fossiler "Wassertemperaturen" eingesetzt werden, wie dies in den Abbildungen geschehen ist. Bei der Auswertung der Ergebnisse traten methodische Schwierigkeiten auf, die nicht völlig ausgeschaltet werden konnte. Diese können z. B. damit erklärt werden, daß eine Sauerstoffisotopen-Fraktionierung im atmosphärischen Teil des Wasserkreislaufes auftritt oder große Mengen von Süßwasser zeitweilig in tertiären und quartären Eisschilden gebunden waren. Trotzdem deuten die Ergebnisse darauf hin, daß die Temperatur sowohl der Oberflächen- als auch der Bodenwassermassen des Weltmeeres während des Känozoikums bedeutenden Veränderungen unterlag. Diese Entwicklung begann in den Polargebieten und erfaßte nach und nach fast alle Tiefseebecken des Weltmeeres.

Die Abkühlung der Polargebiete begann ganz offensichtlich gegen Ende des Mesozoikums, nahm aber im Laufe des Känozoikums beträchtlich zu, bis sie vor 20 bis 30 Millionen Jahren zur Vereisung zunächst des südlichen, dann auch des nördlichen Polargebietes führte. Daß diese Abkühlung nicht gleichmäßig verlief, machen die sprunghaften Verschiebungen der Sauerstoffisotopenverhältnisse im frühen Oligozän und im Miozän deutlich. Durch die Herausbildung eines hohen Temperaturgradienten zwischen den polaren und den äquatorialen Breiten, wie hier an den Temperaturen der ozeanischen Wassermassen gezeigt, unter-

scheidet sich also das Klimasystem der spätkänozoischen Erde
in einigen seiner wichtigsten Eigenschaften grundsätzlich von
der Welt an der Wende vom Mesozoikum zum Känozoikum.

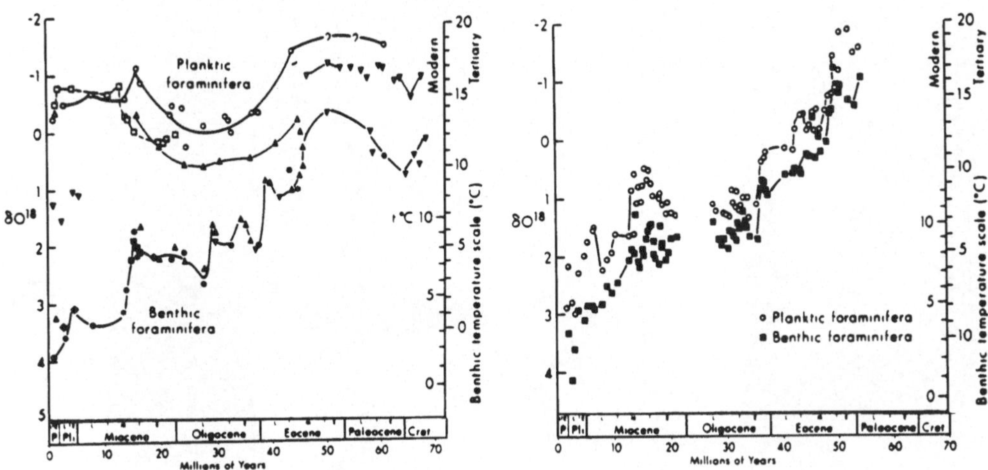

<u>Abb. 6.</u> Temperaturveränderungen der Oberflächen- und Bodenwas-
sermassen des Weltmeeres seit dem Mesozoikum am Beispiel der
Sauerstoffisotopen-Verteilung in Gehäusen von planktonischen
und benthonischen Foraminiferen (Kennett 1985). Links: Nord-
pazifik, rechts: Südpazifik nahe der Antarktis.

In Abb. 7 sind die Konsequenzen der Entwicklung der extremen
spätkänozoischen Klimaverhältnisse unserer Erde am Beispiel
des Höhepunktes der letzten Eiszeit dargestellt. Obwohl sich
die Temperaturverhältnisse des gesamten Weltmeeres im Durchschnitt nur um 2-4 K nach unten verschoben haben (ein insgesamt gesehen erstaunlich geringer Betrag), verteilte sich die
Temperaturveränderung doch sehr unregelmäßig über die Erde.
Neben der Verbreitung der großen kontinentalen Eisschilde (mit
Angaben der Höhenlage ihrer Oberfläche) und der Verbreitung
charakteristischer Albedozonen, die aus der Zonierung der
Landvegetation abgeleitet worden sind, zeigt diese Abbildung
eine Rekonstruktion der Verbreitung der polaren Packeisgebiete
und der Verteilung der Temperatur der ozeanischen Oberflächenwassermassen, die durch die Entwicklung neuer mikropaläontolo-
gischer Methoden zur Untersuchung von pelagischen Sedimenten
möglich geworden ist.

Der Nordatlantik, das Europäische Nordmeer und die angrenzen-
den Kontinente waren im Vergleich zu anderen Teilen dieser
Erde ungleich stärker von diesen Klimaänderungen betroffen.
Sie spielten sich mit einer bisher nur schwer vorstellbaren
Geschwindigkeit ab, da offensichtlich der mehrfache Umschwung
von eiszeitlichen zu zwischeneiszeitlichen Verhältnissen jeweils im Laufe von wenigen hundert bis tausend Jahren vor sich
ging. Dieser Teil der nördlichen Hemisphäre erfuhr die schnellsten und extremsten Klimaänderungen des Spätquartärs. Die
außerordentlichen Umschwünge von Eiszeiten zu Zwischeneiszei-

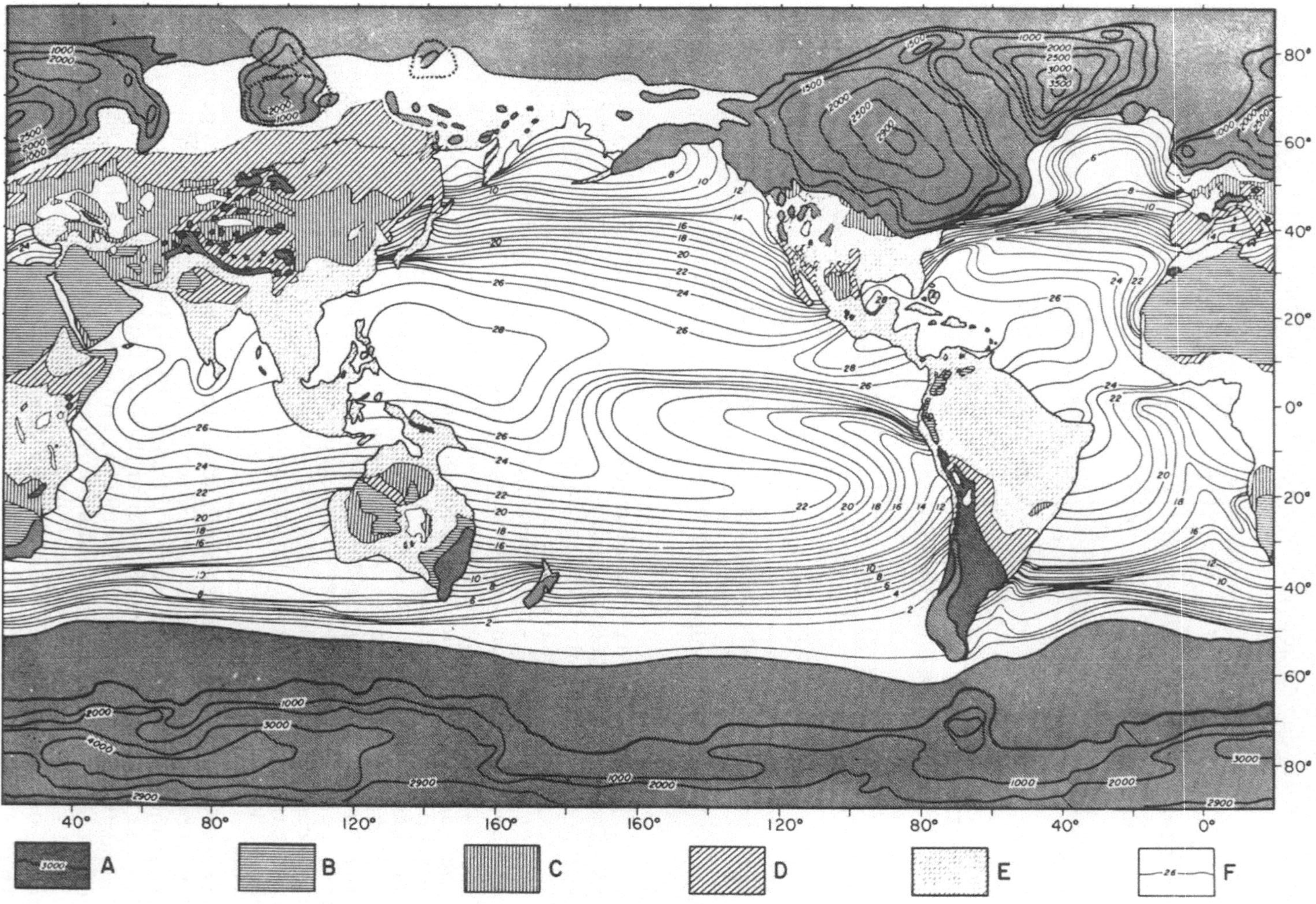
80°
60°
40°
20°
0°
20°
40°
60°
80°
40°
80°
120°
160°
160°
120°
80°
40°
0°
A
B
C
D
E
F

ten und umgekehrt, die wesentlich häufiger abliefen als bisher angenommen, können heute einigermaßen sicher datiert werden.

Diese Erkenntnisse machen deutlich, welch eine große Rolle Untersuchungen dieser Art für die Abwägung von Modellvorstellungen über die zukünftige Entwicklung des Klimas spielen. Schon weniger markante Veränderungen des Klimas wie die sogenannten "Kleinen Eiszeiten", die noch viel häufiger als die sich in Abständen von 10 000 bis 100 000 Jahren wiederholenden eigentlichen Eiszeiten vorkommen, könnten einschneidende Umschwünge in unseren heutigen Lebensverhältnissen hervorrufen.

PALÄO-OZEANOGRAPHIE - EIN BEISPIEL FÜR DIE DYNAMIK DER ERD-
WISSENSCHAFTEN

Die geologische Geschichte des Weltmeeres hat nicht nur das Interesse der (universitären) Grundlagenforschung gefunden, sondern ist auch das Untersuchungsziel vieler industrieller Forschergruppen in der Rohstofforschung oder der angewandten Forschung geworden. Nicht nur bei der wissenschaftlich gesicherten Klimavorhersage, sondern auch bei der Suche nach fossilen Kohlenwasserstoffen oder den hochwertigen Metallanreicherungen in Form der sogenannten Manganknollen spielt das ozeanische System eine immer bedeutendere Rolle.

Die oben beispielhaft geschilderten Forschungsergebnisse über die geologische Geschichte der Tiefseebecken des heutigen Weltmeeres haben den Geowissenschaften allgemein bedeutende neue Impulse gegeben und den Zweig der marinen Geowissenschaften mit ihrem globalen Ansatz zu einem sich schnell entwickelnden wichtigen Teilgebiet der Erdwissenschaften werden lassen. So kann die Paläophysiographie der Ozeanbecken heute in großem Detail und quantitativ sehr genau beschrieben werden; pelagische Sedimente sind Anzeiger der Veränderlichkeit der ozeanischen Umweltbedingungen. Aus diesem Ansatz hat sich in der vergangenen Dekade die Paläo-Ozeanographie als eine neue Fachdisziplin der Erdwissenschaften entwickelt, die einen wichtigen Teil der marinen Geowissenschaften bildet.

In den marinen Geowissenschaften vereinen sich heute exakte, quantitativ arbeitenden Disziplinen der Naturwissenschaften, die faszinierende Perspektiven in das kommende Jahrtausend bieten. Da sie aber sehr teuer sind, können sie mit den überkommenen Strukturen unseres Forschungssystems nicht mehr adäquat betrieben werden. Wie im Ausland hat auch in Deutschland in

den letzten Jahren die Diskussion über die wissenschaftlichen
Perspektiven dieses jungen Fachgebietes zum großzügigen Ausbau
bestehender und zur Neugründung marin-geowissenschaftlicher
Forschungsinstitutionen geführt.

LITERATUR

CLIMAP Project Members (1976) The surface of an ice-age earth.
    Science 191: 1131-1144
Kennett J (1982) Marine Geology. 813 p. Prentice Hall Interna-
    tional London
Thiede J (1983) Paleogeography and paleobathymetry: quantita-
    tive reconstructions of ocean basins. In: Brosche P, Sünder-
    mann J (Eds) Tidal Friction and Earth's Rotation II.
    p 229-239. Springer Verlag Heidelberg
Thiede J, Gerlach SA, Wefer G (1985) Sedimentation im Europäi-
    schen Nordmeer. Organisation und Forschungsprogramm des Son-
    derforschungsbereichs für den Zeitraum 1985-1987. Ber. SFB
    313 Sedimentation im Europäischen Nordmeer 1: 100 S.
Van Andel TH (1979) An eclectic overview of plate tectonics,
    paleogeography, and paleoceanography. In: Gray J, Boucot A
    (Eds) Historical Biogeography, Plate Tectonics, and the
    Changing Environment. p 9-25. Oregon State Univ. Press
    Corvallis
Weijermars R (1984) New structural theorems on new global tec-
    tonics. Terra cognita 4(2): 175-181

Die jüngere Geschichte der Sahara –
Ein Abbild von Klimaschwankungen

HANS-JOACHIM PACHUR

RANDBEDINGUNGEN FÜR DIE EXISTENZ DER SAHARA ALS WÜSTE

Das Verständnis für die Evolution der Sahara geht von der Frage aus, warum dieser Raum eine Wüste ist. Er hat Anteil an einem Band, welches sich über 6000 km vom Atlantik bei ca. 35°W – die "Wüste" beginnt über dem Ozean – in Höhe des nördlichen Wendekreises über Afrika bis zum Roten Meer erstreckt und dann nach Norden ausschwenkend die Wüste Gobi unter 43°N erreicht. Diese Strecke entspricht fast einem Viertel des Erdumfangs. Auf dem afrikanischen Kontinent liegt der nördliche Rand des etwa 200 km breiten Grenzsaumes im Bereich der 100 mm-Jahresniederschlagslinie und der südliche zwischen 100 mm und 200 mm Jahresniederschlag und entspricht damit etwa der Grenze der flächendeckenden Sandschilde und Ergs, den Sandseen der Sahara.

Die notwendige Voraussetzung für die Abgrenzung der Sahara bildet die Niederschlagsarmut, die hinreichende jedoch die ausgeprägte Sommertrockenheit. Sie ist ein einzigartiges Phänomen und äußert sich in der Tatsache, daß im Gegensatz zu allen anderen vergleichbaren Wüsten der Erde die tropischen Sommerregen fernbleiben, d.h. nur in vereinzelten Fällen über 17 nördlicher Breite hinausgelangen. So werden die südlichen Ausläufer des Tibesti-Gebirges gerade erreicht, lediglich die Höhenzone über 1000 m wird von diesen Sommerregen häufiger bestrichen, wobei aber 100 mm Niederschlag pro Jahr selten überschritten werden (Heckendorf 1972). Auch die große kontinentweite Wüste Australiens wird sehr viel häufiger von tropischen, polwärts wandernden, niederschlagsbringenden Tiefs gequert als es bei der Sahara der Fall ist. In Australien werden überall noch 100 mm Niederschlag pro Jahr erreicht, während weite Teile der Sahara von der 20 mm-Jahresniederschlagslinie umschlossen werden (Abb. 1a).

Die sommerliche Niederschlagsarmut erklärt sich aus einem raumspezifischen, meteorologischen Effekt, nämlich einem Strahlstromdelta über der Sahara (Abb. 2), an dessen Nordseite es zu absteigender Luftbewegung kommt. Eine Bewässerung der Sahara würde deshalb nicht zu höheren Niederschlägen führen. Nur wenn die hochgelegenen Heizflächen über Zentralasien – der energetischen Quelle des Tropenjet (TEJ) – im Winter einem Kältehoch Platz machen, kann der Raum von tropischen, niederschlagsbringenden Störungen gequert werden; in ganz seltenen Ausnahmefällen ereignen sich August-Niederschläge in Unterägypten.

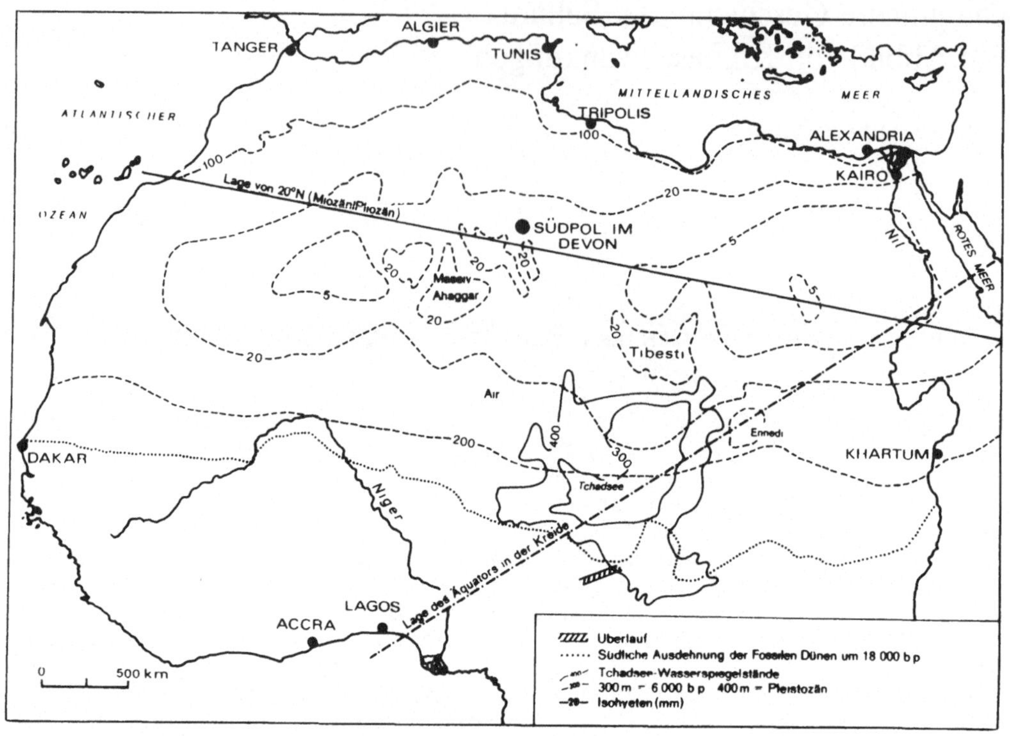

Abb. 1. a) Jahresniederschlagslinien (Isohyeten) für das Gebiet der Sahara. Isohyeten nach Dubief (1959, 1963).

Aus Abb. 2 geht hervor, daß die extreme Aridität der Wüste von einem strömungsdynamischen Ferneffekt abhängt, der eine topographische Komponente enthält. Für die jüngere Geschichte der Sahara kann es von Bedeutung werden, wenn sich die Untersuchungen über die ausgedehnte Vergletscherung der zentralasiatischen Heizfläche noch im ausgehenden Pleistozän erhärten (Hövermann, Vortrag Akademie der Wissenschaften, Mainz 1984). In diesem Falle würde eine Abschwächung des Druckgegensatzes über Zentralasien und Indien zu einem häufigeren Durchgreifen tropischer Störungen im Sommer nach Norden in die Sahara geführt haben. Das Beispiel der Steuerung des Klimas der Sahara durch den Verlauf des tropischen Strahlstroms zeigt eindrucksvoll, daß die Randbedingungen für die Existenz dieser Wüste Veränderliche in der Zeit enthalten.

Zu diesen Randbedingungen gehört auch die (bereits in der Einführung in bezug auf Berlin diskutierte) zeitliche Variation der geographischen Position der Wüste. Die Behandlung dieses Problems liegt jedoch außerhalb der klimatisch-meteorologischen Zeitskala. So kann man zum Beispiel in Algerien (Sougy und Trompette 1966) und im Gilf Kebir (Abb. 3) glazigene Sedimente nachweisen. Sie gehören ins Paläozoikum (Klitzsch 1983), als Algerien im Bereich des Südpols lag (u.a. Habicht 1979).

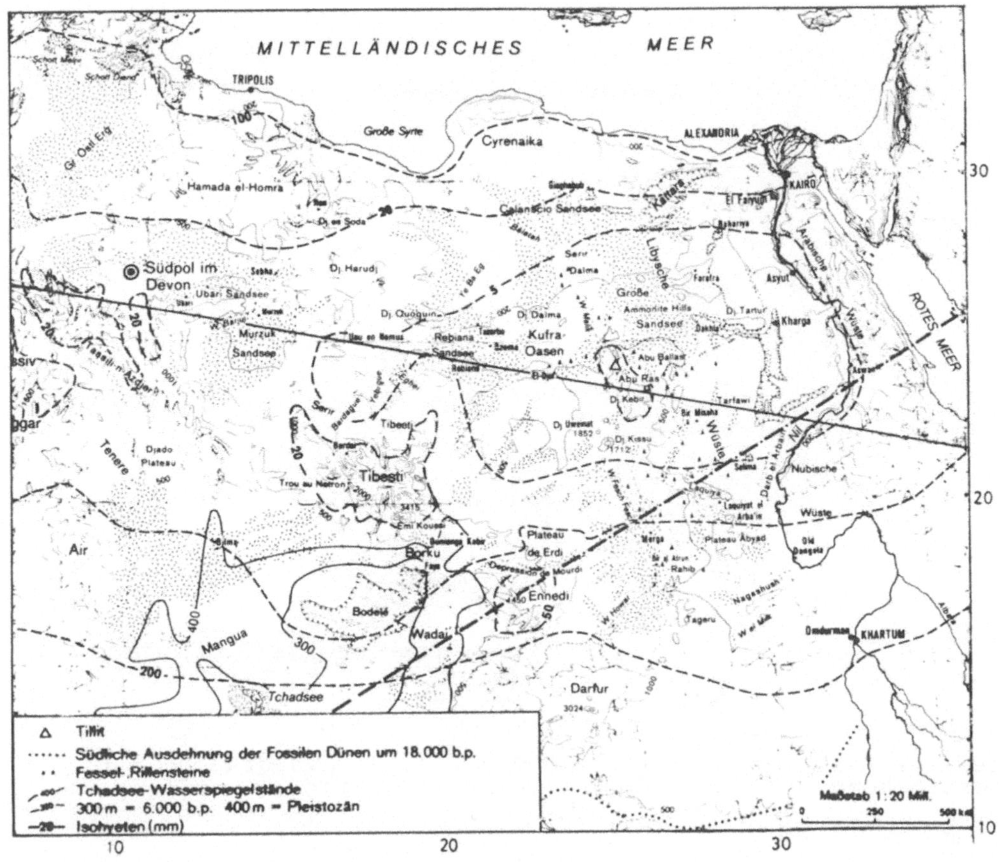

<u>Abb. 1. b)</u> Übersichtskarte der nordöstlichen Sahara mit Fundpunkten von Fesselsteinen und Tilliten.

Noch in der Kreide befanden sich Nigeria, der Tschad und Saudi-Arabien auf Äquatorhöhe (vgl. Abb. 1a). Unter dieser Position sind die kreidezeitlichen mächtigen Lateritprofile als Indikator für Verwitterungsbedingungen unter feuchtem, subtropischem Klima im Gilf Kebir entstanden. Sie verdanken ihre Existenz nicht einer Klimagürtelverschiebung, sondern der Drift der afrikanischen Platte. Dieser "aklimatische" Einfluß ist auch noch bei semihumiden Verwitterungserscheinungen zu berücksichtigen. Noch im frühen Tertiär lag das Gebiet der heutigen Sahara auf dem Äquator, also 2000 km weiter südlich. Daraus läßt sich die Verkarstung kreidezeitlicher Kalke mit limonitischen Lösungsrückständen erklären und somit letztlich einer plattentektonischen Ursache zuordnen. Natürlich sind damit die tertiären Temperaturunterschiede nicht alleiniges Ergebnis der Kontinentaldrift, sondern es zeigt sich ein komplexes System, in welchem sich sowohl die Bestrahlung etwa wegen der periodisch wechselnden Erdbahnelemente als auch die Lage der Kontinente zu den planetarischen Klimagürteln änderte.

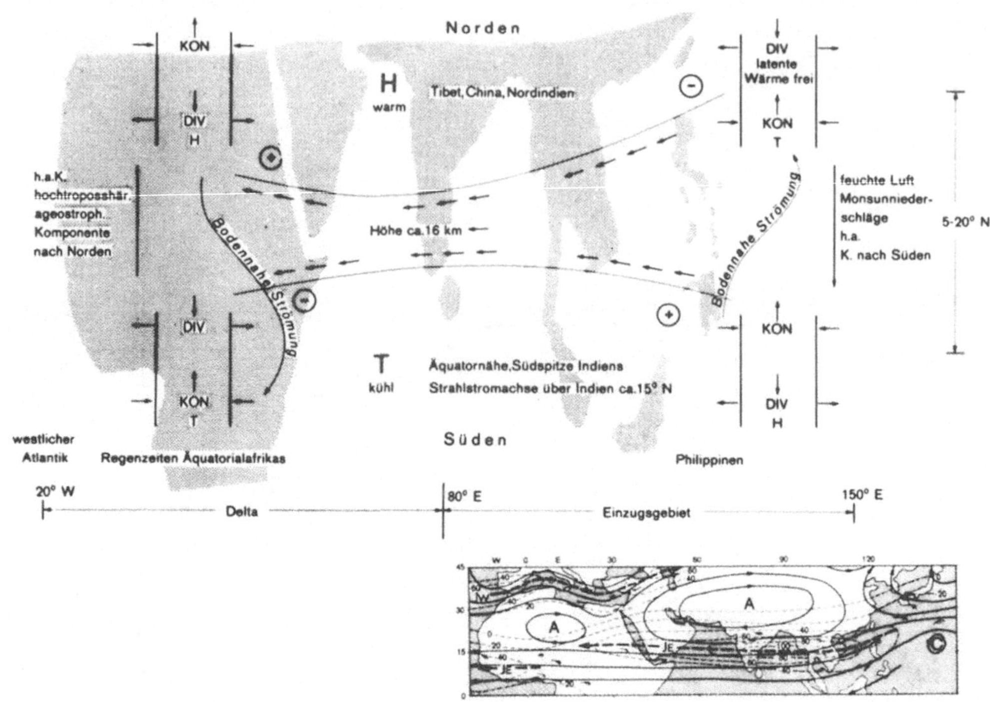

Abb. 2. Prinzipskizze des Tropenjet (FEJ) als Ursache der Sommertrockenheit in der Sahara (nach Flohn 1966 und Reiter 1961).

DIE JÜNGERE GESCHICHTE DER SAHARA

Die ersten Zeugen einer Aridität, dem kennzeichnenden Merkmal der Sahara, sind nach Maley (1980) nicht vor dem Pliozän nachgewiesen. Im frühen Oligozän treten jedoch die ersten Sandlagen in Bohrkernen aus dem Atlantik auf (Sarnthein 1978). Holz von an Trockenheit angepaßten Bäumen aus Nordlibyen wurde von Louvet und Magnier (1971) in das Obermiozän datiert. Seit dieser Zeit ist die Sahara Produktionsbereich von Sand und Staub. Letzterer wird bis in die Alpenregion und 1901 sogar bis nach Perm, Sowjetunion (Hellman und Meinardus 1906), sowie quer über den Atlantik bis zu den Antillen transportiert. Zum Teil als Turbidit, aber auch in Form des Quarzstaubes bilden sie auf weiten Teilen des Tiefseebodens den Schlüsselbefund für die Ableitung der paläoklimatischen Zirkulation (Kolla et al. 1979).

Die Sahara im Pleistozän und Holozän

Kehren wir auf der Zeitskala nur um etwa 100 000 Jahre zurück,
dann spielen die Effekte der Kontinentaldrift keine Rolle mehr
und wir gelangen in jenen Zeitabschnitt der Erdgeschichte, in
dem wir ein rhythmisches Phänomen weltweiter Temperaturwechsel
feststellen können, die in den hohen Breiten der Nord- und Südhalbkugel in vermutlich 17 Zyklen, wie aus Tiefseebohrkernen
(Shackleton und Opdyke 1973, Shackleton und Kennett 1975) und
unvergletschert gebliebenen Lößprovinzen (Kukla 1977) hervor-
geht, zu kontinentweiten Vergletscherungen geführt haben. Es
sei betont, daß unsere Kenntnisse über den Verlauf der Klimaschwankungen im Bereich der Sahara noch rudimentär sind. Wir
haben lediglich eine extrem aride Phase am Ausgang des Pleistozäns (vor etwa 20 000 bis ca. 9 000 Jahren), die nicht mit
einer globalen Temperaturerniedrigung - z. B. Gletscherhoch-
stand im Brandenburger Stadium des Berliner Raumes vor etwa
20 000 Jahren - einhergeht. Im nubischen Teil des Nil-Tales
unterscheiden Butzer und Hansen (1968) sechs quartäre klimatische Wechsel. Aufgrund von archäologischen Befunden gelangen
Wendorf und Schild (1980) im Gebiet von Bir Tarfawi zu folgenden Feucht- und Trockenphasen: Acheul (vor ca. 200 000 Jahren)
humid, gefolgt von einigen zehntausend Jahren Hyperaridität,
dann im Mousterian und Aterian (vor ca. 60 000 bis nahe 30 000
Jahren) humid mit eingeschalteten Trockenphasen, danach arid
bis vor etwa 10 000 Jahren. Wir sind noch nicht in der Lage,
Sedimentsequenzen vergleichbar den Tiefseekernen oder den ost-
europäischen Lößsequenzen vorzuweisen. Auch hier gilt es, wie
in den anderen Naturwissenschaften, geeignete Versuchsanordnun-
gen zu finden.

Abb. 3. Paläozoisches,
glazigenes Sediment
(Tillit) aus dem Gilf
Kebir / Einzugsgebiet
des südlichen Wadi Ma-
lik.

Der Tschad-See

Eine günstige Versuchsanordnung für die Rekonstruktion des Pa-
läoklimas bilden die Seen, die Informationen über die fossilen
Grundwasserstände in ihren Sedimenten gespeichert haben. Der
Tschad-See ist der am gründlichsten bearbeitete See der Sahara. Seine Geschichte hat exemplarischen Charakter für die gesamte Südsahara (u.a. Servant und Servant 1983). Er erhält Zu-
flüsse aus dem Süden (Schari, Logone) und Südwesten (Yobe), so
daß er indirekt auch die Niederschlagsverhältnisse in den
feuchten Tropen registriert.

Im mittleren Holozän (vor etwa 6000 Jahren) nahm der Tschad-
See eine Fläche von 350 000 km ein, etwa der Fläche des Kaspi-
schen Meeres entsprechend. Mit Wassertiefen von 50 m (gegen-
über 2-3 m heute) stellte er ein echtes Binnenmeer dar. Wahrscheinlich hatte er im Pleistozän einen Überlauf zum Benue
(vgl. Abb. 1a), so daß der abflußlose Zustand des Großen
Tschadbeckens aufgehoben war und ein Abfluß in den Atlantik
erfolgen konnte. Heute beträgt die Fläche nur noch 25 000 km .
Dem holozänen Mega-Tschad-Stadium geht vor 40 000 bis 20 000
Jahren ein Stadium voraus, in welchem nur kleine isolierte
Seen das Tschad-Becken einnahmen. Die Sedimente dieser Seen in
Form von Seekreide mit Diatomeen und Ostracoden sind von Flugsandlagen unterbrochen. Trockenrisse weisen auf vollständigen
Wasserverlust in diesem Zeitraum hin. Vor 20 000 bis maximal
13 000 Jahren verschwand der Tschadsee wahrscheinlich vollständig. Servant und Servant (1983) vermuten sogar eine Abtragung
der Seesedimente durch den Wind, wohl vergleichbar mit den heutigen Verhältnissen bei Faya Largeau, wo der Wind flächenhaft
die Seekreide abträgt und modelliert (Hagedorn 1971).

Seit ca. 13 000 Jahren schließlich ist das nunmehr von Dünen
eingenommene Seebecken wieder ein flaches Gewässer das nach
Fluktuationen vor ca. 6000 Jahren den Höchststand erreichte.
Dieser See wurde nunmehr auch von den Flüssen aus dem Tibesti
gespeist (Ergenzinger 1978). Von der Nordabdachung des Tibe-
stis ist eine Synchronität mit dem jüngeren Tschadsee-Stadium
belegt (Pachur 1975). Die Serir Tibesti birgt neben großen Bin-
nendeltas (s.u.) ein ca. 400 km umfassendes Seebecken (Pachur
1974). Die ^{14}C-Daten von Seekreide aus der Uferzone dieses
Sees liegen zwischen 8800 und 8545 Jahren (vgl. Abb. 4). Im
Zentrum wurden Mollusken aus über 5 m mächtigen Seekreiden mit
7570±150 Jahren datiert. Aus der Umgebung liegen weitere Daten
(u.a. Gabriel 1977), darunter Knochen äthiopider Großwildfauna
(Elefant, Giraffe, Büffel) vor. Ferner ist in Betracht zu ziehen, daß auch Seen im Bereich des Erg von Sakkane unter 21° N
zwischen 6000 und älter als 9000 Jahren nachgewiesen wurden
und schließlich auch in Höhe der Serir Tibesti in Taoudenni im
nördlichen Mali frühholozäne Seen existierten (Petit-Maire und
Riser 1983).

Die Zentrale Sahara

Wir wollen nunmehr fragen, ob auch der östliche zentrale Teil
der Sahara diese Dynamik aufweist. Zu diesem Zweck sollen in
Form eines in Höhe des nördlichen Wendekreises von West nach
Ost geführten Transekts Befunde vorgestellt werden.

Wir beginnen mit dem Nordrand des Erg von Murzuk, welches vom
Wadi Barjuj begleitet wird, in dessen schluchtartigem Oberlauf
die zuerst von Frobenius (1937) beschriebenen Felsbildgalerien
von Säugern der Savanne zu finden sind. Im Unterlauf des Wadi
waren flache Seen entwickelt, deren ^{14}C-Datierung Alter zwischen 6410±70 Jahre und 5355±70 Jahre ergaben (Pachur 1982).
Für die Rekonstruktion des Environments ist die räumliche Verknüpfung mit zeitgleichen Akkumulationen von Dünensand, dessen
Datierung mittels feinverteilter Holzkohle auf 6800±270 Jahre
gelang, bemerkenswert. Das Nebeneinander kann als Anzeichen
eines semiariden Klimaganges angesehen werden, in welchem zeitweise die äolische Akkumulation dominierte, andererseits aber
grundwassergespeiste Seen existierten. Aufgrund der bodenphysi-
kalischen Parameter eines solchen Environments ist mit einer
ausreichenden Grundwassererneuerung zu rechnen, die sowohl

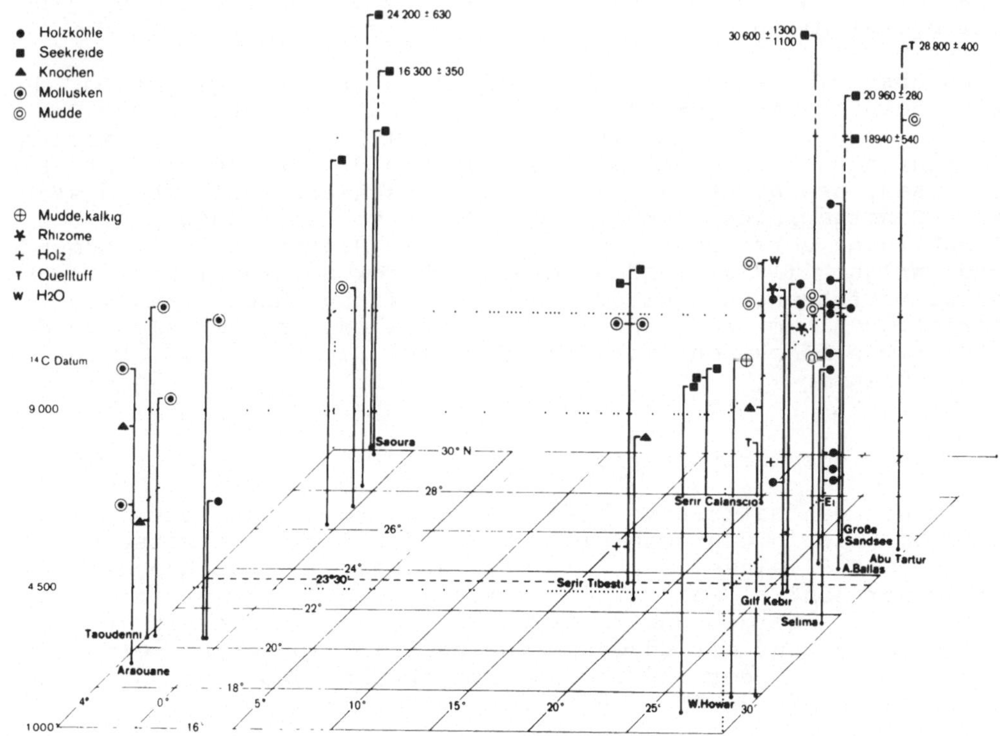

Abb. 4. Ausgewählte radiometrische Daten von Funden, die aufgrund der stratigraphischen Position Indikatoren für höhere
Niederschläge darstellen. Die Messungen nahm M. A. Geyh, Hannover, vor. Westsahara-Werte nach Conrad (1969) und Petit-Maire
und Riser (1983).

einen tiefer gelegenen Aquifer auffüllte, aber auch in flachen
Seen die Verdunstung auszugleichen gestattete.

Serir Tibesti und Serir Calanscio

Östlich der Murzuk-Sandsee liegt die Serir Tibesti. Sie stellt
in weiten Teilen eine spätquartäre bis holozäne Alluvialebene
dar (Pachur 1982), die bis in die Serir Calanscio reicht. Mittels der Verbreitung der nur im Tibesti-Gebirge auftretenden
sauren Vulkanite (Ignimbrite) kann man zeigen, daß im Frühholozän ein Gerinnenetz über 800 km Länge im Bereich der Zentralen
Sahara entwickelt war, welches den abflußlosen Zustand wahrscheinlich aufhob. Wie in der Serir Tibesti war auch in der
Serir Calanscio das fluviale Entwässerungssystem mit der Ausbildung von Seen verknüpft, die von Süßwassermollusken besie-
delt wurden. Artenvielfalt und Entwicklungsstadien sowie die
Mächtigkeit der limnischen Sedimente belegen neben der ^{14}C-
Altersbestimmung der Straten die über mehrere Jahrhunderte an-
dauernde Existenz dieser Seen. Sie beruhte auf einem hohen
Grundwasserstand, lokalen Niederschlägen und vermutlich aperiodisch vorkommenden Fluten, die z.T. aus dem Tibesti, aber auch
aus den umrahmenden Gebirgen, z.B. dem Djebel Eghei und Djebel
Harudj, stammten.

Auch abseits dieses großen holozänen Entwässerungssystems der
Zentralen Sahara existierten Gerinnenetze z.B. in der Serir
Dalma (Pachur 1982) und in Seen (Djebel Quoquin), deren mollus-
kenführende Seekreide mit 5500 Jahren datiert worden ist. Sie
beweisen, daß nicht die Fernwirkung des niederschlagsbegünstig-
ten Gunstgebietes Tibesti mit Höhen von über 3000 m ü.M. die
Seenbildung verursachte, sondern lokale Niederschläge. Edmunds
und Wright (1979) fanden im Bereich der Serir Calanscio einen
süßwasserführenden Aquifer, dessen Speisung nach Grundwasser-
datierungen um 7800 Jahre angenommen wird, und der sich an dem
an der Oberfläche entwickelten fossilen Flußnetz zu orientie-
ren scheint.

Das Alter der Gerinnenetze

Wie aus den Datierungen (vgl. Abb. 4) folgt, war das Gerinnenetz im Holozän wahrscheinlich aperiodisch bis zeitweise periodisch Glied eines den abflußlosen Charakter aufhebenden Systems der Zentral-Sahara. Der Verlauf der Täler weist jedoch
auf einen übergeordneten Bauplan hin, zu dem die bis zu 300 m
eingetieften und mit süßwasserführenden Alluvionen verfüllten
"channels" in der südlichen Syrtebucht und der nördlichen
Serir Calanscio gehören (Barr und Walker 1972).

Im Messinium, vor ca. 6,5 - 5,5 Mio Jahren (Hsü et al. 1973),
erfolgte im Verlauf der Absenkung des Mittelmeerspiegels die
tertiäre Eintiefung der großen Täler des Tibesti-Gebirges um
Beträge weit über 100 m, z.T. unter das Niveau der heutigen
Talböden. Desgleichen könnten die Täler des Gilf Kebir auf diesen aklimatischen Impuls zurückgehen, dem sich die klimatisch

gesteuerten Erosions- und Akkumulationsphasen der jüngeren Geschichte der Zentralen Sahara überlagern. Die bedeutende Absenkung der Erosionsbasis wirkte sich auch auf den Nil mit Ein-
schneidungsbeträgen von 568 m unterhalb des heutigen Nilspie-
gels bei Kairo (Said 1975) und noch 172 m bei Assuan (Chumakov
1967) über 800 km landeinwärts aus.

DIE BEFUNDE IN DER ÖSTLICHEN SAHARA

Gilf-Kebir Gebirge

In der Libyschen Wüste, der Western Desert, das Gebiet westlich des Nils bis zur Grenze nach Libyen umfassend, bewegen
sich die Niederschlagswerte unter dem Wendekreis in der Größenordnung von 5 mm pro Jahr und erreichen unter 17°N maximal
20 mm/Jahr. Das Gilf-Kebir Gebirge, eine Gesteinstafel, die maximal 1000 m ü.M. erreicht, erhielt und erhält vermehrt Niederschläge, ist aber zu niedrig, um ein eigenes Klimaregime wie
die Hochgebirge der westlichen Sahara zu entwickeln. Insofern
stellt es ein günstiges Untersuchungsobjekt dar. In z.T. über
120 m tief eingesenkten Tälern kam es unter morphologisch günstigen Voraussetzungen zur Sedimentation fluvialer und semi-
lakustriner Sedimente (Stillwasserakkumulation von Ton, Silt
und Feinsand). Die Tab. 1 gibt Einblick in die u.a. im Wadi
Akhdar angetroffene chronostratigraphische Abfolge.

Die Sedimente erweisen sich als Frühholozän, und sie führen
überraschenderweise Keramik, die nach bisheriger Kenntnis erst
vor etwa 8000 Jahren im Mittelmeergebiet bekannt war. Es gab
offenbar schon in so früher Zeit auch in der zentralsahari-
schen Kontinentaltafel eine Menschengruppe, die den Gebrauch
und wahrscheinlich auch die Herstellung von Keramik kannte.
Die Befunde über die See- und Stillwassersedimente bilden den
geoökologischen Rahmen für diese Annahme. Im nördlichen Nach-
bartal, dem Wadi Bakht, ist eine prinzipiell vergleichbare Se-
dimentabfolge mit einer Wechsellagerung von Sand und z.T. san-
digem Ton aufgeschlossen (Pachur und Röper 1984, Abb. 1b). Es
ist anzunehmen, daß es sich dabei um fluvial umgelagerten Flugsand handelt, der von geringmächtigen Stillwasserstraten unterbrochen wird. Angesichts der maximalen Korngröße dürfte es
sich um einen langsam fließenden Fluß gehandelt haben, der
zeitweilig durch flache Seen unterbrochen wurde, in denen
Schweb- und Trübanteile sedimentierten. In der Schlußphase
fand eine weitere Herabsetzung der Fließgeschwindigkeit möglicherweise bis zum Aufstau statt, wodurch nur noch suspendier-
tes Material abgelagert wurde. Die so entstandene Silt-Ton-
Pfanne war offenbar bevorzugtes Areal der Savannen-Säuger wie
des Menschen, was aus den zahlreichen Knochenfragmenten, u.a.
einem Oberschenkelknochen einer Giraffe, und den Artefakten
folgt.

Tab. 1. ^{14}C-Daten aus Stillwasserakkumulationen in Tälern des Gilf Kebir.

Nr.	Alter	Lokalität/Stratigraphische Einheit	Material	Referenz
		W a d i B a k h t		
Hv 11644	8715±920	Abschnitt G 60, 310 cm unter Top neben Keramik	Holz-kohle	Pachur und Röper 1984
KN 3096	8200±500	Abschnitt 82/13, 720 cm unter Top	"	Kuper pers.Mitt.
KN 3095	7980±90	", 640 cm unter Top	"	"
Hv 11648	7585±80	Aeolianit	calc.rt.	Pachur und Röper 1984
SMU 273	7280±90	NE-Teil der Playa-Oberfläche	ostr.	Wendorf et al. 1980
KN 3097	6200±1000	Abschnitt 82/13, 220 cm unter Top	"	Kuper pers.Mitt.
KN 3179	6080±420	", 240 cm unter Top	"	"
KN 3079	5180±60	Artefakt-Lage, Abschnitt 82/15	Holz-kohle	"
		W a d i A k h d a r		
KN 2879	9370±215	Abschnitt 80/7-1, Lager G	Holz-kohle	Kuper pers.Mitt.
Hv 8312	8695±570	Wurzelhorizont	calc.rt.	Pachur und Braun 1982
Hv 8311	8460±520	Abschnitt G 40	Holz-kohle	"
KN 2878	7700±60	Abschnitt 80/7-1, Lager D	"	Kuper pers.Mitt.
KN 2934	7670±75	", Lager D	"	"
KN 2935	5780±80	", Lager A	"	"
KN 2882	5670±75	", Lager A	"	"
Hv 8313	4365±95	Baumwurzeln	calc.rt.	Pachur und Braun 1982
Hv 8242	3830±365	hearth	Holz-kohle	"
		W a d i M a l i k		
Hv 8692	7170±210	hearth	Holz-kohle	Pachur und Braun 1982

calc.rt. = kalzitisierte Wurzelhöhlen
ostr.   = ostrich egg-shells (Straußeneierschalen)

Quelle: Pachur et al. (1987)

Auch das Wadi Bakht hat im Vorland des Gilf Kebir - ebenso wie
die anderen Wadis - große Schwemmfächer geschüttet,in deren
Material wir ebenfalls Skelett-Teile einer Giraffe nachweisen
konnten (determ. Uerpmann, Tübingen).

Libysche Wüste

Die östlich des Gilf Kebir anschließende Libysche Wüste ist
durch weit auseinanderliegende Schichtstufen gegliedert. In
ihrem Vorland sind bis zu 18 m mächtige pelitische Sedimente,
die von Flugsandlagen unterbrochen werden, entwickelt. Gegenwärtig werden sie vom Wind zu aerodynamisch geformten Abtra-
gungskörpern, den Yardangs, modelliert. Die Datierung gelang
durch Holzkohleeinschlüsse. Die Daten gruppieren sich in einem
Zeitraum zwischen 11700 (+1210/-1050) und ca. 6400 Jahren.

Abb. 5. Links Sandstein-Yardang, rechts angelagerte Pelite,
heute wiederum Bildung aerodynamisch geformter Abtragungskör-
per (Yardangs) unter extrem aridem Klima. Westlich Abu Ballas,
Libysche Wüste, Western Desert. Maßstabslänge 0,6 m.

Die Stillwasser-Sedimente sind ihrerseits in vom Wind ausge-
formte Hohlformen, wie sie gegenwärtig wieder geschaffen werden, eingelagert (Abb. 5). Den Pelit-Flugsand-Ablagerungen,
die ohne höhere Niederschläge nicht erklärt werden können,
ging also eine Phase voraus, in der äolische Abtragung vor-

herrschte, wie sie heute unter extrem ariden Klimabedingungen stattfindet. Dies ist neben den mächtigen fossilen Flugsandlagen im Gilf Kebir (Pachur und Röper 1984) der zweite Hinweis, der uns veranlaßt, eine dem Holozän vorangegangene Trockenphase anzunehmen.

Wir können die zeitliche Stellung der in der Zentralen Sahara und Ost-Sahara vorgelegten Befunde durch ^{14}C-Daten präzisieren (Abb. 4). Das Zahlenfeld zwischen dem Datum 11700 und ca. 6400 aus verschiedenen Lokalitäten der Libyschen Wüste ist dicht besetzt. Die Textur und Struktur der durch Holzkohle datierten Sedimente und das damit verbundene Inventar an Artefakten und zoogenem Begleitmaterial kann im gesamten Raum als identisch angesehen werden; im Gilf Kebir erfuhr es eine Abwandlung in Richtung höherer Niederschläge. Als zeitgleich wurden in der Zentralen Sahara jedoch karbonatische See-Sedimente aus Seen mit hoher biologischer Aktivität und geringerer Elektrolyt-Konzentration datiert, während es sich in der Libyschen Wüste um schluffig-tonige Sedimente handelt. Hierin drückt sich wahrscheinlich ein Gradient abnehmender Niederschläge von West nach Ost aus (Pachur und Braun 1982).

Völlig unabhängig von geomorphologischen Argumenten ergibt sich aus Grundwasseraltern (Sonntag et al. 1978) ebenfalls eine Datenhäufung jenseits 20 000 Jahren und ein Hiatus bis ca. 13000 Jahre, so daß der Zeitraum von vor 20000 bis 12000 Jahren als extrem arid angesehen werden muß. Auch aus der östlichen Libyschen Wüste, dem Nabta-Playa, beschreiben Wendorf und Hassan (1980) mit ca. 8500 Jahren datierte Abfolgen schluffig-siltig-tonig-sandiger Sedimente. Nach Servant und Servant (1983) weist auch der Tschad-See zwischen 20 000 und 12 000 nur noch isolierte kleine Seen innerhalb eines das Tschad-Seebecken ausfüllenden Ergs auf, welches zu dem großen fossilen Dünengürtel gehört, der sich bis in den Bereich der heutigen 250 mm-Jahresniederschlagslinie erstreckt. Die globale Gültigkeit der bedeutenden Ausdehnung äolischer Akkumulationen vor 18 000 Jahren hat Sarnthein (1978) bewiesen.

Das Phänomen der von West nach Ost abnehmenden Niederschläge in Höhe des Wendekreises erscheint gesichert. Es stellt sich nun die Frage, bis zu welcher Südlage diese Aussage gilt. Wir ziehen zur Beantwortung Seen heran, die auf einem Nord-Süd-Transekt von ca. 24°N bis 18°N liegen. Im Bereich des oberflächennahen Kristallins treten im Osten der Libyschen Wüste eine Reihe von Depressionen auf, die von Seen eingenommen wurden. Nach Wendorf und Schild (1980) wurden Artefakte des oberen Acheul in limnischen Kalken gefunden. Die Radiokarbon-Daten ergeben ein Alter von mehr als 40 000 Jahren und gehören zu einem See-Stadium mit stark wechselndem Wasserstand. Die darauf folgende Dünenphase ist im Hangenden wiederum von einem See-Sediment begrenzt.

Eine Datierung von Seemudden im oberen Abschnitt der lakustrinen Seesequenz von Bir Tarfawi (Pachur und Röper 1984) ergab ein Alter von 26865±350 Jahren; jüngere Sedimente sind nicht nachweisbar. Sie erweisen sich als älter als die benachbart liegenden pelitischen Stillwassersedimente im Datenfeld zwischen 11 700 und 6000 Jahre. Es hat sich gezeigt, daß die um Bir Tarfawi im Kontakt mit dem See entstandenen Kalkkrusten über das von Said (1980) kartierte Verbreitungsgebiet hinaus nahezu überall im Bereich der Libyschen Wüste anzutreffen sind - von der Großen Sandsee unter 27°N über das Sandschild von Selima bis zum Wadi Howar und zwischen 31°E und dem Gilf Kebir. Im Tarfawi-Gebiet (Issawi 1978) und in der Großen Sandsee umrahmen sie Becken mit limnischen Sedimenten. Überwiegend scheinen sie jedoch grundwassernahe Ausfällungsprodukte darzustellen. Nach Röper (pers. Mitteilung) handelt es sich bei Tarfawi um mehrphasige, z.T. dolomitische Präzipitate.

Die Ansichten über die zur Ausbildung von Kalkkrusten notwendigen klimatischen Randbedingungen sind umstritten. Sie reichen von Niederschlagswerten von größer 800 mm bis etwa 80 mm pro Jahr. Der letzte Wert würde immer noch mehr als das 20-fache des heutigen Niederschlags betragen. Sie erweisen sich somit als qualitativer Klima-Indikator. Die Verbreitungsdichte dieser Krusten ist so groß, daß das Versickerungsverhalten flächenhaft verändert wird. Die unterlagernden, meist vorzügliche Permeabilität aufweisenden Sande sind versiegelt. Das Geosystem strebt einem neuen Zustand zu: die gleiche Niederschlagssumme im Aterien (hier älter als 44 700 Jahre) konnte eine größere Grundwassererneuerung verursachen als im Neolithikum (vor ca. 9000 Jahren).

Selima

Selima ist der nächste südlich gelegene Punkt auf der Nord-Süd-Traverse. Hier sind ebenfalls karbonatische, See-Sedimente anzutreffen - allerdings mit einem wesentlichen Unterschied zu Tarfawi. Die Basis dieser Sedimente wurde an zwei Stellen in Form einer kohlenstoffreichen Algenmudde angetroffen, deren Alter 9200+145 Jahre und 8905±320 Jahre betragen. Sie gehören damit in den Zeitrahmen, in dem im Norden die pelitische Sedimentation erfolgte.

Die ^{14}C-datierte, weichbraunkohlenähnlich verdichtete Mudde bildet die Basis einer Sequenz weiterer limnischer Sedimente, die mit einer molluskenreichen Seekreide einsetzt und über Rhythmite mit Einschaltungen von Diatomit in gipshaltige Seekreide überleitet (vgl. Abb. 6). Im Profil ist eine Reihe paläoklimatisch ausdeutbarer Informationen gespeichert:

a) Dem Einsetzen der limnischen Sedimentation geht eine Phase morphologisch dominierender, äolischer Aktivität voraus, in welcher das Seebecken durch Deflation vertieft und z.T. Flugsande akkumuliert wurden (I).
b) Es entstand mit dem Grundwasseranstieg ein See mit hoher biologischer Produktion unmittelbar über dem anstehenden Sandstein bzw. mineralarmen Dünensanden (II und III).
c) Vor ca. 9200 Jahren begann eine Phase limnischer Stoffanreicherung, die biogene Entkalkung führte zur Sedimentation von Seekreide. Die Mollusken und Ostrakoden sind Süßwasserformen. Im frühen Holozän war die Umgebung des Selima-Sees

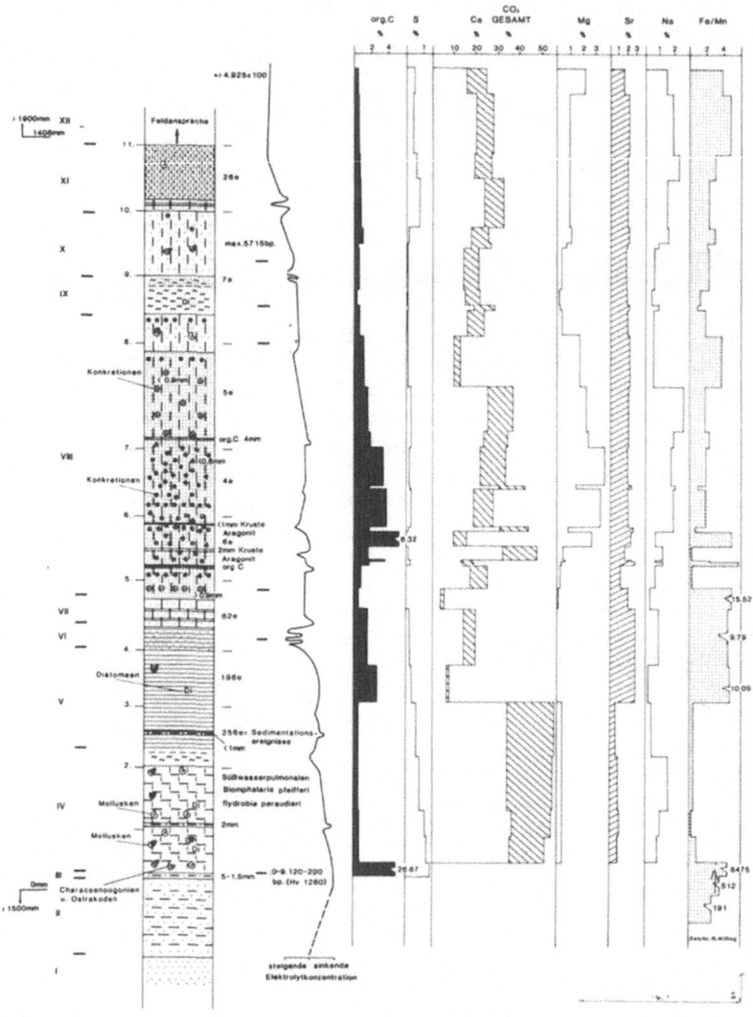

<u>Abb. 6.</u> Limnitfolge im frühholozänen Seebecken von Selima im nördlichen Sudan. Verändert nach Pachur und Röper 1984.

durch einen hohen Grundwasserspiegel gekennzeichnet. Äolische Aktivität ist nicht nachweisbar (IV).

d) Es folgt eine Phase der Rhythmitbildung, ca. 8000 bis 7000 Jahre vor heute, deren Ursache in einer ausgeprägten unvollständigen Vermischung des Seewassers infolge der Ausbildung einer Chemokline zu suchen ist (V-VII).

e) Die darauf folgenden Straten (ca. 6000 Jahre vor heute) sind noch limnische Sedimente, der Elektrolytgehalt des Seewassers war jedoch höher. Die Spiegelstände wechselten häufig, möglicherweise traten kurze Austrocknungsphasen ein, nach denen es zu explosionsartigen Algenblüten kam und sandige Diatomite gebildet wurden (VIII-IX).

f) Die See-Sedimente gehen schließlich über in ein semi-laku-
   stres Stadium (älter 4900 Jahre vor heute), in welchem auch
   Gips und Hochmagnesiumkalzit ausgefällt wird. In einigen
   Seebecken wurden noch leichter lösliche Präzipitate gebildet. Es entstand eine Sebkha, die gegenwärtig der Windab-
   tragung unterliegt (X-XI).

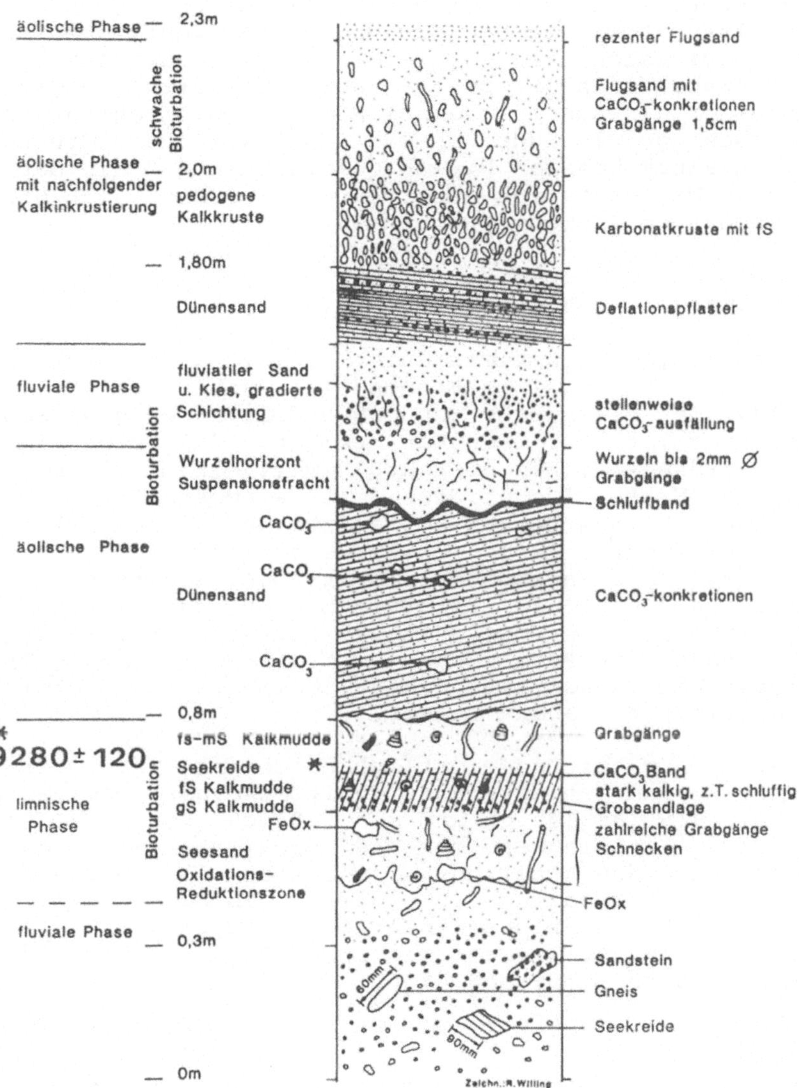

<u>Abb. 7.</u> Der kurzfristige Wechsel der Sedimentation im frühen
Holozän beweist die Variabilität des Environments, vergleich-
bar dem heutigen Rand der Sahara 400 km südlich (Pachur und
Röper 1984).

Aus dem Gefüge der See-Sedimente folgt ein sehr wechselhaftes hydrologisches Geschehen mit der generellen Tendenz eines sinkenden Grundwasserspiegels. Insofern deckt sich dies auch mit den Folgerungen, die aus den pelitischen Sedimenten gezogen wurden, allerdings mit einem gravierenden Unterschied: Im nördlichen Bereich der Libyschen Wüste werden zeitgleich pelitische Sedimente gebildet, während im Süden ein kalzitisch-aragonitisches limnisches Milieu entwickelt ist. Es zeigt sich hier eine Regelhaftigkeit, die durch vergleichbare Sedimente in Nukheila und Atrun sowie in See-Sedimenten der westlichen Ausläufer der Depression von Laquia Umram und Laquia Arbain bestätigt wird (Gabriel und Kröpelin 1983). Wir werten dieses Verteilungsmuster als Ausdruck eines Süd-Nord-Gradienten abnehmender Niederschläge. Im Süden ab ca. 22°N war der Grundwasserspiegel in einem höheren Niveau gelegen, so daß die Depressionen ständige Wasserstellen darstellten, in denen sich ein limnisches Ökosystem entwickeln konnte.

Das Wadi Howar, ein Nebenfluß des Nils

Die Befunddichte kulminiert unter 17°N im Wadi Howar. Es bildet unter 27°E ein fossiles Binnendelta (Rahib well), welches durch fluviale, limnische und subhydrisch-pedogene Sedimente gekennzeichnet ist. Wir konnten zeigen, daß sich das Wadi Howar im frühen Holozän über Rahib well hinaus 400 km östlich in Form einer Kette flacher Seen mit eingeschalteten mittelenergetischen Fließstrecken fortsetzte und in den Nil gemündet ist. Seine Ufer waren durch Stillwasserbildungen gekennzeichnet, die über viele Jahrhunderte bestanden. Andererseits unterlag der Flußlauf häufigen Unterbrechungen durch einwandernde Dünen, deren Sande wiederum in die fluvialen Sedimente eingearbeitet wurden. Ein Profil aus dem Wadi Howar (Abb. 7) gibt einen typischen Ausschnitt dieser Sedimentationsdynamik unter einem semiariden Klimagang wieder.

Die Datierungen einer Mudde östlich Rahib (vgl. Abb. 4) sowie von Seekreide südlich des Wadis inmitten eines fossilen Dünengebietes mit 9195±85 Jahren und schließlich von Quelltuff am Nordufer des Unterlaufes des Wadi Howar mit 7325 ±140 Jahren belegen das holozäne Alter des Flußlaufes. Es handelte sich nicht um einen Fremdlingsfluß, der nur im Süden fallende Niederschläge durch ein arides Gebiet abführte, sondern war eingebettet in ein Environment mit hohen Grundwasserständen, gespeist von lokalen Niederschlägen.

FESSELSTEINE, EIN ARTEFAKT ALS PALÄOKLIMAINDIKATOR

In der betrachteten Zeitskala sind die Artefakte wie Leitfossilien der Paläontologie zu bewerten. Es ist jedoch hier nicht der Raum, den paläoklimatischen Zeigerwert verschiedener Kulturen zu diskutieren. Wir wollen uns vielmehr auf ein Artefakt

beschränken, dessen Verbreitung in der Ostsahara bisher von
den Archäologen, wie Ur- und Frühgeschichtlern, die in diesem
Raum gearbeitet haben, wenig Beachtung fand - die sogenannten
Fesselsteine (Pachur 1982).

Es handelt sich hierbei um 50-60 cm lange Steine. In der Ebene
der kleinen Achse befindet sich eine geschliffene, gepunzte
oder geschlagene Kerbe, geeignet zur Aufnahme eines Seils, um
daran ein Tier zu halten. Vielleicht waren es sogar Rinder,
wie sie in den Felsbildern des Djebel Ouwenat dargestellt
sind. Im Vorland dieses Gebirges sowie vom Wadi Howar bis in
die Große Sandsee hinein (Abb. 1b) sind diese Artefakte vertreten.

Abb. 8. Fesselstein und datierte Keramik in unmittelbarer Nachbarschaft. Der Fesselstein liegt einige Zentimeter über dem Ausblasungsniveau, welches die Keramik angeschnitten hat; vgl. Text.

Eine nähere zeitliche Eingrenzung ergibt sich aus folgendem
Befund: In einem flachen Seebecken mit kalkig-sandigen, süßwas-
sermolluskenführenden Alluvionen in der Hamada nördlich von
Nukheila wurde ein Keramik-Topf geborgen, der in das Sediment
eingebettet war und dessen oberer Teil vcm Wind gemeinsam mit
den Alluvionen abgetragen worden war (Abb. 8). In 40 cm Entfernung auf einem Sockel des rundum abgetragenen See-Sediments
lag ein Fesselstein. Aufgrund der Position ist er gleichalt
oder nach dem Einbringen des Topfes auf das Sediment gelangt.
Die Thermoluminiszensdatierung der Keramikscherbe ergab ein
Mindestalter von 7130±1130 Jahren (Wagner, Heidelberg); die
kalkigen See-Sedimente der gleichen Lokalität werden auf 7415
±110 Jahre datiert. Beide Daten fallen damit in jenen Zeitraum, in welchem unter dem Wendekreis und südlich davon semi-
lakustrine und limnische Sedimente einen von lokalen Niederschlägen gespeisten höheren Grundwasserspiegel anzeigen.

Morel (1982) hat diese Artefakte auch aus der westlichen Sahara beschrieben und ihre Verwendung zur Jagd u.a. auf Giraffen,
wie Felsbilddarstellungen vermuten lassen, angenommen. Der pa-
läoklimatische Indikatorwert wird auch mit dieser Deutung angesichts der weiten Verbreitung (vgl. Abb. 1b) unterstrichen.

ZWISCHENERGEBNIS

Fassen wir unter Berücksichtigung der westlichen Sahara die
bisherigen Ergebnisse zusammen. Im Norden der Sahara sind im
Gebiet zwischen der Südabdachung des Atlas und dem Hoggar - im
Tal der Saoura - von Conrad (1969) hohe Niederschläge im Zeitraum zwischen älter als 40 000 Jahre bis maximal 14 500 Jahre
belegt. Eine 25-30 m hohe Terrasse aus umgelagertem Flugsand
wurde aufgeschüttet, und der Fluß floß mehrere hundert Kilometer weiter nach Süden als heute. Bei hochstehendem Grundwasser
wurden vor 34 000 bis 16 000 Jahren karbonatische und semi-la-
kustrine Sedimente gebildet.

Auch unter dem Wendekreis sind Kalkkrusten, karbonatische Lim-
nite sowie Grundwasserneubildungen bewiesen worden. In der
Großen Sandsee von Ägypten wurden noch unter 27°N vor 20 000
bis 18 000 Jahren karbonatische See-Sedimente gebildet. Danach
war die gesamte Sahara extrem arid. In der Ostsahara existiert
eine Datenlücke (Abb. 4) in den radiokarbon-datierten, feucht-
zeitlichen Indikatoren zwischen älter als 11 000 und jünger
als 26 000 Jahre. Auch der Tschad-See wies vor 20 000 bis
13 000 Jahren einen sehr niedrigen Spiegelstand auf (Servant
und Servant 1983).

Zum Spätpleistozän wurde die gesamte Sahara wiederum semiarid,
früher in den Gebirgen (Tibesti um ca. 14 000 Jahre) als im
Flachland, früher im Westen als im Osten. Im Süden hielt die
feuchte, holozänzeitliche Phase länger an als im Norden. Es ergab sich ein Gradient abnehmender Niederschläge von Westen
nach Osten, ausgedrückt in der Bildung karbonatischer Seesedimente im Westen und semi-lakustriner im Osten. Da holozäne,
karbonatische Sedimente im Norden der Großen Sandsee von Ägypten nicht mehr zu finden sind, sondern nur noch semi-lakustri-
ne, ist anzunehmen, daß die Niederschläge einem Süd-Nord-Gradienten unterlagen. Es ist die Zeit der Migration äthiopischer
Großsäuger nach Norden. Wir erkennen, obwohl mit Sicherheit
noch zahlreiche kleinere Klimaschwankungen erfolgten, die
außerordentlich hohe Dynamik im klimatisch-geomorphologischen
Geschehen der größten Wüste der Erde.

Wie geht die Entwicklung weiter? Im gesamten Sahara-Bereich ist die steigende Aridität in Richtung Gegenwart, gemessen an der frühholozänen Niederschlagsmenge, belegt. Setzt sich dieser Trend fort und in welche Richtung? In den Ländern des Maghreb und Orient oder im Sahel?

Wirft man einen Blick auf den Verlauf der pleistozänen Klimaschwankungen, so hat - gemessen an der Dauer der letzten Warmphase, dem Eem mit ca. 15 000 Jahren - das Holozän den Zenit bereits überschritten. Schreibt man die Variation in den Erdbahnelementen fort (Berger 1978), so könnte eine Situation unter 65°N eintreten, die die Ausdehnung der Gletscher im nächsten Jahrtausend abermals begünstigt. Welche Folge dies für den ariden Raum hat, ist nicht ohne weiteres abzuschätzen. Vielleicht würde eine Vergletscherung der asiatischen Hochgebirge schneller ablaufen als eine Temperaturerniedrigung des Atlantiks. Dann würden durch Schwächung des TEJ (vgl. Abb. 2) Sommerregen in der Sahara wirksam. Später würden sie wahrscheinlich infolge der Wasserdampfverminderung spärlicher fallen, denn vor 18 000 Jahren war die Aridität in der Sahara allgemein angestiegen, als die Eiskalotten noch weite Teile Nordost-Europas bedeckten.

Betrachten wir nun aber die Befundsituation an der Südseite der Sahara. Der Sahel (arabisch: die Küste, das Ufer) liegt im Bereich der Niederschlagsmittel in Höhe von 100 bis über 200 mm mit einer mittleren Variabilität von 20-30%, einem Streifen, der vom Atlantik (Nuakchot) bis zum Indischen Ozean (Djibuti) reicht. Hier herrscht die Dornbusch-Savanne. Es ist der Bereich der Risikozone der Landwirtschaft mit 600 mm Niederschlag pro Jahr und weniger als vier humiden Monaten. Dort liegt der Südrand der Altdünengebiete (Abb. 1a), der spätpleistozänen Trockenphase vor 20 000 Jahren. Heute tragen diese Dünen Vegetation, und ein Boden hat sich auf ihnen gebildet. Gemessen an dem Environment der ariden Region befindet sich der Sahel-Gürtel im Zustand einer semiariden Feuchtphase. Nur ein Faktor ist neu: flächendeckend wird durch das Auftreten eines sich verstärkenden Populationsdrucks des homo sapiens die Fauna und Flora des Gebietes ausgedünnt, verdrängt und z.T. völlig beseitigt. Dies führt zu Formen und Formungsabläufen, wie sie für die Wüste typisch sind und bei kurzfristiger Betrachtung die Ableitung eines wüstenhaften, hochariden Environments gestatten. Ein klimatischer Trend ist damit nicht bewiesen, und wir stehen außerdem vor dem Dilemma, daß die Indikatoren, z.B. Faunen- und Florenelemente, anthropogen verändert werden.

Noch 1923 mußte im Bereich des unteren Abschnitts des Wadi Howar Newbold (1924) seinen Begleitern das Schießen von Straußen untersagen. 1985 fanden wir nur 20 km östlich von Nukheila das komplette Gehörn einer Grantgazelle, die dort vor wenigen Jahren gejagt worden war. Im Wadi Howar sind Bereiche zu finden, in denen der Boden mit Schneckengehäusen der Limicolaria flam-

mea übersät ist. Sie erweisen sich nach Radiokarbondatierungen
wie Straußeneischalen als rezent. Sie müssen als Ausdruck der
am Nordrand des Sahels gegenüber dem Süden noch gesteigerten
Variabilität der Niederschläge angesehen werden.

Es lassen sich zahlreiche Beispiele für Ausschläge in die posi-
tive Richtung der Niederschlagskurve anführen. Der Tschad-See
war im Jahre 1985 fast ausgetrocknet. Er erreichte 1969 den
Bhar el Ghazal. Largeau dagegen beschreibt den Tschad-See 1900
als Marschland. 1964 betrug dagegen die Wasserfläche 25 000
km . Auch in anderen Wüsten besteht diese exzessive Variabilität: In Alice Springs (Australien) war von 1945 bis 1972 ein
abnehmender Niederschlagstrend entwickelt. Er wurde eindrucksvoll unterbrochen in den Jahren 1973 bis 1975. Der Eyre-See
(ebenfalls in Australien) wies einen Wasserhöchststand auf,
wie er für das gesamte Holozän bis dato nicht erreicht worden
war (Hare 1977).

Wir sind daher der Meinung, daß zur Zeit das Befundmaterial
nicht ausreicht, von einer Ausdehnung des extrem ariden Wüsten-
gürtels und damit einer Einengung des Sahels zu sprechen. Eine
Aridifizierung läßt sich nach dem heutigen Stand der Befunde
nicht ableiten, zweifellos existieren aber zahlreiche Hinweise
auf eine Desertifikation (Mensching und Ibrahim 1976; Glantz
1977; Rapp 1975) im Sinne von Grove (1961): "Drought is part
and parcel of climatic pattern. Desertification is a work of
man." Ähnliche Befunde sind vom Nordrand der Sahara anzufüh-
ren. In Nordafrika sind ganze Baumarten infolge der Desertifikation ausgestorben. So weisen in Tunesien nur noch Ortsnamen
auf die Pistazia atlantica, arabisch: battum, hin. Vom Orient
bis nach Afghanistan war kleinviehhaltendes Bauerntum mit Trok-
kenfeldbau Grundlage der menschlichen Entwicklung. Schon die
Nabatäer (4.-5. Jh. v. Chr.) in Jordanien besaßen ein ausgeklü-
geltes Bewässerungs- und Zisternen-System. Es belegt semiari-
des Klima mit hohem Risiko des Wasserdargebots. Waldrodungen
haben hier wie im gesamten Mittelmeergebiet nachweislich zu
erhöhter Erosion geführt (Vita-Finzi 1969). So ist etwa die
Verschüttung von Olympia (Büdel 1963) Ausdruck der Desertifikation ohne jeglichen Hinweis auf eine Aridifikation. Die Verbreitung der römischen Getreidefarmen wurde bis an den Rand
der tunesischen Wüstensteppe und Tripolitaniens vorangetrie-
ben. Sie mußten aufgegeben werden. Später wurden die Gebiete
unter den arabischen Nomaden mit angepaßter Wirtschaftsform
ökologisch stabilisiert. Unter den Europäern wiederum aufgenom-
mener Feldbau führte erneut zur Erosion und Deflation. Den
kurzfristigen Ernteerfolgen stehen langfristige Schäden durch
extreme Erosion bis hin zur Badland-Bildung gegenüber. Die Desertifikation ist also schon bei den Römern ein Problem gewesen. Die Ursache ist erkannt; einem ständig wachsenden Popula-
tionsdruck steht ein Geoökosystem gegenüber, dem eine große
Dynamik gesetzmäßig innewohnt. Nur eine diesen Randbedingungen
Rechnung tragende Nutzung vermag das Potential dieses Raumes
auszuschöpfen und zu erhalten.

LITERATUR

Barr FJ, Walker BR (1972) Late Tertiary channel system in Northern Libya and its implications on Mediterranean Sea level change. Initial Report of the Deep Sea Drilling Report, Vol XIII, p 1244-1250

Berger AL (1978) Long-term variations of caloric insolation resulting from the Earth's orbital elements. Quaternary Research 9: 139-67

Büdel J (1963) Aufbau und Verschüttung Olympias. Mediterrane Flußtätigkeit seit der Frühantike. Dt Geogr Tag Heidelberg, Tag Ber u wiss Abh 179-183

Butzer KW, Hansen CL (1968) Desert and River in Nubia. Geomorphology and Prehistoric Environments at the Aswan Reservoir. 562 S, The University of Wisconsin Press, Madison Milwaukee and London

Chumakov JS (1967) Pliozenovaye i Pleistozenovaye otlojeniya dolinu Nila i Nubiya i Verkhnem Egipte. Trudy Akad Nauk SSSR 170: 1-115

Conrad G (1969) L'évolution continentale Post-Hercynienne du Sahara Algérien (Saoura, Erg Chech-Tanezrouft, Ahnet-Moudir). Edition d CNRS, Ser Géologie 10:527 Paris

Dubief (1959, 1963) Le Climat du Sahara. Inst. Rech. Sah. Mem. I. (1959), II (1963), Algier

Edmunds WM, Wright EP (1979) Groundwater recharge and paleoclimate in the Sirte and Kufra basin, Libya. Hydrology 40: 215-241

Ergenzinger P (1978) Das Gebiet des Enneri Misky im Tibesti-Gebirge, République du Tchad, Erläuterungen zu einer geomorphologischen Karte 1:200 000. Bln Geogr Abh 23: 49

Flohn H (1966) Warum ist die Sahara trocken? Z f Meteor 17: 316-320

Frobenius L (1937) Ekade Ektab - Die Felsbilder des Fezzans. S 73 + Tafel, Leipzig

Gabriel B (1977) Zum ökologischen Wandel im Neolithikum der östlichen Zentralsahara. Berl Geogr Abh 27: 1-95

Gabriel B, Kröpelin S (1983) Jungquartäre limnische Akkumulationsphasen im NW-Sudan. Z f Geomorph N F Suppl Bd 48: 131-143

Glantz MH (ed.) (1977) Desertification. Environmental Degradation in and around Arid Lands. 346 S. Boulder Colorado

Grove AT (1961) Population densities and agriculture in Northern Nigeria. In: Barbour K, Prothero R (ed.) Essays on African Population London

Habicht JKA (1979) Paleoclimate, paleomagnetism and continental drift. Am Assoc Petrol Geol Studies in Geology 9: 31, 11 foldouts, Tulsa Oklahoma

Hagedorn H (1971) Untersuchungen über Relieftypen arider Räume an Beispielen aus dem Tibesti-Gebirge und seiner Umgebung. Z Geomorph N F Suppl 11: 251

Hare FK (1977) Connections between climate and desertification. Environmental Conservation 4: 81-90

Heckendorf WD (1972) Untersuchungen zum Klima des Tibesti-Gebirges. Ber Inst f Meteorologie und Klimatologie d Techn Universität Hannover, 17: 347

Hellmann G, Meinardus W (1908) Der große Staubfall vom 9.-12. März 1901 in Nordafrika, Süd- und Mitteleuropa. 6 Tafeln, 93 S, Veröff Königl Preuß Meteorolog Institut, Abh Bd II

Hsü KJ, Ryan WBF, Cita MB (1973) Late Miocene dessication of the Mediterranean. Nature 242 No 5395: 240-244

Issawi B (1978) New findings on the geology of Uweinate, Gilf Kebir-Western Desert, Egypt. Ann Geolog Surv Egypt, Vol.VIII p 275-29

Klitzsch E (1983) Paleozoic formations and a Carboniferous glaciation from the Gilf Kebir-Abu Ras Area in southwestern Egypt. I African Earth Sci 1, 1: 17-19, Oxford

Kolla V, Biscaye P, Hanley A (1979) Distribution of quartz in Late Quaternary Atlantic sediments in relation to climate. Quater Res 11: 261-277

Kukla GJ (1977) Pleistocene land-sea correlations. J Europe Earth Sc Rev 13: 307-374

Louvet P, Magnier P (1971) Confirmation de la désire du continent africain au Tertiaire par la paléobotanique (Science). 96th Ccngress of the National Society of Scholars Vol 5: 177-189

Maley J (1980) Les changements climatiques de la fin du Tertiaire en Afrique: leur conséquence sur l'apparition du Sahara et de sa végétation. In: Williams MAJ, Faure H (ed.) The Sahara and the Nil. S. 63-86, Rotterdam

Mensching H, Ibrahim F (1976) Desertifikation im zentraltunesischen Steppengebiet. Nachr Akad Wiss Göttingen, Math Phys Kl II 8: 99-118

Morel J (1982) Les pierres a gorge du Sahara. Inventaire provisoire et essai d'interprétation. J des Africanistes, 52, 1-2: 58-94

Newbold D (1924) A desert odyssey of a thousand miles - Sudan notes and records. 7.1: 261 ff

Pachur HJ (1974) Geomorphologische Untersuchungen im Raum der Serir Tibesti (Zentralsahara). Bln Geogr Abh 17: 62

Pachur HJ (1975) Zur spätpleistozänen und holozänen Formung auf der Nordabdachung des Tibesti-Gebirges. Die Erde, Jg 106 1-2: 21-46

Pachur HJ (1982) Das Abflußsystem des Djebel Dalmar - eine Singularität? Würzb Geogr Arb 56: 93-110

Pachur HJ, Röper HP (1984) Die Bedeutung paläoklimatischer Befunde aus den Flachbereichen der östlichen Sahara und des nördlichen Sudan. Z Geomorph N F Suppl Bd 50: 59-78

Pachur HJ, Röper HP, Kröpelin S, Goschin M (1987) Late Quaternary hydrography of the Eastern Sahara. Berl Geowiss Abh Reihe A 75.2 S. 331-384

Petit-Maire N, Riser J (ed.) (1983) Sahara ou Sahel? Quaternaire récent du Bassin de Taoudenni (Mali). CNRS 469 S.

Rapp A (1975) Soil erosion and sedimentation in Tanzania and Lesotho. Ambio 4 (4): 15-103

Reiter ER (1961) Meteorologie der Strahlströme (jet stream). Springer Verlag 473 S.

Said R (1975) The geological evolution of the River Nile. In: Wendorf F, Marks AE (ed.) Problems in Prehistory of North Africa and the Levant. S. Methodist University Press Dallas, 7-44

Said R (1980) The Quaternary Sediments of the Southern Western Desert of Egypt: An Overview. In: Wendorf F, Schild R (ed.) Prehistory of the Eastern Sahara, Academic Press New York, London Toronto Sydney San Francisco, p 281-288
Sarnthein M (1978) Sand deserts during glacial maximum and climatic optimum. Nature 272 (5648): 45-51
Servant M, Servant S (1983) Paleolimnology of an Upper Quaternary endorheic lake in Chad Basin. In Carmouze JP, Durand JR Lévéque C (ed.) Lake Chad (Junk Publisher) The Hague Boston Lancaster, p 11-26
Shackleton NJ, Opdyke ND (1973) Oxygen isotope and paleomagnetic stratigraphy of equatorial Pacific core V28-238: oxygen isotope temperatures and ice volumes on a 10 and 10 year scale. Quaternary Research 3: 39-55
Shackleton NJ , Kennett JP (1975) Late Cenozoic oxygen and carbon isotopic changes at DSDP site 24: Implications for glacial history of the northern hemisphere and Antarctica. Initial Report Deep Sea Drilling Project 21: 801-807
Sonntag C, Klitzsch E, Löhnert EP, Münnich KO, Junghaus C, Thorweihe U, Weistrofer K, Swailem FM (1978) Paleoclimatic information from deuterium and oxygen-18 in C-14 dated North Saharian groundwaters: Groundwater formation in the past. Isotope Hydrology, Proc of a Symp, Vol.II, 569-580, Neuherberg, IAEA Wien
Sougy J, Trompette R (1966) Découverte d'une discordance de revinement dans le complexe de base de l'Adrat mauritanien Bull Soc Géol France 8: 548-559
Vita-Finzi C (1969) The Mediterranean Valleys. Geological Changes in Historical Times. 139 S, Cambridge
Wendorf F, Hassan F (1980) Holocene ecology and prehistory in the Egyptian Sahara. In: Williams MAJ, Faure H (ed.) The Sahara and the Nile. 497-419 Rotterdam
Wendorf F, Schild R (1980) Prehistory of the Eastern Sahara. 414 S, New York

Vulkanismus und Klima

KARIN LABITZKE

VULKANISCHE STAUBINJEKTIONEN IN DIE ATMOSPHÄRE

Wenn bei starken Vulkanausbrüchen die in die Atmosphäre geschleuderte Materie und die Gase bis in die Stratosphäre hinausgelangen, erhöhen sie die natürliche "Aerosolschicht" in der Stratosphäre in Höhen zwischen 20 und 25 km. Diese Schicht besteht aus submikroskopischen Tröpfchen wäßriger Schwefelsäure und kurz nach den Vulkanausbrüchen auch aus feinen Schwebteilchen, Asche und kleinen Silikatteilchen. Bei den starken Vulkanausbrüchen gelangen auch große Mengen schwefelhaltiger Gase in die Stratosphäre, die im Laufe der Zeit in wäßrige Schwefelsäuretröpfchen umgewandelt werden und das schon vorhandene Aerosol besonders effektiv verstärken. Während die größeren Teilchen, wie Asche und Silikate, verhältnismäßig rasch wieder aus der Stratosphäre ausfallen, bleiben die kleinen Schwefelsäuretröpfchen für lange Zeit, d.h. für mehrere Jahre, in der Stratosphäre. Je nach Lage des Vulkans und nach Jahreszeit werden sie von den herrschenden Windsystemen verfrachtet, bleiben oft als zusamenhängender Schleier noch einige Zeit zusammen und sammeln sich im allgemeinen später über beiden Polargebieten an.

Die ersten sichtbaren Auswirkungen vulkanischer Staub- und Aerosolwolken in der Stratosphäre sind die besonders farbigen, roten Dämmerungserscheinungen, die man nach den großen Vulkaneruptionen am wolkenfreien Himmel beobachtet. Sie entstehen dadurch, daß das Aerosol blaues Licht stärker streut als rotes. Den Zusammenhang zwischen Vulkaneruptionen und farbigen Dämmerungserscheinungen hatte man schon 1883 erkannt. Nach der verheerenden Eruption der Insel Krakatau in der Sunda-Straße im August 1883 wurden farbige Dämmerungserscheinungen überall auf der Erde beobachtet, zunächst in den Tropen, dann in mittleren Breiten, in Europa im November des gleichen Jahres (Kießling 1885 und 1888).

Die 1883 beobachtete Bewegung der Aerosolwolke in den Tropen nach Westen, in Höhen zwischen 20 und 30 km, paßte zu den damaligen theoretischen Vorstellungen, die in der Stratosphäre Ostwinde erwarteten. Damit gingen die "Krakatau-Ostwinde" in die Literatur ein, und erst seit 1962 wissen wir, daß wir es in der Stratosphäre in den Tropen mit einem Windregime zu tun haben, das von Jahr zu Jahr wechselt: Wenn der Krakatau ein Jahr früher oder später ausgebrochen wäre, hätte man es mit "Krakatau-Westwinden" zu tun gehabt, deren Existenz theoretisch allerdings bis heute sehr schwer zu erklären ist. Ganz ähnliche Verlagerungen der Aerosolwolken wurden nach den neueren, sehr

starken Eruptionen des Mount Agung/Bali im März 1963 und des
El Chichon/Mexico im April 1982 festgestellt (Matson and Robock 1984).

Abbildung 1 zeigt, wie die Aerosolwolke die Erde in einer Höhe
von ca. 24 km innerhalb von 3 Wochen mit Kurs nach Westen um-
kreiste und dabei immer größer wurde. Im Sommer blieb diese
Wolke im wesentlichen in den Tropen, zwischen etwa 30° N und
20° S. Aber im Herbst der Nordhemisphäre bzw. im Frühjahr der
Südhemisphäre gelangten große Mengen des Aerosols in beide Polargebiete. Kleinere Aerosolwolken waren gleich nach der Eruption in etwas niedrigeren Höhen in das Nordpolargebiet gezogen.

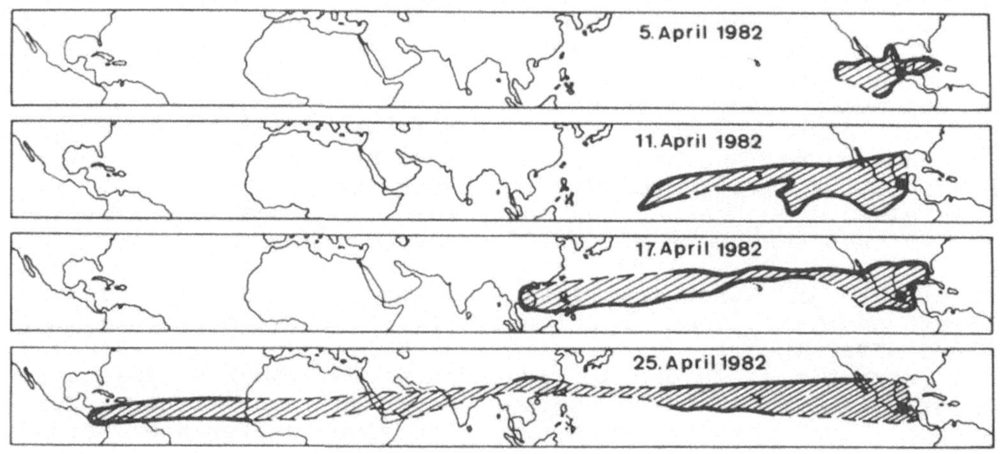

Abb. 1. Ausbreitung der Aerosolwolke des El Chichon von Mexiko
aus nach Westen in einer Höhe von ca. 24 km. Die sich vergrö-
ßernde Wolke brauchte 3 Wochen für eine Umrundung der Erde in
den Tropen. (Nach Matson und Robock 1984).

Eine Übersicht über die "klimarelevanten" Vulkanausbrüche seit
Tambora ist in Tab. 1 gegeben.

KLIMARELEVANZ DES STRATOSPHÄRISCHEN AEROSOLS

Für das Klima ist das stratosphärische Aerosol deshalb so wichtig, weil es den Strahlungshaushalt beeinflußt. So soll eine
starke Zunahme des Aerosols zu einer Abkühlung in der Troposphäre und zu einer Erwärmung in der Stratosphäre führen.

Aerosol-Messungen

Mit modernen Meßmethoden kann man die Veränderung des stratosphärischen Aerosols verfolgen. Als Beispiele sollen hier eine
LIDAR-Messung an einem Tag an einer Station und eine Satelli-

tenmessung über mehrere Jahre hinweg aus den Polargebieten dienen. LIDAR ist die Abkürzung für "Light Detecting and Ranging", von "Erkennen und Entfernungsmessung mittels Licht", ein dem Radar analoges Verfahren mit Laser- statt mit Radiowellen-Impulsen. Gemessen wird hierbei die Zeit zwischen dem Aussenden des Impulses und dem Eintreffen einer Lichtreflexion.

Tabelle 1. Chronologische Liste starker Vulkaneruptionen seit Tambora (1815-1983).

Vulkan	Koordinaten		Höhe	Jahr/Monat	VEI
Tambora	8.3° S	118.0° E	2851 m	1815 (4)	7
Galunggung	7.3° S	108.1° E	2168 m	1822 (10)	5 ?
Cosiuina	13.0° N	87.6° W	859 m	1835 (6)	5
Sheveluch	56.8° N	161.6° E	3395 m	1854 (2)	5
Askja	65.0° N	16.8° W	1510 m	1875 (3)	5
Krakatau	6.1° S	105.4° E	300 m	1883 (8)	6
Santa Maria	14.8° N	91.6° W	2700 m	1902 (10)	6
Ksudach	51.8° N	157.5° W	1079 m	1907 (3)	5
Katmai	58.3° N	155.2° W	2285 m	1912 (6)	6
Bezymianny	56.1° N	160.7° E	2800 m	1956 (3)	5
Agung	8.3° S	115.5° E	3142 m	1963 (3)	4
Sheveluch	56.8° N	161.8° E	3395 m	1964 (11)	4
Taal	14.0° N	121.0° E	300 m	1965 (9)	4
Kelut	7.9° S	112.3° E	1731 m	1966 (4)	4
Lengai	2.8° S	35.9° E	2880 m	1966 (8)	4
Awu	3.7° N	125.5° E	1320 m	1966 (8)	4
Fernandina	0.4° S	91.6° E	1495 m	1968 (6)	4
Tiatia	44.4° N	146.3° E	1822 m	1973 (7)	4
Fuego	14.5° N	90.9° W	3763 m	1974 (10)	4
Tolbachik	55.9° N	160.5° E	3085 m	1975 (7)	4
Augustine	59.4° N	153.4° W	1227 m	1976 (1)	4
Bezymianny	56.1° N	160.7° E	2800 m	1979 (2)	4
St. Helens	46.2° N	122.2° W	1920 m	1980 (5)	5
Alaid	50.8° N	155.5° E	2339 m	1981 (4)	4
Pagan	18.1° N	145.8° E	570 m	1981 (5)	?
Mystery Cloud (Africa ?)			?	1981 (12)	4 ??
El Chichon	17.3° N	93.2° W	1350 m	1982 (3,4)	5
Una Una	0.2° S	121.6° E	508 m	1983 (7)	4

VEI = Explosive Volcanic Eruptions Index nach Simkim et al. (1981); ab 1963 sind VEI-Werte >4 aufgeführt. Weitere Parameter, die die Aktivität der Vulkane beschreiben, sind in Abb. 2 dargestellt und bei Schönwiese (1987) diskutiert.

In Abb. 2 handelt es sich um die Messung eines LIDARs im Langley-Research-Center in Hampton/Virginia. Dargestellt ist die Rückstreuung aus der Atmosphäre am 1. Juli 1982, in Abhängigkeit von der Höhe. Man erkennt deutlich ein großes Maximum in einer Höhe von ca. 25 km, und aus zusätzlichen Beobachtungen weiß man, daß es sich hier um die Aerosolwolke des El Chichon-Ausbruchs handelt. Ganz links, gestrichelt, ist eine Messung des Aerosols nach dem Ausbruch des St. Helens eingezeichnet. In Virginia war der Aerosolgehalt nach St. Helens deutlich um eine Größenordnung geringer.

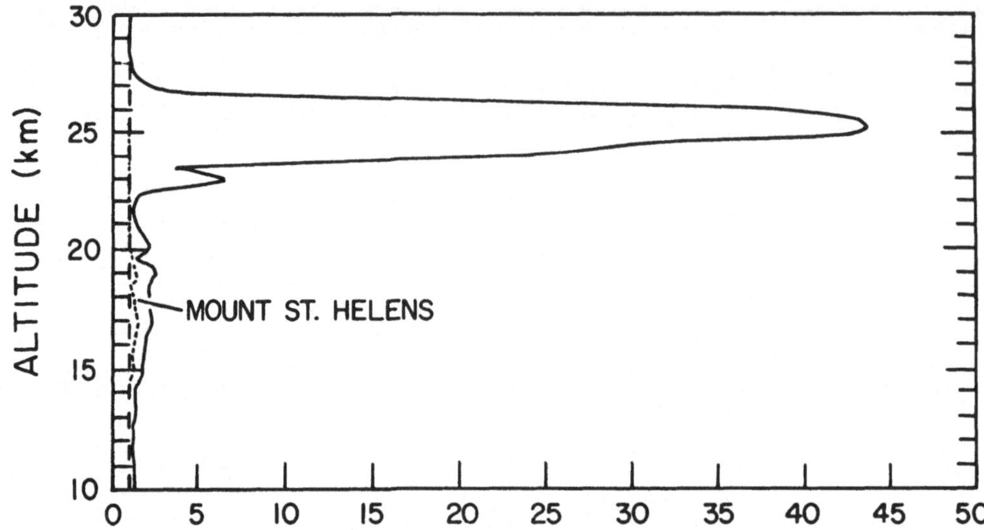

<u>Abb. 2.</u> Rückstreurate einer Aerosolschicht in ca. 25 km Höhe am 1. Juli 1982 über Virginia/USA. Diese durch die Aerosolwolke des El Chichon verursachte starke Rückstreuung wird mit einer Messung von der Wolke des St. Helens (ganz links, gestrichelt) verglichen. (Die Abbildung wurde von Dr. McCormick zur Verfügung gestellt.

Während ein am Boden stationiertes LIDAR zwar ein gutes Höhenprofil messen kann, das aber doch nur für einen Ort gilt, kann man mit Satellitenexperimenten die Trübung der Atmosphäre fast global messen.

Abbildung 3 zeigt die Ansammlung des stratosphärischen Aerosols über den Polargebieten, wohin es durch die allgemeine Zirkulation in der Stratosphäre innerhalb weniger Monate nach den Eruptionen transportiert wird. Dort hat die Trübung der Atmosphäre seit 1979, d.h. seit man mit dem Experiment SAM II (Stratospheric Aerosol Measurement) den stratosphärischen Aerosolgehalt messen kann, sehr stark zugenommen, und der Abfall findet nur sehr langsam statt.

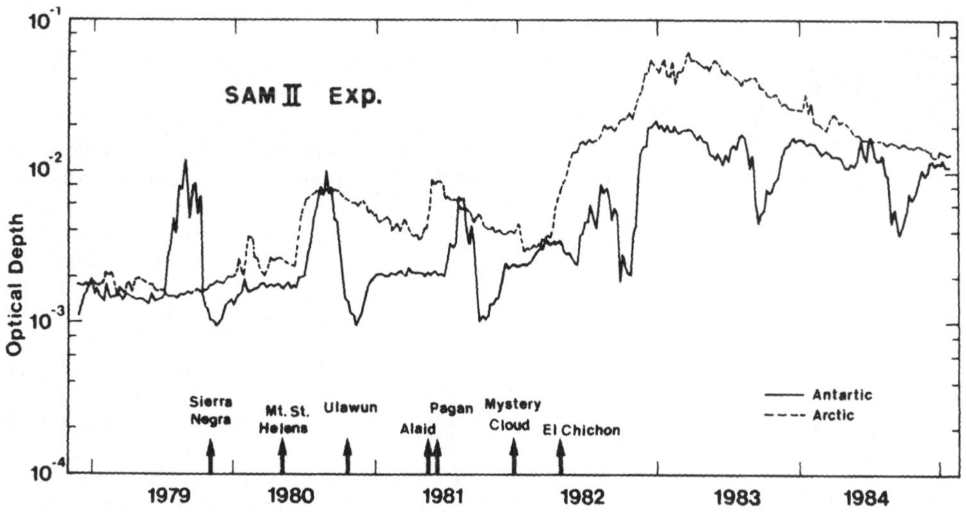

Abb. 3. Trübung der Atmosphäre oberhalb der Tropopause über
der Arktis (gestrichelte Linie) und über der Antarktis (ausgezogene Linie). Die Daten der wesentlichen Vulkaneruptionen
sind unten eingezeichnet. (Nach McCormick und Trepte 1986).

Temperaturänderungen durch Aerosolanstieg

Die Erwärmung der Stratosphäre nach den Ausbrüchen des Agung
(März 1963) und des El Chichon (März-April 1982) wurde mit Ra-
diosondendaten aus den Tropen für die untere Stratosphäre festgestellt (Labitzke et al. 1983). Die Abb. 4 zeigt für den Mo-
nat Juli Monatsmitteltemperaturen aus dem 30-hPa-Niveau, d.h.
aus einer Höhe von ca. 24 km, und zwar für die Tropen und Subtropen in 10, 20 und 30° N. Die signifikanten Anstiege der Temperatur in 10° Breite im Juli 1963 und im Juli 1982 (mehr als
dreifache Standardabweichung) hängen direkt mit dem angestiege-
nen Aerosol zusammen. Damit wurden die theoretisch geforderten
Temperaturänderungen nach starken Vulkanausbrüchen erstmalig
direkt nachgewiesen.

Nach neueren Untersuchungen (Labitzke 1987) scheint das stratosphärische Aerosol auch eine abkühlende Wirkung auf das stratosphärische Polargebiet im Winter, in der Polarnacht, zu haben.
Der Vergleich mit einer 31-jährigen Datenreihe (Abb. 5) zeigt,
daß von den sechs kältesten Wintern in dieser Reihe vier erst
kürzlich, in den Wintern nach den Ausbrüchen des Mount St. Helens und El Chichons auftraten, und einer nach dem Ausbruch
des Agung.

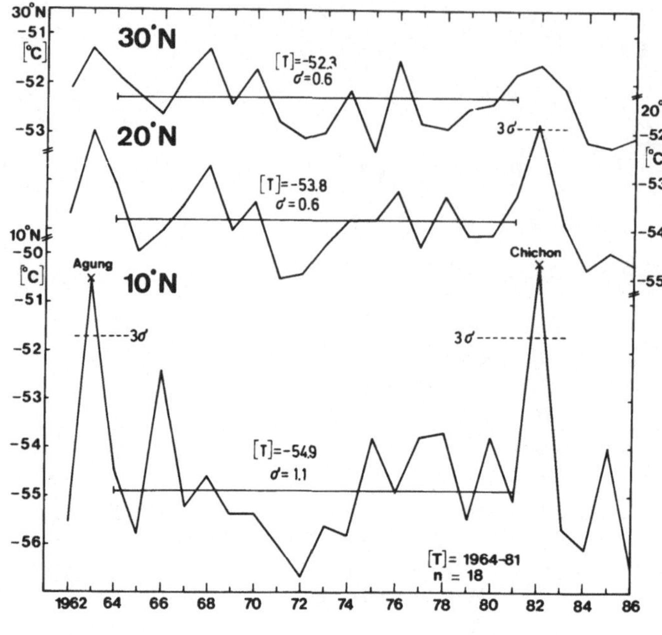

Abb. 4. Juli-Mittel der 30 hPa-Temperaturen (ca. 24 km Höhe) für die Breitenkreise 10, 20, und 30 N. Der Anstieg der Temperatur im Juli 1963 und im Juli 1982 ist besonders in 10°N signifikant und liegt jedesmal mehr als drei Standardabweichungen über dem 18-jährigen Mittel der Periode 1964-1981. (Ergänzt, nach Labitzke und Naujokat 1983).

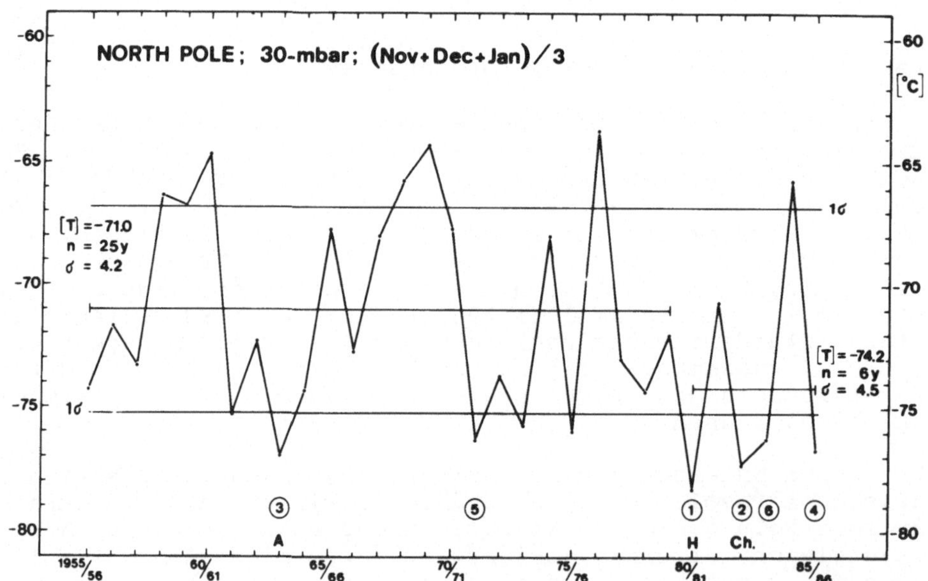

Abb. 5. Winter-Mittel der 30 hPa-Temperaturen über dem Nordpol. Die Ziffern 1 bis 6 markieren die sechs kältesten Winter des gesamten Zeitraums (Labitzke 1987).

Zirkulations-Änderungen durch Aerosolanstieg

Durch die Abkühlung des Polargebietes im Winter wird der stratosphärische Polarwirbel verstärkt. Dies kann an vielen Daten nachgewiesen werden, z.B. durch einen Vergleich des Höhendruckfeldes (50-hPa, ca. 20 km Höhe) im Winter 1982/83 mit einem langjährigen Mittel (Abb. 6). Die negativen Anomalien über dem Polargebiet deuten auf einen verstärkten, vertieften Polarwirbel. Und solche verstärkten Polarwirbel führen auf der Nordhemisphäre zu verspäteten Frühjahrserwärmungen, sowohl in der Stratosphäre als auch zum Teil in der Troposphäre.

Es konnte auch gezeigt werden, daß der sonst sehr deutliche Einfluß des sogenannten "El Nino"-Phänomens (eine troposphärische Anomalie des Wetters im Pazifik, s. Einführung von GERMANN und WARNECKE) auf die Stratosphäre im Winter 1982/83 unterdrückt wurde (van Loon und Labitzke 1986). Der Effekt des Aerosols bewirkte die Verstärkung des Polarwirbels und verhinderte dadurch eine große Stratosphärenerwärmung. Wie weit dies einen Einfluß auf die Troposphäre hatte, ist noch Gegenstand der Forschung.

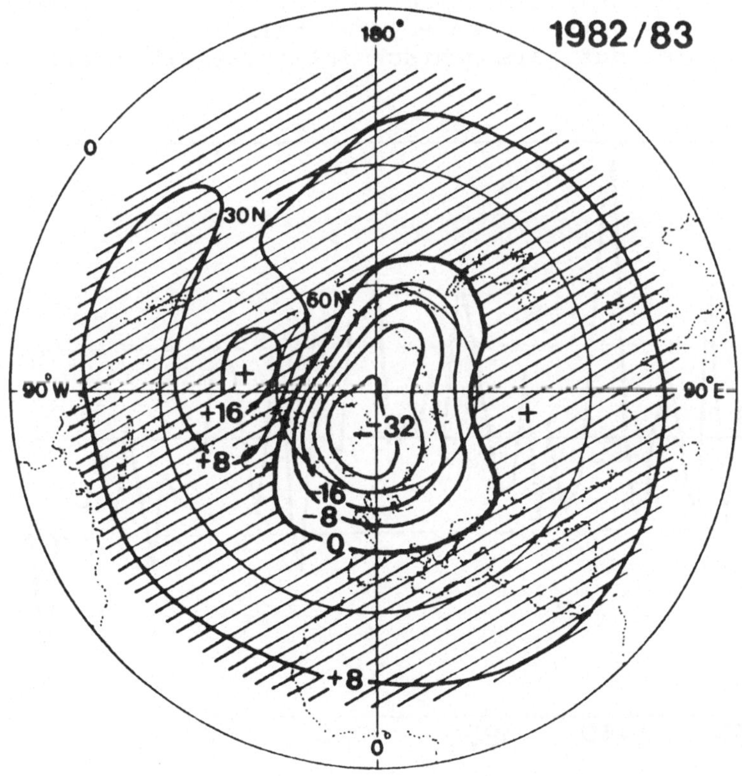

Abb. 6. Abweichung der Höhen (Dekameter) im 50 hPa-Niveau (ca. 20 km Höhe) des Winters 1982/83 von einem 15-jährigen Mittel. Die negativen Anomalien weisen auf einen verstärkten Polarwirbel hin. (Van Loon und Labitzke 1986).

Ozon-Änderungen durch Aerosolanstieg

Der Anstieg des stratosphärischen Aerosols nach Vulkanausbrüchen führt auch zu einem Abbau des Ozons. Darauf wurde zuerst von Dütsch (1985) hingewiesen. Die Abb. 7 zeigt eine Serie von Messungen des Totalozons über Arosa, und die Minima nach Agung und El Chichon sind sehr deutlich zu erkennen. Wahrscheinlich würde eine genauere Überprüfung mit weiteren Eruptionen noch mehrere Minima erklären können (vgl. Tab. 1).

Auch Satellitenmessungen des Ozons, z. B. auf dem Nimbus-7 Satelliten, zeigen aufgrund des vom Ozon rückgestreuten ultravioletten Sonnenlichts des SBUV (Solar Backscattered Ultra Violet) eine deutliche Abnahme des Ozons nach dem Ausbruch des El Chichon (Abb. 8). Ebenso ist wahrscheinlich, daß der sehr starke Ozonabbau im stratosphärischen Polarwirbel des Südpolargebietes, das schon in der Tagespresse diskutierte "Ozonloch", mit dem Anstieg des stratosphärischen Aerosols zusammenhängt. Auch hier wurde der Wirbel verstärkt, und die Frühjahrsumstellungen der Zirkulation waren verspätet. Dieser Problemkreis ist z.Z. Gegenstand ausführlicher, noch nicht abgeschlossener Untersuchungen, aber das Zusammenwirken einer veränderten Dynamik, d.h. eines verstärkten Polarwirbels, und einer sehr komplexen Chemie muß als wahrscheinlichste Erklärung angenommen werden.

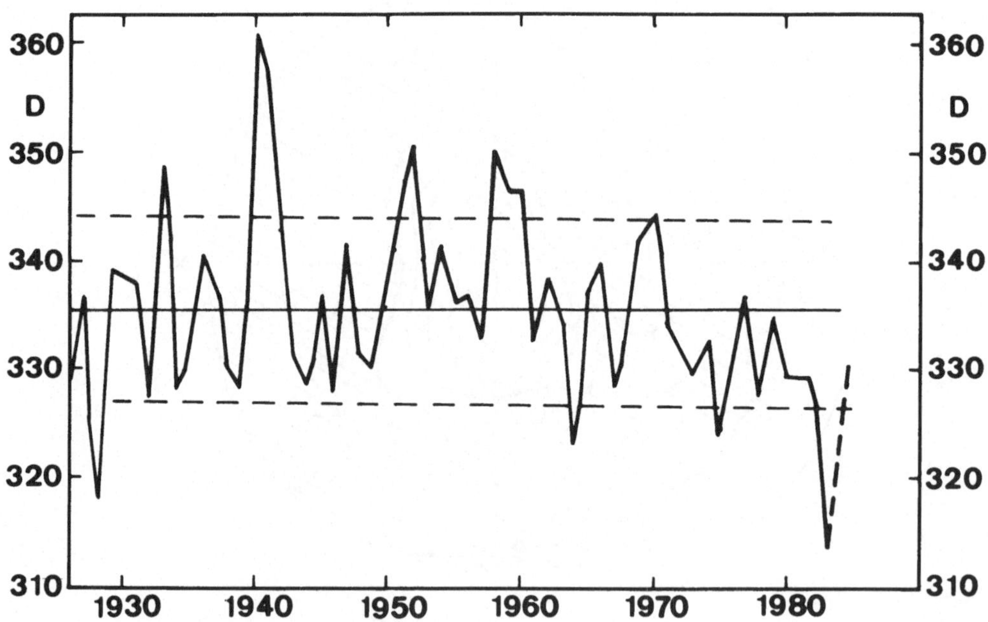

Abb. 7. Jahresmittel des Total-Ozons (D = Dobson-Einheiten) über Arosa/Schweiz (nach Dütsch 1985).

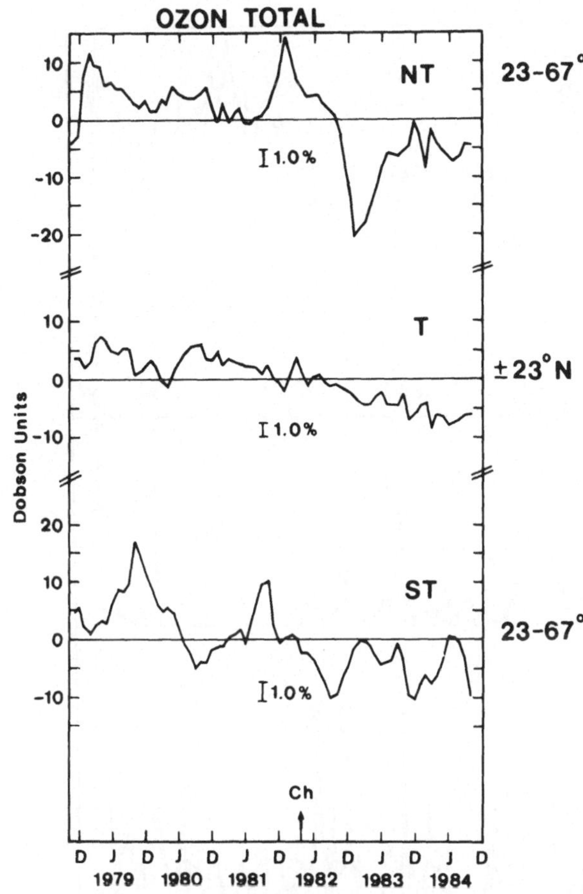

Abb. 8. Änderung des Total-Ozons (Dobson-Einheiten) im Zeitraum von 6 Jahren in verschiedenen Breitenzonen. Die Messungen beruhen auf dem SBUV-Experiment an Bord von NIMBUS-7. Ch = El Chichon. (Die Abbildung wurde von Dr. Heath zur Verfügung gestellt.)

KLIMARELEVANZ DES TROPOSPHÄRISCHEN AEROSOLS

Der Einfluß des Aerosols auf das Klima der Troposphäre ist theoretisch nicht umstritten: Man erwartet eine Abkühlung auf Grund der reduzierten Einstrahlung.

Beobachtete Temperaturänderungen nach Aerosolanstieg

Der Nachweis dieses Effektes ist sehr schwierig, da die natürliche Variabilität des troposphärischen Wetters sehr groß ist und die Beobachtungsstationen nicht gleichmäßig über die Erde verteilt sind. Es gibt verschiedene Zusammenstellungen von Temperaturreihen, von denen eine in Abb. 9(a) wiedergegeben wird. In dieser Temperaturkurve, die repräsentativ für die Nordhemisphäre sein soll, erkennt man deutlich starke Abkühlungen nach den Eruptionen des Tambora (1815), des Krakatau (1883) sowie nach mehreren anderen Vulkanen, deren Intensität in den unte-

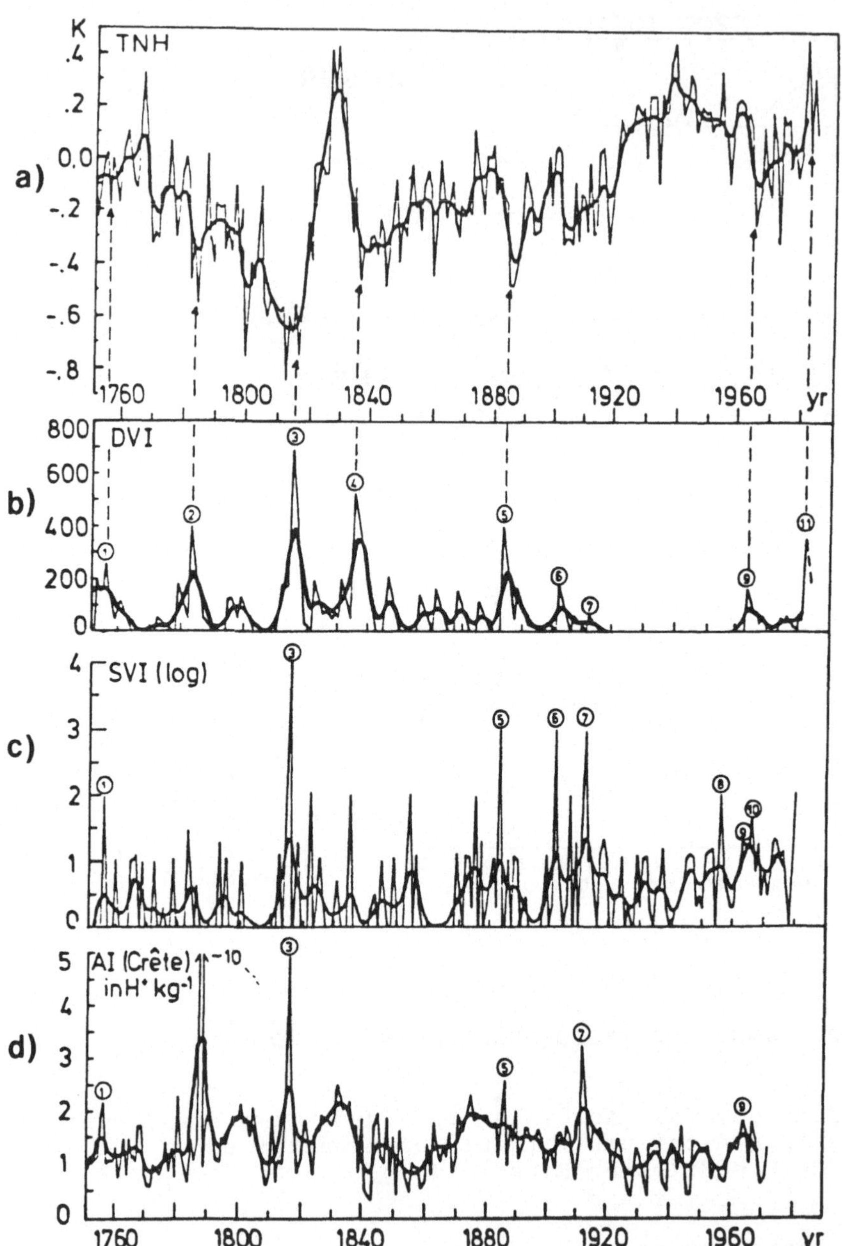

Abb. 9. a) Abweichungen der Nordhemisphären-Jahresmitteltemperatur (K) vom Mittel der Periode 1951-1970. Dicke Linie: 10-jährig gefiltert. (Nach Schönwiese 1987; Daten von Jones 1985 und Groveman und Landsberg 1979).
b) Stratospheric Dust Veil Index (DVI) nach Lamb (1970, 1983).
c) Smithonian Volcanic Index (SVI) nach Schönwiese (1987); logarithmische Skala.
d) Acidity Index (AI=Säuregehalt von Eiskernbohrungen) nach Hammer et al. 1980, 1981.

110

ren Kurven nach verschiedenen Gesichtspunkten (b und c) bzw.
Messungen (d) dargestellt worden ist (s. Legende). Eine Erweiterung dieser Kurven auf die neuesten Jahre liegt noch nicht
vor, doch spricht man allgemein von einer Abkühlung um 0.3 K
nach dem Ausbruch des El Chichon.

Modell-Rechnungen mit erhöhtem Aerosolgehalt

Etliche Autoren bemühten sich, die beobachtete Temperaturkurve
an Hand von verschiedenen Modellen zu berechnen. Gilliland
(1982) hat z. B. versucht, verschiedene externe Faktoren zu berücksichtigen: Wenn neben dem Einfluß der Vulkane auch die Aktivität der Sonne (verschiedene Zyklen) sowie der CO_2-Anstieg
mit einbezogen werden, ist das errechnete Ergebnis der beobachteten Kurve schon sehr nahe (Abb. 10 d), während es ohne die
Vulkantätigkeit recht schlecht ist (Abb. 10 b).

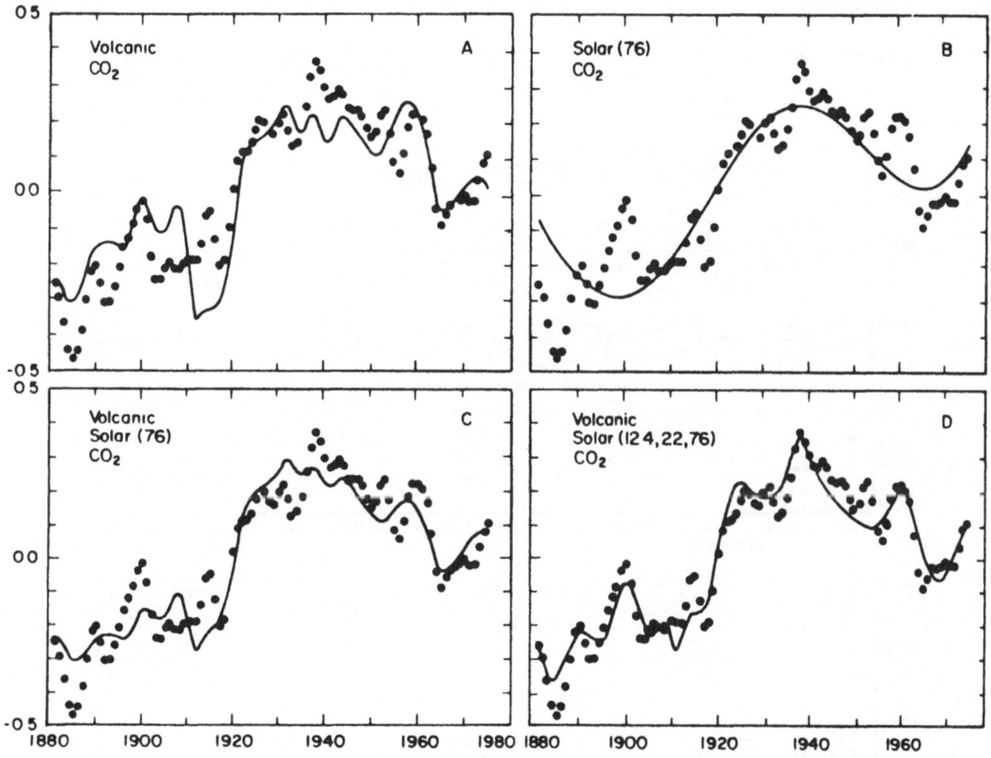

Abb. 10. Berechnungen des nordhemisphärischen Temperaturver-
laufs (ausgezogene Linie) unter Annahme verschiedener externer
Einflüsse (CO_2-Anstieg, vulkanisches Aerosol, verschiedene so-
lare Zyklen). Punkte: geglättete Beobachtungen. (Gilliland
1982).

Man hat das beobachtete Aerosol auch schon in sogenannte Klima-
modelle eingespeist und dann berechnet, wie sich die Temperaturen auf der Erde ändern werden. Allerdings kann man für solche

Berechnungen noch keine ausgefeilten "Global Circulation Models (GCM)" benutzen, da das Aerosol selbst außerordentlich schwer zu berechnen ist und dafür derzeitige Computer-Kapazitäten nicht ausreichen.

Die Ergebnisse von Robock (1984), der versucht hat, mit einem einfachen Modell den Effekt des El Chichons zu berechnen, sollen als Abschluß gezeigt werden (Abb. 11). Die negativen Temperaturanomalien haben ein deutliches Maximum in hohen nördlichen Breiten, besonders im Herbst, Winter und Frühjahr. Es handelt sich hier um zonal, d.h. über den Breitenkreis gemittelte, Werte. Noch liegen keine entsprechenden beobachteten Vergleichswerte vor. Aber ein Vergleich für Mitteleuropa, wo die Winter 1984/85 und 1985/86 besonders kalt und die Frühjahre sehr verspätet waren, steht jedenfalls im Einklang mit diesen Modellrechnungen. Dennoch darf man keine voreiligen Schlüsse ziehen, und eine genaue Untersuchung des Einflusses des Aerosols auf das Klima wird noch längere Zeit Gegenstand der Forschung bleiben.

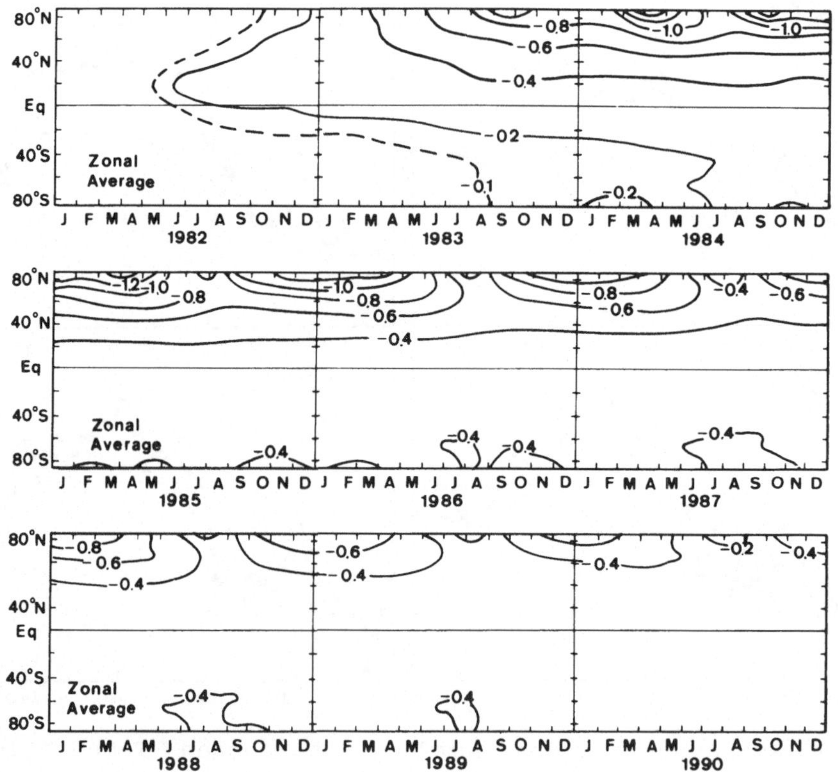

Abb. 11. Erwartete Temperaturanomalien (K) durch das zusätzliche Aerosol des El Chichon. (Modellrechnung von Robock 1984).

Abschließend sei hier nochmals darauf hingewiesen, daß wohl deutlich wurde, in welchem Maße wir es mit einer "dynamischen Erde" zu tun haben, d. h. mit einem sehr komplexen System Erde-Atmosphäre, in dem selbst die Phänomene der "festen Erde" über den Vulkanismus in den Strahlungshaushalt und damit in das Klima der Erde eingreifen. Dadurch wird unter anderem der Einfluß der anthropogenen Effekte, z.B. des ansteigenden Kohlendioxidgehaltes und des zunehmenden Methans, überdeckt. Gerade deshalb muß die Klimaforschung den hier behandelten Teilbereich sehr ernst nehmen, was im internationalen Weltklimaforschungsprogramm durch die zahlreichen Beobachtungssysteme, die für das Aerosol vorgesehen sind, auch dokumentiert worden ist.

LITERATUR

Dütsch HU (1985) Total ozone trend in the light of ozone soundings, The impact of El Chichon. In: Zerefos CS and Ghazi A (Ed) Atmospheric Ozone, D. Reidel, Dordrecht, pp 263-268
Gilliland RL (1982) Solar, volcanic and CO_2 forcing of recent climatic changes. Climat Change 4: 111-131
Groveman BS, Landsberg HE (1979) Reconstruction of the northern hemisphere temperature: 1579-1880. Publ No 79 181/182, Dep of Meteorology, Univ of Maryland College Park, pp 1-59 and 1-46
Heath D (1986) Obervations of ozone and UV solar flux variability. 26th Plenary Meeting of COSPAR, Workshop VIII
Jones PD (1985) Northern hemisphere temperatures 1851-1984. Climat Monitor 14: 14-21
Hammer CU, Clausen HB, Dansgaard W (1980) Greenland ice sheet evidence of post-glacial volcanism and its climatic impact. Nature 288: 230-235
Hammer CU, Clausen HB, Dansgaard W (1981) Past volcanism and climate revealed by Greenland ice cores. J Vulcanol Geoth Res 11: 3-0
Kießling J (1885) Dämmerungserscheinungen im Jahr 1883 und ihre physikalische Erklärung. Hamburg/Leipzig
Kießling J (1888) Untersuchungen über Dämmerungserscheinungen zur Erklärung der nach dem Krakatau-Ausbruch beobachteten atmosphärisch-optischen Störung. Hamburg/Leipzig
Labitzke K (1987) The stratospheric polar vortex in winter and spring. Comparison between Arctic and Antarctica. Annales Geophysicae (Series A), in press
Labitzke K, Naujokat B (1983) On the variability and on trends of the temperature in the middle stratosphere. Contr Atm Physics 56: 495-507
Labitzke K, Naujokat B, McCormick MP (1983) Temperature effects on the stratosphere of the April 4, 1982 eruption of El Chichon, Mexico. Geophys Res Lett 10: 24-26
Lamb HH (1970) Volcanic dust in the atmosphere; with a chronology and assessment of its meteorological significance. Phil Trans Roy Met Soc A 266: 425-533
Lamb HH (1983) Update of the chronology of assessment of the volcanic dust veil index. Clim Monitor 12: 79-90
Matson M, Robock A (1984) Circumglobal transport of the El Chichon volcanic dust cloud. Geof Int 23: 117-127
McCormick MP, Trepte CR (1986) Polar stratospheric optical depth observed by the SAM II satellite instrument between 1978 and 1985. J Geophys Res 91: in press

Robock A (1984) Climate model simulations of the effects of the El Chichon eruption. Geof Int 23: 403-414

Schönwiese CD (1987) Volcanism-climate relationship within recent centuries. Bull Volcanol (in press)

Simkim T, Siebert L, McClelland I, Bridge D, Newhall C, Latter JH (1981) Volcanoes of the world. Smithsonian Institution, Hutchinson Stroudsbourg (USA), pp 1-233; supplements 1985

van Loon H, Labitzke K (1986) The Southern Oscillation. Part V: The anomalies in the lower stratosphere of the northern hemisphere in winter and a comparison with the Quasi-Biennial Oscillation. Mon Weather Rev 114: in press

Große und kleine Flüsse und ihre geologische Wirkung

HILLERT IBBEKEN

Erdrutsche und Hochwässer, Staubstürme und Lawinen - das sind
allseits bekannte Erscheinungen von Massenverlagerungen an der
Erdoberfläche, je nach Distanz unbequem, existenzgefährdend
oder tödlich für den Menschen, sicher spektakulär im einzelnen, aber doch singulär im allgemeinen Naturgeschehen. Diese
spektakulären Ereignisse sind aber nur die Spitzensignale
eines vom Menschen sonst kaum wahrgenommenen Hintergrundrau-
schens kleiner, aber ständiger Ereignisse: der Erosion der Erdoberfläche, der ständigen Zerstörung der Oberflächengesteine
im Konflikt mit der Atmosphäre, Hydrosphäre und Biosphäre, der
Milliardentonnage von Erosionsprodukten in den Transportströ-
men von Fluß, Gletscher und Wind. Ein Produkt dieser Prozesse,
das Relief der Erde, ist Teil unserer Umwelt und jedem wenigstens implizit bewußt. Unserer Alltagserfahrung völlig entzogen sind dagegen die gewaltigen Endlager der umgesetzten Ero-
sionsprodukte, die Sedimentanhäufungen in den Meeren der Welt.
Sie liefern den Stoff für neue Gebirge der geologischen Zukunft, so wie die Substanz der heutigen Gebirge das Produkt
analoger Vorgänge in der geologischen Vergangenheit ist.

Aus der Sicht der Erde sind Zeiten vehementer Erosion und Gebirgsbildung bekannt, wie auch Zeiten, wo diese Prozesse langsam und zögerlich abliefen. Erdgeschichtlich einmalig erscheint es, daß heute ein einzelnes Lebewesen, der Mensch,
einen Teil dieser Prozesse, die Erosion, signifikant zu beeinflussen vermag.

DER KREISLAUF DER GESTEINE

Es ist das Ziel dieses Sammelbandes, die Erde als ein dynamisches System miteinander vernetzter Prozesse darzustellen. Es
ist das Ziel dieses Beitrags, einen uns besonders naheliegen-
den Teilaspekt zu illustrieren, das System Erosion, Transport
und Sedimentation als Teil des Kreislaufs der Gesteine.

Die Theorie eines Kreislaufs der Gesteine wurde vor 200 Jahren
von dem Schotten James Hutton postuliert (Engelhardt 1982) und
hat sich seitdem zu einer Grundmaxime des Uniformitarianismus
entwickelt, jener Vorstellung, nach der alle geologischen Prozesse stets nach den gleichen Naturgesetzen ablaufen, weshalb
der Geologe mit Recht vom geologischen "Heute" auf das geologische "Gestern" zurückschließen darf. Als Einstieg in den Kreislauf eignet sich die Geschichte der Lockersedimente eines Ab-

senkungsgebietes. Als Produkte des exogenen Kreislaufs verfestigen sie zu Sedimentgesteinen und treten in den endogenen Kreislauf ein. Bei weiterer Überlagerung, steigendem Druck und steigender Temperatur werden sie zu Schiefern und Gneisen metamorphisiert oder bis hin zu granitartigen Komplexen aufgeschmolzen. Im Zuge gebirgsbildender Prozesse kann eine Schmelze wieder aufsteigen und auskristallisieren. Die Minerale, die sich jetzt bei Abkühlung und Druckerniedrigung bilden, sind genaugenommen nur unter ihren jeweiligen Bildungsbedingungen stabil, also bei hohen Drücken und Temperaturen. Charakteristisch ist dort weiter die Gegenwart von nur sehr geringen Mengen von Wasser, Kohlendioxid und Sauerstoff und das gänzliche Fehlen von organischem Material. Gelangen diese Tiefengesteine nun an die Oberfläche, also in Berührung mit der Atmosphäre, Hydrosphäre und Biosphäre, so werden sie zunehmend instabil, weil hier entgegengesetzte Bedingungen herrschen: geringe Drücke und Temperaturen, viel Wasser, Kohlendioxid und Sauerstoff und viel organisches Material. Die Minerale zerfallen wieder im exogenen Kreislauf, das Wetter "verwittert" den Gesteinsverband, die mechanische Verwitterung schafft Gesteinsbruchstücke aller Größen, die chemische Verwitterung gelöste Stoffe und Tonminerale. Die Verwitterungsprodukte werden transportiert und irgendwo wieder abgelagert, womit der geschilderte endogene Ablauf erneut einsetzen kann.

Im folgenden soll nur von den Feststoffen die Rede sein, von Geröll, Sand und Ton, nicht aber von den gelösten Stoffen. Der Weg der Verwitterungsprodukte vom Gebirge zum Meer läßt sich als ein System hinter- und nebeneinandergeschalteter Reservoire verstehen, die aufgefüllt und entleert werden und durch Transportelemente miteinander verbunden sind. Jedes Reservoir fungiert für das vor- oder nachgeschaltete Reservoir als Empfänger oder als Spender. Das Reservoir Mississippi-Delta zum Beispiel empfängt das Verwitterungsmaterial des Reservoirs Mississippi und gibt es, teilweise, an das Reservoir Golf von Mexiko weiter. Es ergeben sich so drei Wege, den Materialstrom zu messen:

1. Den Betrag, der einem Reservoir entnommen wurde –
   über die Erosionsrate.
2. Den Betrag, der einem Reservoir gegeben wurde –
   über die Sedimentationsrate.
3. Den Betrag, der von einem Reservoir zum anderen fließt –
   über die Transportrate.

Die Messung einer Rate gestattet es oft, auch indirekt Aussagen über die anderen zu machen. Ist die Transportrate zwischen zwei definierten Systemen bekannt, etwa einem Gebirgstal und einem See, dann läßt sich natürlich - mit Vorbehalten - errechnen, was dem Tal genommen und dem See gegeben wurde. Reservoire sind die Täler der Festländer, intramontane Becken, Flußniederungen, Küstenebenen, der Schelf, der Kontinentalhang, die Tiefseegräben und -ebenen, um nur die wichtigsten zu nennen. Sie alle sind inzwischen plattentektonisch definiert und systematisiert; alle können geben, alle nehmen.

Transportstraßen sind die Flüsse, die Gletscher oder der Wind, die submarinen Canyons oder die Gleitwege submariner Rutschmassen. Die statischen Systeme der Reservoire lassen sich in der Regel einfacher untersuchen als die dynamischen der Transportwege. Wir wollen uns im folgenden auf die Flüsse beschränken und den Stoff zweigleisig behandeln: am Fallbeispiel des Kalabrischen Massivs in Süditalien (Abb. 1) und global.

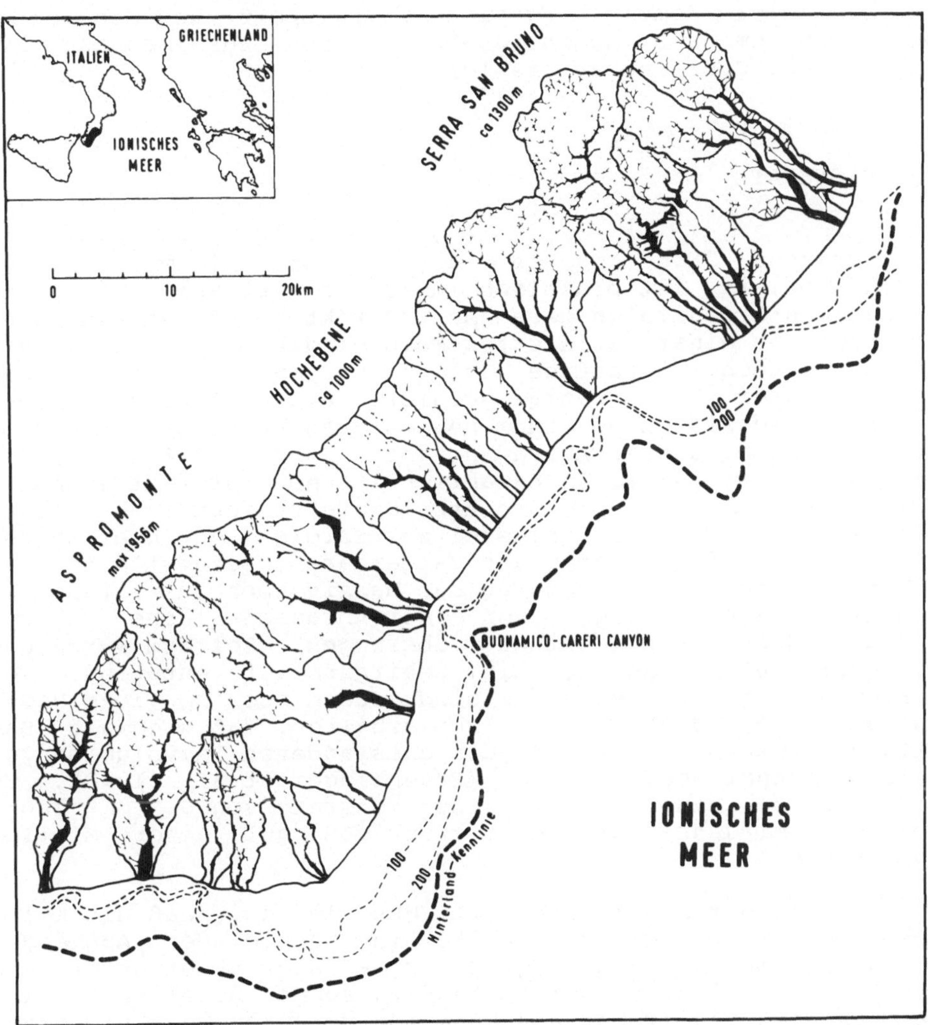

<u>Abb. 1.</u> Das kalabrische Arbeitsgebiet und seine wichtigsten Flüsse. Der Abstand der "Hinterland-Kennlinie" von der Küste ist ein Maß für den Anteil der Einzugsgebiete pro Küstenabschnitt. Wird ein Küstenabschnitt von kleinen Einzugsgebieten beliefert, ist die Linie meerwärts verschoben, vor den Mündungen großer Flüsse springt sie dagegen landeinwärts zurück. Schelfbreiten und Einzugsgebietgrößen sind einander umgekehrt proportional, ein kausaler Zusammenhang ist denkbar (Ruhmor und Ibbeken 1975).

Kalabrien und sein marines Umfeld gelten als Modellfall einer
heutigen Gebirgsbildung. Arbeitsgruppen der Freien Universität
Berlin versuchen seit Ende der sechziger Jahre, einzelne
Schritte dieses Prozesses zu verstehen und zu quantifizieren.
Für die globalen Verhältnisse wird auf die Literatur zurückge-
griffen. Der Bericht pendelt so zwischen der Provinzbühne
Kalabrien und dem Welttheater hin und her. Er handelt nachein-
ander die drei Komplexe Erosions-, Transport- und Sedimenta-
tionsrate ab, um sie abschließend in den Zusammenhang des
Kreislaufs der Gesteine zu stellen.

DIE EROSIONSRATE

Die klassische "Erosionsrate" der Literatur, in mm/Jahr oder
t/km/Jahr notiert, ist praktisch immer indirekt aus Transport-
oder Sedimentationsraten gerechnet. Direkt könnte sie nur über
die Veränderung einer definierten Morphologie pro Zeiteinheit
ermittelt werden. Derartige Untersuchungen sind rar, so daß
das "Welttheater" hier wenig hergibt. Beispielsweise ließen
sich die Erosionsraten an einem neu entstandenen Vulkan in Neu-
guinea berechnen, dessen Abtragung über Jahre verfolgt wurde
(Ollier und Brown 1971). In Kalabrien ist nun der fast einmalige Fall gegeben, daß eine echte Erosionsrate recht exakt festgelegt werden kann. Der Schlüssel zum Erfolg liegt hier in der
Existenz einer definierbaren und datierbaren Bezugsfläche. An
der Wende Plio-/Pleistozän lag das Massiv noch zu weiten Teilen unter dem Meeresspiegel, von einer Abrasionsfläche gekappt
und einer dünnen Sedimenthaut überzogen. Seitdem wurde das
Massiv über 1000 m gehoben, ein Gebirgsrelief entstand. Von
den Kämmen bis zur See herab sind jedoch noch so viele Reste
der altpleistozänen Abrasionsfläche erhalten, daß sie als Bezugsfläche rekonstruiert und die entstandenen Talvolumina gegen sie gerechnet werden können (Ergenzinger et al. 1978). Es
ergab sich so eine mittlere Erosionsrate von 0,2 mm/ Jahr,
maximal 0,65 mm/Jahr, auf den Zeitraum von gut einer Million
Jahre gerechnet.

Aber auch submarin wird erodiert. Uns fiel auf, daß die kalabrische Schelfkante, die der Küste in wechselnden Abständen
folgt, vor den Mündungen größerer Flüsse näher unter Land
liegt als vor kleineren. Der Abstand zwischen Schelfkante und
Küste erschien regelrecht als Funktion der Größe der Lieferge-
biete des Hinterlandes. Wir konstruierten daraufhin eine Kennlinie (Abb. 1), deren Abstand von der Küste ein Maß für die
Größe der Einzugsgebiete pro Küstenabschnitt war, und tatsächlich folgte diese Kennlinie mehr oder weniger genau der Schelfkante (Rumohr und Ibbeken 1975): Das heißt, die Schuttproduk-
tion der kalabrischen Flüsse ist offensichtlich so groß, daß
das Material nicht vor den Flußmündungen gespeichert werden
kann, sondern den Schelf bei seinem Weg in tiefere Meeresteile
in submarine Canyons zerschneidet. Der Vergleich unserer Echo-
graphenkartierung der submarinen Morphologie mit 100 Jahre
alten italienischen Unterlagen zeigt, daß in den Canyonköpfen
in diesem Zeitraum Einzelbereiche bis zu 50 m tief erodiert

wurden. An der Schelfkante treten amphitheaterförmige Abriß-
nischen mit Tiefen bis zu 200 m auf. Derartige Abrißformen an
Schelfkante und Hang sind allerdings weltweit bekannt.

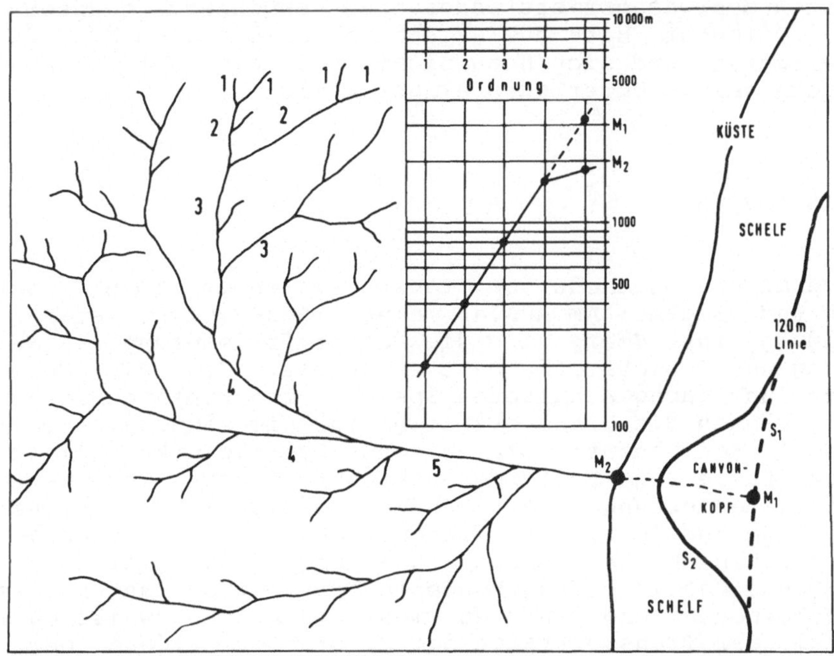

<u>Abb. 2.</u> Schematische und maßstabsfreie Skizze eines gekappten
kalabrischen Flußsystems. Der Fluß zeigt eine normale Regression der Segmentlängen über die einzelnen Ordnungen mit Ausnah-
me des zu kurzen Mündungslaufs (heutige Mündung: M). Die Extrapolation des geradlinigen Teils der Regressionsgeraden signali-
siert eine ehemals distalere Mündungslage für M, die möglicherweise mit der Schelfkante S eines glazialen Tiefwasserstandes
vor Anlage des Canyonkopfes übereinstimmt. S ist die heutige
Schelfkante (120 m-Linie).

Eine Information über diese erhebliche submarine Erosion ist
nun seltsamerweise auch in den kalabrischen Flußnetzen gespeichert. Ein Flußnetz läßt sich klassifizieren (Strahler 1964),
indem seine äußersten Verästelungen, die ersten feinen Rinnsale, als Segmente 1. Ordnung angesehen werden. Der Zusammen-
fluß zweier Rinnsale 1. Ordnung ergibt ein Segment 2. Ordnung
und so fort (Abb. 2). Es ist logisch, daß Segmente höherer Ordnung länger sind als solche niederer Ordnung. Die Erfahrung
lehrt nun, daß bei einem reifen Flußnetz Segmente einer Ordnung im Mittel doppelt so lang sind wie die der nächstniederen
Ordnung, insgesamt also eine logarithmische Regression bilden.
Das ist auch in Kalabrien so, aber der Hauptlauf, das Segment
höchster Ordnung, ist bei manchen Flüssen zu kurz, der oberste
Teil der Regressionsgeraden knickt ab (Abb. 2). Verlängert man
jedoch den Hauptstamm der Regressionsgeraden, dann läßt sich
ablesen, wie lang der Haupt- oder Mündungslauf sein sollte,
sprich: wo die Mündung eigentlich liegen müßte. Bei zwei großen kalabrischen Flüssen liegt diese fiktive Mündung genau

dort, wo die Schelfkante verliefe, wäre sie nicht durch die
Erosion der Canyonköpfe landwärts verlegt worden. Das ist
dort, wo die Schelfkante vor etwa 20 000 Jahren wegen des eiszeitlichen Meerwassertiefstandes noch exponiert gewesen sein
dürfte. Offenbar hat das Flußnetz seine alte Mündung noch
nicht vergessen und sich noch nicht auf die Verkürzung oder
Verjüngung seines Unterlaufs eingestellt.

DIE TRANSPORTRATE

Die dynamische Methode der Transportratenbestimmung erscheint
einfach und elegant: Am Auslaß eines Reservoirs, etwa einer
Flußmündung ins Meer, wird die Feststofflieferung aus Wasser-
schüttung und Schwebstoffgehalt ermittelt. Ist die Geometrie
der vor- und nachgeschalteten Spender- und Empfängerreservoire
bekannt, können die Transportraten in die äquivalenten Ero-
sions- und Sedimentationsraten jener Systeme umkalkuliert werden. Eine Fülle von Faktoren schränkt jedoch den Wert von
Transportratenmessungen ein: unregelmäßige Schwebstoffvertei-
lung in Raum und Zeit, im Flußquerschnitt, bei Hochwässern,
bei täglichen und saisonalen Schwankungen, dann der schwer ab-
zuschätzende Anteil bodengebundenen Transports, unterschiedliche Meßmethoden und anderes mehr. Schätzungsweise darf die
Datenbasis der Transportraten der 21 größten Flüsse der Welt
nur bei einem Drittel dieser Flüsse als gut bezeichnet werden,
der Rest ist ausreichend bis inadäquat (Milliman und Meade
1983).

Abbildung 3 zeigt den jährlichen Abfluß der 21 größten Flüsse
der Welt gegen ihre jährliche Sedimentabgabe, die Transportrate (Milliman und Meade 1983). Die ziemlich leistungsgleichen
Giganten Amazonas, Ganges/Brahmaputra und Gelber (!) Fluß
schöpfen ihre Transportraten aus ganz unterschiedlichen Quellen: der Amazonas aus seinem stupenden Abfluß bei relativ geringer Schwebfracht; der Ganges aus dem Superrelief des Himalaya bei bereits um eine Magnitude geringerem Abfluß; und der
Gelbe Fluß aus den leicht erodierbaren Lößgebieten Chinas,
sein Abfluß ist wiederum um eine Magnitude kleiner. Auch bei
diesen Differenzierungen spielt die Plattentektonik eine mit-
entscheidende Rolle.

So stehen hinsichtlich der Größe ihrer Einzugsgebiete die amerikanischen Flüsse Amazonas und Mississippi an erster und drit-
ter Stelle der Weltrangliste, die afrikanischen Flüsse Zaire
und Nil an zweiter und vierter. Diese Gruppe bildet also insgesamt das Spitzenquartett (Inman und Nordström 1971). Ganz anders sieht die Gruppierung bei der Sedimentfracht aus: Zwar
liegen die beiden amerikanischen Flüsse mit Platz 3 und 6 ebenfalls weit vorn, die beiden afrikanischen schaffen jedoch nur
Platz 21 und 15. Die so unterschiedliche Leistung bei ver-
gleichbarer Größe gründet nicht zuletzt in der plattentektonischen Situation: Die pazifischen, aktiven Plattenränder der
beiden Amerikas richteten den Kontinent zu Pultflächen mit
intensiver Frachtproduktion zu den atlantischen - passiven -

Plattenrändern hin, auf. Afrika dagegen, fast ausschließlich von passiven Plattenrändern umgeben, kann aus seinem relativ geringen Relief heraus keine vergleichbaren Transportraten ermöglichen. Die Frachtposition des Nil bezieht sich natürlich auf die Zeit vor Errichtung des Assuan-Staudammes.

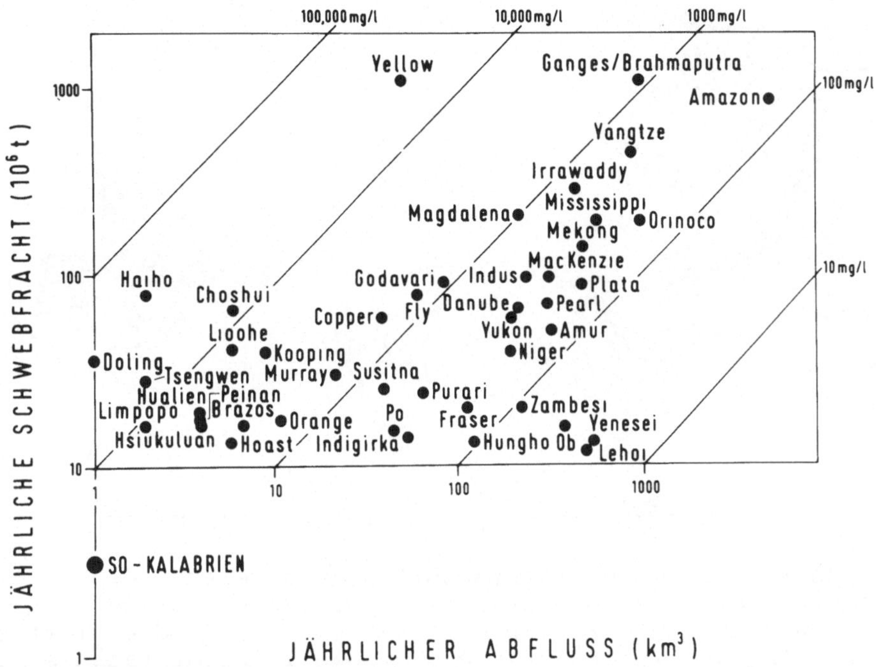

<u>Abb. 3.</u> Jährliche Schüttung und Schwebstofffracht der größeren Flüsse der Welt sowie die Schwebstoffkonzentration in mg/l. Aus: Milliman und Meade 1983. Die Leistung des zusammengefaßten kalabrischen Gesamtgebirges wurde zum Vergleich hinzugefügt.

Die bemerkenswerten Unterschiede in den Transportraten der großen Flüsse der Welt zeigt Abb. 4. Schwerpunkte sind Amerika, der mediterrane Gebirgsgürtel und besonders Südostasien. Alle Flüsse der Welt geben etwa 13,5 x 10⁹ t Schwebstoff pro Jahr in die Ozeane, 1-2 x 10⁹ t Bodenfracht mögen dazukommen (Milliman und Meade 1983). Das Erstaunliche ist, daß 70 % dieser Massen im südostasiatischen Raum erzeugt werden, wo aktive Tektonik, lebhafter Vulkanismus, extremes Relief, schwere Regenfälle und nicht zuletzt intensive menschliche Aktivitäten zu den höchsten Erosions- und Transportraten der Welt führen.

Die Zahlen über dieses weltweite Budget dürfen jedoch nicht darüber hinwegtäuschen, daß sie zwei wesentliche Faktoren nicht oder nur schätzungsweise berücksichtigen: die Leistungen kleinerer Flüsse und die Bodenfracht, also Grobsand und Geröll, die nicht schwebend transportiert werden können. Die Größen der Einzugsgebiete und die Erosionsraten sind einander umgekehrt proportional. Die Statistik zeigt, daß unter den Großflüssen der Erde Flüsse mit zehnfach kleineren Einzugsgebieten siebenmal höhere Erosionsraten aufweisen. Kleinere Flüsse verfügen auch meist über keine potenten Zwischenreservoire, etwa ausgedehnte Küstenebenen, sondern müssen ihr Material direkt in die Ozeane abführen.

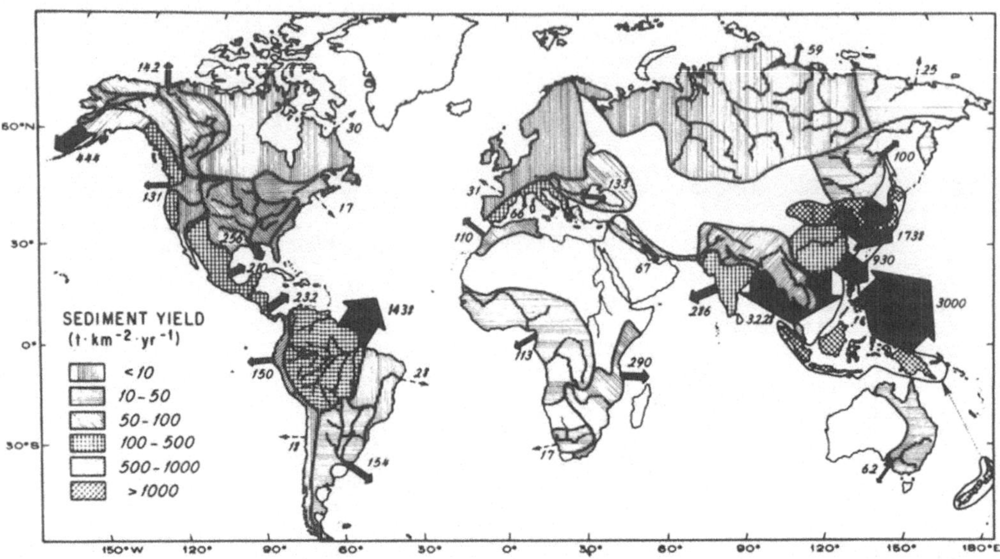

Abb. 4. Jährliche Schwebfrachtschüttung von verschiedenen Einzugsgebieten der Welt. Die Breite der Pfeile entspricht der relativen Schüttung. Die Zahlen beziehen sich auf die mittlere jährliche Abgabe in 10^6 t. Die über die Transportraten ermittelten Erosionsraten (sediment yield) sowie die größeren Flüsse der verschiedenen Becken sind ebenfalls angegeben. Bereiche ohne Signatur liefern praktisch keine Flußfracht in die Ozeane. Aus: Milliman und Meade 1983.

Vor diesem Hintergrund sind die kalabrischen Verhältnisse interessant. Unser 2000 km großes Untersuchungsgebiet der ionischen Flanke des südlichen kalabrischen Massivs wird von 20 "kleineren" Flüssen mit im Mittel 80 km großen Einzugsgebieten entwässert (vgl. Abb. 1). Die maximal 25 km langen Flüsse führen nur im Winter durchgehend Wasser und kommen etwa viermal im Jahrhundert mit katastrophalen Hochwässern ab. Schon bei kleineren Winterhochwässern können sie Sedimentkonzentrationen von 30 g pro Liter erreichen, tun es dann ganz kurzfristig dem Gelben Fluß gleich. Kalkuliert man die extrem diskontinuierliche Sedimentproduktion dieses Systems in ein langfristiges Mittel um und faßt das ionische Südkalabrien als eine Punktquelle für das westliche Ionische Meer auf, dann ergibt sich die in Abb. 3 eingefügte Position, womit auch das kleine Kalabrien als respektabler Sedimentspender ausgewiesen ist. Dies gilt auch für die erdgeschichtliche Vergangenheit Kalabriens, weil hier die Kruste stellenweise bis zu 25 km tief abgetragen wurde (Ergenzinger et al. 1978). Die Abflußcharakteristik sehr großer und sehr kleiner Flüsse ist recht unterschiedlich. Der kalabrische Normal-Abfluß leistet praktisch keinen Schwebstofftransport, vom bodengebundenen Transport gröberen Materials

122

ganz zu schweigen. Die Potenz der kalabrischen Spender ist auf
die eigentlichen Hochwässer begrenzt. Rechnet man die eingangs
erläuterte langfristige Erosionsrate von 0,2 mm/Jahr mit den
bekannten hydrologischen Parametern und Beckengrößen um, dann
reichen die Transportraten eines nur 19-stündigen, ganz normalen Hochwassers aus, um das Jahressoll einer 0,2 mm-Erosion
vom Massiv ins Ionische Meer zu tragen.

Die raumzeitliche Differenzierung von Transportraten, global
und lokal, legt natürlich die Frage nahe, ob die heutigen Werte auch für die Vergangenheit gelten können. Nur in Ausnahmefällen liegen längerfristige Messungen vor. Die ältesten reichen höchstens 100 Jahre zurück. Geologisch ist das praktisch
gleich Null. Hier hilft nur eine dritte Methode, die Auswertung der Sedimentationsraten, weiter.

DIE SEDIMENTATIONSRATE

Die Messung der Sedimentationsrate ist die eigentliche geologische Methode. Mit der Erosionsratenmethode hat sie gemein, daß
sie statisch und langfristig (historisch) ist, im Gegensatz
zur dynamischen und kurzfristigen Transportratenmethode. Ge-

Abb. 5. Frana di Costantino. An der Jahreswende 1972/73 blok-
kierte ein Erdrutsch von $18,5 \times 10^6$ m³ den Oberlauf des Fiumara
Buonamico und staute einen See auf, der als Sedimentfalle für
das Resteinzugsgebiet diente und eine Quantifizierung der Ero-
sions-, Transport- und Sedimentationsraten ermöglichte (Ergenzinger et al. 1978). Die Wasseraustritte liefen erst auf halber Dammhöhe, weil das Reervoir noch nicht vollständig aufgefüllt ist. Etwa 14 Tage später floß der See über und der Damm
brach. Foto: Mario Stranges.

messen wird die Menge oder Mächtigkeit des Sediments, das sich
in einem Reservoir pro Zeiteinheit ablagert. Voraussetzung dafür sind Zeitmarken im Sediment, relative Marken wie Fossilien
oder absolute wie radioaktive Zerfallsprodukte.

In Kalabrien wollte es der freundliche Zufall, daß Geomorpholo-
gen den Hauptfluß des Buonamico-Systems im Herbst 1972 geodä-
tisch aufmaßen und drei Monate später ein gewaltiger Erdrutsch
den Fluß zu einem See aufstaute, der nun vom dahinterliegenden
Resteinzugsgebiet schrittweise aufgefüllt wurde (Abb. 5, 6).
Während eines Winters gelangten beispielsweise 40.000 t Schot-
ter und Sand in diese Sedimentfalle, 4000 t feines Material
verblieben am Seeboden und nur 2000 t verließen den See wieder
an seinem Ausfluß (Ergenzinger et al. 1978). Ein geometrisch
definiertes Zwischenreservoir wurde also innerhalb gegebener
Zeitmarken mit kalkulierbaren Sedimentmassen gefüllt (Sedimentationsrate), die Extrapolation dieser Werte unter Berücksichtigung der Rekurrenzintervalle derartiger Ereignisse ergab
eine Erosionsrate von 0,5 mm/Jahr. Das liegt deutlich über den
aus den Talvolumina errechneten Werten und weist auf eine verstärkte aktuelle Erosion. Dies deckt sich mit unseren Erfahrungen im Canyonkopf des Buonamico, wo neben der beschriebenen
Erosion stellenweise auch Akkumulationen bis zu 20 m in den
letzten 100 Jahren festgestellt wurden.

<u>Abb. 6.</u> Frana di Costantino, Januar 1977, 4 Jahre später. In
den natürlichen Staudamm ist ein tiefes Tal eingeschnitten,
der Restsee wurde schon weitgehend mit Sedimenten aufgefüllt.
Der jährlich gemessene Vorschub der Deltafront erlaubt die
Extrapolation, daß der See etwa 1995 sedimentgefüllt und damit
verschwunden sein wird. Foto: Verfasser.

Von der Provinzbühne zum Welttheater. Der größte Sedimentkörper der Erde, der derzeit von einem Flußsystem geschüttet
wird, ist der Ganges-Fächer im nordöstlichen Indischen Ozean
(Abb. 7). Das Material wird von Ganges und Brahmaputra gelie-

124

fert und die submarine Verteilung von "turbidity currents" geleistet. Das sind lawinenartige Dichteströme, die durch ein
System von submarinen Kanälen fließen, "huge expressways", mit
Breiten bis 30 km und Reichweiten bis 180 km. Der Ganges-Fächer ist 3000 km lang, 1000 km breit und bis über 12 km mächtig. Innerhalb des Systems wurden mit seismischen Methoden mehrere Diskordanzen festgestellt (Currey und Moore 1971), in denen sich die tektonischen Bewegungen des Himalaya beziehungsweise des indischen Subkontinents vor und nach der Kollision
mit der asiatischen Platte widerspiegeln. Die Erosionsrate des
Himalaya, aus den Sedimentationsraten des Ganges-Fächers gerechnet, beträgt 0,3 mm/Jahr, aus den Transportraten des heutigen Ganges/Brahmaputra gerechnet sind es 0,7 mm/Jahr.

Abb. 7. Ganges- und Indusfächer. Die beiden Systeme sind zusammen mehr als doppelt so groß wie der indische Subkontinent und
stellen die Masse des aus dem Himalaya erodierten Materials
dar. Aus: Fairbridge (1966).

In Sedimenten sind aber nicht nur Abläufe erdgeschichtlicher
Dimension gespeichert, sondern auch sehr viel kurzfristigere
Vorgänge, wie schon das kalabrische Beispiel zeigte. Eines der
wichtigsten geologischen Signale der Jetztzeit stammt eben-
falls aus den Sedimenten. Es ist die Erkenntnis, daß der
Mensch durch seine drastischen Eingriffe in die natürlichen
Vegetationsverhältnisse und damit den Bodenschutz praktisch

weltweit einen wirklich gewaltigen und noch immer andauernden Bodenverlust provoziert. Anhand der Sedimentationsraten des Frains Lake in Michigan (USA) ließ sich demonstrieren (Davis 1976), daß die Landerosion ab 1830 mit Einsetzen der Besiedelung um den Faktor 70 anstieg, um sich nach 1900 auf das etwa 10-fache der Vor-Siedlerzeit einzupendeln. Den geradezu atemberaubenden Anstieg der Erosion in fast allen Teilen der Welt dokumentieren folgende Zunahme-Faktoren (Walling und Webb 1983): Rajasthan/Indien - durch Überweiden - 4-18; Texas/USA - durch Rodung und Kultivation - 340; Südbrasilien - durch Rodung und Kultivation - 4500; Westland/New Zealand - durch Rodung - 8. Dem wird heute in vielen Ländern schon wirkungsvoll begegnet, in anderen, besonders den Entwicklungsländern, kaum.

Den hohen Transportraten menschlich beeinflußter Flüsse steht ein ebenfalls menschgemachtes Element weltweit entgegen, das sind die Staudämme mit künstlichen Reservoiren. Der Bodenabtrag wird dadurch allerdings nicht verhindert, sondern nur der endgültige Verlust ins Meer aufgehalten. Der Bodenverlust in den USA wird auf 5×10^9 t pro Jahr geschätzt (Holeman 1968), wovon nur $0,4 \times 10^9$ t pro Jahr ins Meer gelangen. Seit mit dem Assuan-Staudamm die jährlichen Nilüberschwemmungen sozusagen abgeschafft wurden, sind nicht nur die Ländereien des tieferen Nillaufs ihrer natürlichen Düngung beraubt, sondern auch das südöstliche Mittelmeer ist tiefgreifenden biologischen und sedimentologischen Änderungen ausgesetzt.

NEUE GEBIRGE UND EINE KURZE BILANZBETRACHTUNG

Im Zuge der Verfeinerung der plattentektonischen Theorie ist es nun möglich geworden, eine ganze Reihe von Reservoirtypen zu modellieren, die sich wohldefinierten plattentektonischen Positionen zuordnen lassen, beispielsweise Tiefseegräben, Riftzonen oder passive Schelfe. Der überwiegende Teil dieser Reservoire wird zu wiederum überwiegenden Anteilen von letzten Endes flußgeborenem Material gefüllt. Ein Vergleich der Sedimentationsraten dieser einzelnen Beckentypen sowohl in der geologischen Vergangenheit als auch in der Jetztzeit zeigt, daß plattentektonisch ähnlich positionierte Reservoire auch ähnliche Sedimentationsraten aufweisen (Schwab 1976). Die Raten differieren insgesamt über gut zwei Größenordnungen.

So bringt es beispielsweise die nordatlantische Tiefsee-Ebene auf eine Sedimentationsrate von nur 2 mm/1000 Jahre, die Riftzone des Roten Meeres schafft dagegen 200 mm in der gleichen Zeit. Diese hohen Raten in Riftzonen sind kein Wunder, denn wenn ein Kontinent aufreißt, können seine Verwitterungsprodukte auf kürzestem Wege in den sich öffnenden Graben gelangen. Ein passiver Kontinentalrand vom Atlantiktyp enthält jedoch so viele Zwischenreservoire als Filter, daß nur ein Bruchteil des verfügbaren terrigenen Materials in die Tiefsee gelangt. Nur 6 % der Flußfracht, die den Ozean erreicht, so wird geschätzt, kommt der Tiefsee zugute. Die Hauptmasse wird auf Schelf und Kontinentalhang sedimentiert, umsäumt also die Kontinente und bildet, im Wortsinn, den Grundstein zu neuen, kontinentbegleitenden Gebirgen. Die Entstehung der Appalachen mag als Beispiel für eine Gebirgsbildung dieses Typs stehen. Vor über 600 Millionen Jahren öffnete sich der Protoatlantik mit intensiver Riftsedimentation ozeanwärts. Nach Umkehrung des Vorgangs vor etwa 500 Millionen Jahren und Schließung des Protoatlantiks wurden die Sedimentkörper komprimiert, um ozeanische Sedimentanteile erweitert, metamorphisiert, verfaltet und zu den alten Appalachen verschweißt. Mit der Öffnung des Atlantiks im Mesozoikum bahnte sich die Wiederholung dieses Vorgangs im Sinne des Wilson-Zyklus mit neuen Sedimentanhäufungen als Stoff für neue Gebirge der Zukunft an.

Diese sehr vereinfachte Darstellung legt nun die Vermutung nahe, endogener und exogener Kreislauf seien ein konsistentes System dergestalt, daß jede Gesteinseinheit stets den vollen Zyklus durchläuft und keine kurzgeschlossenen Teilkreisläufe existierten. Davon kann nicht die Rede sein, wie die abschließende Betrachtung zeigen soll.

Auf der Erde gibt es $2,5 \times 10^{18}$ t Sediment (Blatt 1982). Sie setzen sich zusammen aus 65 % Tonsteinen, 20-25 % Sandsteinen und 10-15 % Kalken sowie 1 % Rest. Rechnet man mit einer mittleren Mächtigkeit der kontinentalen Kruste von 17 km, dann liegt der Sedimentanteil bei nur 4,8 %. Aber: Die Sedimente sind die Haut der Erde und bedecken 66 % der Kontinente. Schon daraus geht hervor, daß die Sedimente stärker am Kreislauf der Gesteine beteiligt sein müssen als es ihrem Volumen entspricht. Das Ungleichgewicht ist aber noch stärker, weil ein großer Teil der Metamorphite und Magmatite jenes nicht mit Sedimenten bedeckten Drittels der Kontinente auf den alten flachen Schilden liegt, Gebieten mit nur sehr geringer Erosion. Die Wahrscheinlichkeit, daß ein heute irgendwo gebildeter Sandstein direkt aus einem kristallinen, primären Spendergebiet stammt, wird daher nur mit 20 % eingeschätzt. Mit 80%iger Wahrscheinlichkeit handelt es sich also um ein umgearbeitetes, um ein aus einem Vorgängersediment entstandenes Sediment. Dazu paßt auch, daß die Mehrzahl der heutigen Sandsteine zu reif sind. Unter der Reifung von Sedimentmaterial wird die Zerkleinerung und Zurundung der Körner sowie die Ausmerzung von weniger resistentem Material während des Transports verstanden. Die Quarzkörner eines heutigen "normalen" Sandsteins - will sagen: normale Granitverwitterung, normaler Flußtransport, normale marine Endlagerung - müßten sehr viel gröber und eckiger sein, als es bei den meisten Sandsteinen gefunden wird. Sie sind dort so feinkörnig und abgerundet, wie das beim mittleren statistischen Einzeldurchlauf durch die Oberflächensysteme der Erde nicht bewerkstelligt werden könnte. Ganz offensichtlich ist der exogene Kreislauf der Gesteine überwiegend kurzgeschlossen, die Sedimente erscheinen hochgradig aufgearbeitet ("recycled").

LITERATUR

Blatt H (1982) Sedimentary Petrology. 564 S, Freeman, San
    Francisco
Curray J, Mocre D (1971) Growth of the Bengal-deep sea fan and
    denudation in the Himalayas. Geol Soc of Amer Bull 82: 563-
    572
Davis MB (1976) Erosion rates and land use history in Southern
    Michigan. Environmental Conservation 3: 139-148
Engelhardt W v (1982) Neptunismus und Plutonismus. Fortschr
    Miner 60: 21-43
Ergenzinger P, Görler K, Ibbeken H, Obenauf P, Rumohr J (1978)
    Calabrian Arc and Ionian Sea: Vertical movements, erosional
    and sedimentary balance. In: Closs H, Roeder D, Schmidt K
    (Ed) Alps, Apennines, Hellenides. Inter-Union Comm Geodyn
    Sci Rep 38: 359-373, Schweizerbart Stuttgart
Fairbridge RW (Ed) (1966) The Encyclopedia of Oceanography.
    Fig. 1 p 870, Reinhold Publ Corp New York
Holeman J (1968) The sediment yield of major rivers of the
    world. Water Resources Research 4: 738-747
Inman DL, Nordström CE (1971) On the tectonic and morphologic
    classification of coasts. Journ of Geol 79: 1-21
Milliman J, Meade R (1983) World-wide delivery of river sedi-
    ment to the oceans. Journ of Geol 91: 1-21
Ollier CD, Brown MJF (1971) Erosion of a young volcano in New
    Guinea. Zeitschr f Geomorph NF 15 1: 12-30
Rumohr J, Ibbeken H (1975) Submarine morphology off southeast-
    ern Calabria, Italy (Ionian Sea). Rapp Comm int Mer Medit 4a
    23: 245-246
Schwab FL (1976) Modern and ancient sedimentary basins: Compa-
    rative accumulation rates. Geology 4: 723-727
Strahler AN (1964) Quantitative geomorphology of drainage
    basins and channel networks. 39-76. In: Ven Te Chow (Ed)
    Handbook of Applied Hydrology. Mc Graw Hill, New York.
Walling DE, Webb BW (1983) Patterns of sediment yield. In:
    Gregory KJ (Ed) Background to Palaeohydrology: 69-100, Wiley
    London

Folgen des CO_2-Anstiegs in der Luft

EGON T. DEGENS

DER CO_2-ANSTIEG - EIN ALTES PROBLEM

Kohlendioxid, in der Kürzelschrift der Chemie CO_2, ist ein farbloses, geruchloses, geschmackloses und ungiftiges Gas. In unserer Luft macht CO_2 z. Z. einen Anteil von rund 0.034 Volumen-Prozent aus (= 340 ppm = parts per million). Es ist das Grundmolekül unseres Lebens, denn es läßt sich mit Hilfe der Sonnenenergie und der Pflanzen über die Photosynthese in alle kohlenstoffhaltigen Biomoleküle überführen. Neben seinen chemischen hat dieses Molekül auch physikalische Eigenschaften. In der Atmosphäre steuert CO_2 zum Glashauseffekt bei, weil es in Wellenlängen zwischen 14 und 16 μm stark absorbiert, wodurch ein Teil der terrestrischen Ausstrahlung energetisch in der Atmosphäre verbleibt und damit zu einer Erwärmung der Luft führt. Man kann vereinfacht sagen, daß ohne CO_2 und ein anderes, ebenfalls klimawirksames, atmosphärisches Molekül - H_2O oder Wasserdampf - die Erde rund 30°C kälter wäre. Tyndall hat bereits 1863 auf den "Glashauseffekt" des Wasserdampfes hingewiesen. Arrhenius berechnete im Jahre 1897 für eine Verdoppelung des CO_2 in der Luft eine globale Erwärmung um 6°C. Chamberlain (1899) suchte in atmosphärischen CO_2-Schwankungen die Ursachen für Eiszeiten und Warmzeiten. Auf adverse Klimaeffekte durch die Verbrennung von Kohle, Erdöl und Erdgas machten in den Jahren 1938 Callendar und 1941 Flohn aufmerksam.

Kurz gesagt: Das CO_2-Problem ist schon recht lange bekannt, doch seine Breitenwirkung in Richtung Politik, Wirtschaft und Öffentlichkeit besitzt es erst seit rund zehn Jahren.

Anstoß für die erneute Betrachtung des CO_2-Problemkreises Anfang der siebziger Jahre bildeten die Langzeitkurven für den atmosphärischen CO_2-Gehalt. Nach einer Meßreihe auf Hawaii, die seit 1958 bis heute vorliegt, stieg der CO_2-Gehalt der Luft von 315 auf 340 ppm (Abb. 1 und 2). Zunächst glaubte man, daß die Zunahme ausschließlich durch die Verbrennung von Kohle und Erdöl verursacht werde. Mitte der siebziger Jahre wurde als weiterer, nicht unerheblicher Verursacher die Abholzung tropischer Wälder erkannt.

Fazit: Rund 7 Milliarden Tonnen Kohlenstoff in Form von CO_2 werden aus diesen beiden Quellen in die Atmosphäre geschleust. Davon verbleibt etwa ein Drittel in der Luft, das den beobachteten Anstieg verursacht. Der Rest geht in andere Senken, z. B. den Ozean oder die Pflanzendecke.

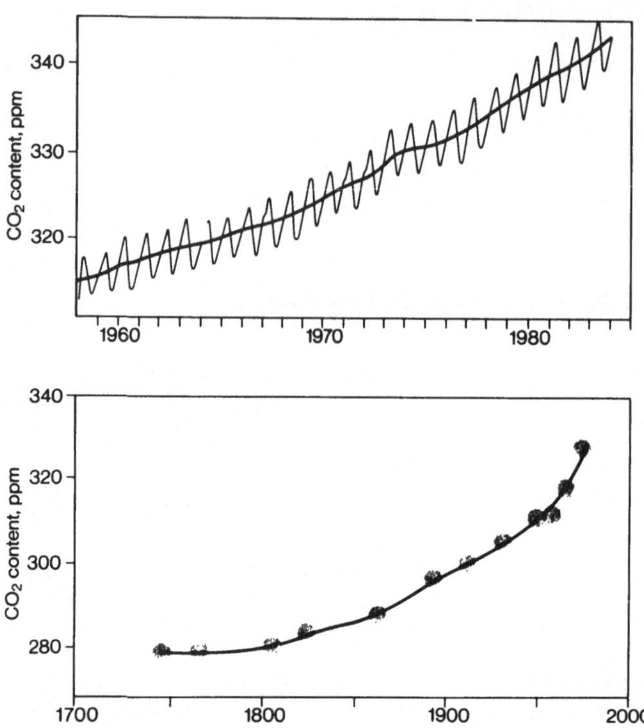

Abb. 1. Konzentration des atmosphärischen CO_2 auf Mauna Loa, Hawaii (oben) (nach Bacastov und Keeling 1981; ergänzt durch neuere Daten). Atmosphärische CO_2-Konzentrationen gemessen in Eiskernen der letzten 200 Jahre (unten) (nach Neftel et al. 1985).

Nun, ein Anstieg von 1 - 2 ppm pro Jahr kann in einem vorhersehbaren Zeitraum zu einer Verdoppelung des atmosphärischen CO_2 führen. Modellberechnungen zeigen, daß bei einer Verdoppelung eine globale Erwärmung von 1.5 - 3.5 K auftritt, wobei man in den polaren Regionen mit einer Temperaturerhöhung von 7 - 8 K rechnen darf. Für die Stratosphäre würde sich das genau Umgekehrte ergeben, also geringe Abkühlung in den polaren und eine erhebliche Abkühlung in den tropischen Regionen.

ZU LÖSENDE DETAILFRAGEN

Eine Serie von Fragen drängt sich zunächst auf:

(i)   Seit wann steigt der CO_2-Gehalt in der Atmosphäre?
(ii) Ist der CO_2-Gehalt über geologische Zeiten konstant, oder verändert er sich?
(iii) Warum bleibt nur ein Drittel des anthropogen emittierten CO_2 in der Luft?
(iv) Wo liegen die Senken für die restlichen zwei Drittel?

(v)   Sind die zunächst unbekannten Senken auf die Dauer mit
        zusätzlichem CO_2 belastbar?

Damit ist unsere Marschroute festgelegt: CO_2 muß in den globalen Kohlenstoffkreislauf eingebettet werden. Erst so ergibt
sich ein Verständnis seines Umweltverhaltens und die Möglichkeit, Folgen für das globale Klima der nächsten hundert Jahre
abzuschätzen.

Der Anstieg heute

Es gilt als gesichert, daß der derzeit beobachtete Anstieg
durch menschliche Tätigkeit ausgelöst wird. Berechnungen aufgrund von Baumringanalysen ergeben einen vorindustriellen Wert
für CO_2 in der Luft zwischen 260 und 296 ppm. Durch Untersuchungen einer schweizer Gruppe (Neftel et al. 1985), konnte
gezeigt werden, daß bei der Bildung von Eis Luft eingeschlossen wird, und eine systematische Untersuchung von Eiskernen
der letzten rund 200 Jahre hat ergeben, daß zu Zeiten etwa
Friedrichs des Großen der CO_2-Gehalt in der Luft 275 ±10 ppm
betragen hat (Abb. 1).

Fazit: Durch menschliche Tätigkeit ist damit der CO_2-Gehalt in
der Luft seit Anfang des 19. Jahrhunderts um rund 70 ppm angestiegen.

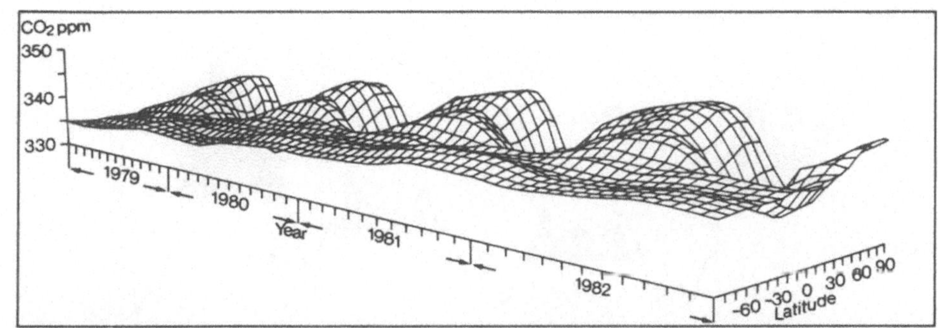

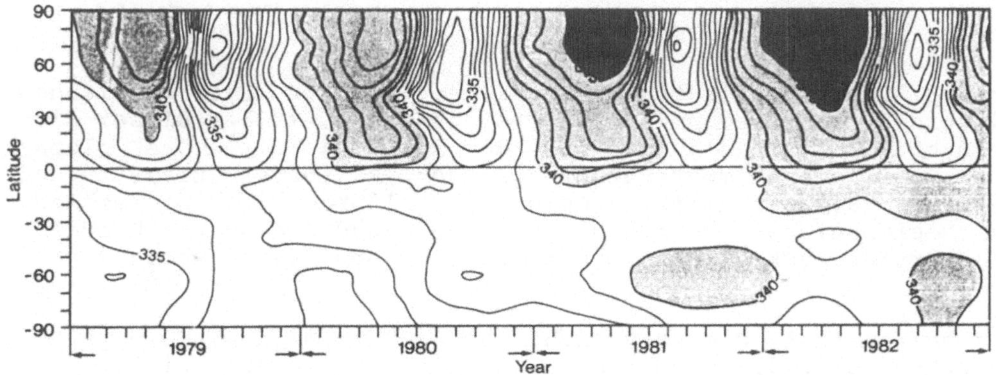

<u>Abb. 2.</u> Verteilung der CO_2-Konzentration in Abhängigkeit von
Länge und Breite (nach Komhyr et al. 1985).

Veränderungen während der Erdgeschichte

Sowjetische und französische Wissenschaftler haben kürzlich
einen 2.1 km langen Eiskern in der Antarktis gezogen und das
Eis auf seine stabilen Sauerstoffisotopenverhältnisse untersucht (Abb. 3; Lorius et al. 1985). Dieser Kern hat in seiner
Basis ein Alter von 150 000 Jahren, und die stabilen Sauerstoffisotopen zeigen die Temperaturentwicklung über einen Zeitraum von 150 000 Jahren. Der Kern beginnt also am Ende der
Saale-Eiszeit, erreicht bei -125 000 Jahren das klimatische
Optimum der Eem-Warmzeit, um bei -18 000 Jahren in das Minimum
der Weichsel-Eiszeit abzusinken. Zum Verständnis sei nur so-
viel gesagt, daß der aus Isotopenkurven abgeleitete Temperaturverlauf über Warm- und Eiszeiten hinweg maximale Schwankungen
der globalen Temperaturen von 10 K anzeigt. Anders ausgedrückt: Im klimatischen Minimum der Eiszeit war es 10 K kälter
als heute. Aus der Abb. 3 ist aber gleichfalls ersichtlich,
daß die Luft, die in diesem Eiskern eingebettet ist, CO_2-
Schwankungen aufweist, die mit dem Temperaturverlauf weitgehend korreliert sind, und zwar 150 ppm zum Minimum und rund
300 ppm zum klimatischen Optimum (Lorius, pers. Mitt.).

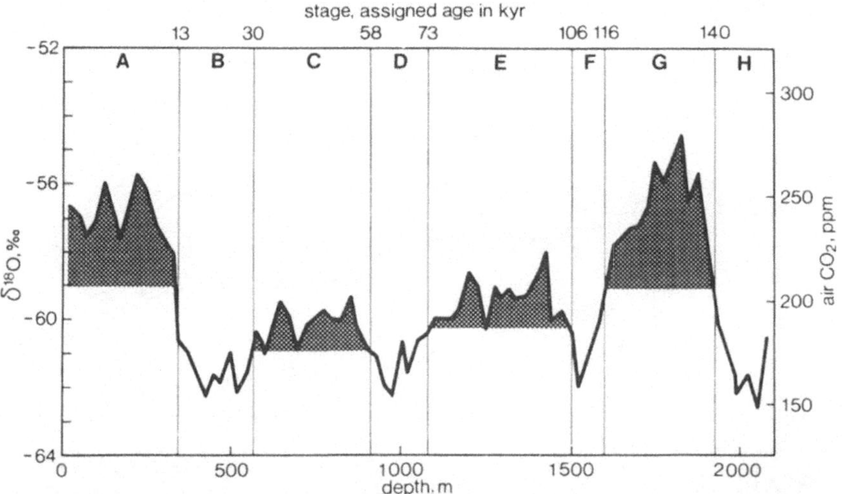

<u>Abb. 3.</u> Sauerstoffisotopenverteilung, $\delta^{18}O$, in 2,1 km langen
Eiskernen aus der Antarktis (Lorius et al. 1985). Dieser Eiskern bringt uns bis an das Ende der Saale-Eiszeit. Die globalen Oberflächentemperaturen zwischen kältester Eiszeit und
wärmster Warmzeit differieren um rund 10 K, die Unterschiede
im Meeresspiegel betragen ca. 100 m und die Unterschiede im
CO_2-Partialdruck der Atmosphäre 150-300 ppm. kyr: Jahrtausend.

Wir halten fest: Die natürlichen Schwankungen des CO_2-Systems
zwischen Glazial- und Interglazialzeit liegen bei 150 ppm.
Vollständigkeitshalber sei hier erwähnt, daß unsere Untersuchungen für die gesamte geologische Zeit, also rund 4 Milliarden Jahre, CO_2-Schwankungen vermuten lassen, die im Bereich
zwischen 350 ±200 ppm gelegen haben, also einem Höchstwert,

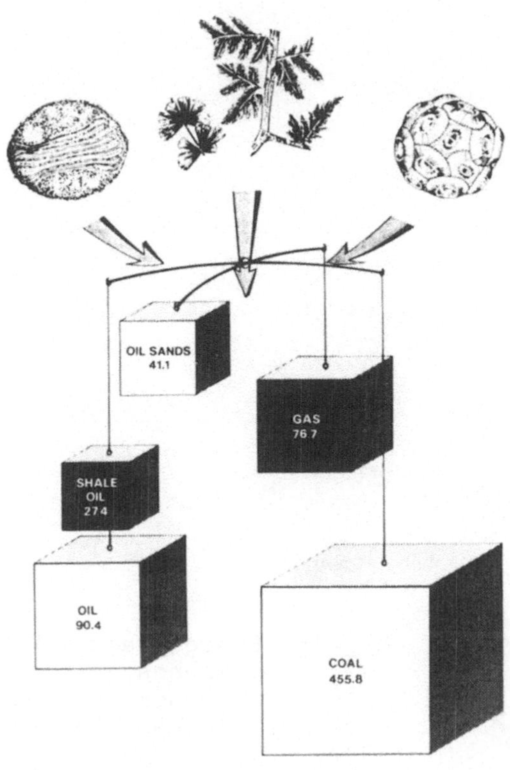

Abb. 4a. Emissionen im Jahre 1981 und genutzte Energieresourcen im Verhältnis zu Öläquivalenten in Millionen Tonnen Öl pro Jahr (Degens et al. 1984).

der etwa einer Verdoppelung des heutigen CO_2-Spiegels entspräche (Kempe und Degens 1985).

Nach diesem Exkurs in die Vergangenheit nun zur Gegenwart: Der heutige CO_2-Ausstoß durch die Verbrennung von Erdöl, Kohle und Gas beträgt rund 5 Gigatonnen, und die Einzelquellen sind in Abb. 4 dargestellt. Die Gesamtreserven an fossilen Brennstoffen reichen beim heutigen Verbrauch für Öl 30 Jahre, für Gas 50 Jahre und für Kohle rund 250 Jahre.

Verbleib des CO_2

Da nur rund 2,5 Gigatonnen Kohlenstoff pro Jahr als CO_2 in der Atmosphäre verbleiben, muß der Rest von rund 4 Gigatonnen eine oder mehrere andere Senken finden (Abb. 5). Die Frage nach diesen Senken hat die Wissenschaftler seit einigen Jahren stark beschäftigt. Die einen suchten sie im Ozean, die anderen auf dem Lande, während eine dritte Gruppe eine Serie kleiner Senken vorschlug. Es würde hier zu weit führen, dieser Frage im einzelnen nachzugehen. Es scheint jedoch so zu sein, daß letztendlich der Ozean die Senke für den CO_2-Ausstoß menschlicher Gesellschaften ist und daß hier vor allen Dingen die Tätigkeit planktonischer Organismen von Bedeutung ist. Zur Verdeutlichung ein Beispiel: Während eine Landpflanze bei der Photosyn-

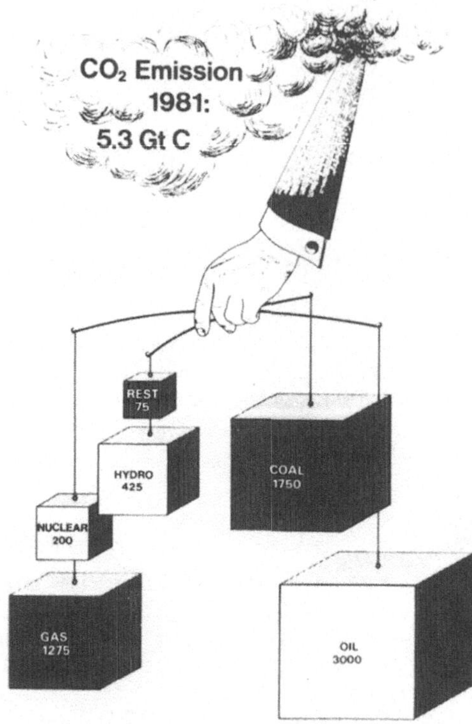

Abb. 4b. Energieresourcen fossiler Brennstoffe in Milliarden Tonnen Öläquivalenten (Degens et al. 1984).

synthese CO_2 aus der Atmosphäre aufnimmt, gibt sie den weitaus größten Teil über die Respiration an die Luft zurück. Die jahreszeitlichen Schwankungen in der Mauna Loa-Kurve (vgl.Abb. 1) sind Ergebnis dieser pflanzlichen Tätigkeit. Das Phytoplankton im Ozean nimmt CO_2 aus der Wassersäule auf. Da aber ein nicht unerheblicher Anteil des so gewonnenen organischen Kohlenstoffes in größere Wassertiefen absinken kann und dort entweder biologisch oder abiotisch respiriert, erfolgt ein Teil der Respiration an Stellen, wo ein CO_2-ungesättigter Ozean vorliegt. So besitzen wir hier eine Art von biologischer CO_2- Pumpe. Das von ihr der Wassersäule der ozeanischen Deckschicht entzogene CO_2 wird zum Ausgleich von der Atmosphäre nachgeliefert.

Die Primärproduktion im Ozean wird im wesentlichen geregelt durch Lichtzufuhr und Nährstoffe wie Nitrat, Phosphat, Silikat und andere. Somit wird die biologische Pumpe durch das Angebot dieser Mineralstoffe gesteuert, und die Höhe des Angebotes richtet sich nach Art und Ausmaß physikalischer Strömungen. Daneben treten noch andere Rückkoppelungsmechanismen ein, wie die Höhe der Remineralisation in der Wassersäule sowie Düngungseffekte aus dem Fluß- und Ästuarbereich. Auch hier greift der Mensch maßgeblich ein, vor allen Dingen durch die Überdüngung der Böden mit Stickstoff, von dem ein großer Teil in Flüsse, Seen und Ozeane abfließt und die Primärproduktion anheizt. Wir glauben, daß ohne diese Tätigkeit der Anteil des CO_2, der in der Luft verbleibt, noch höher wäre als er bereits ist.

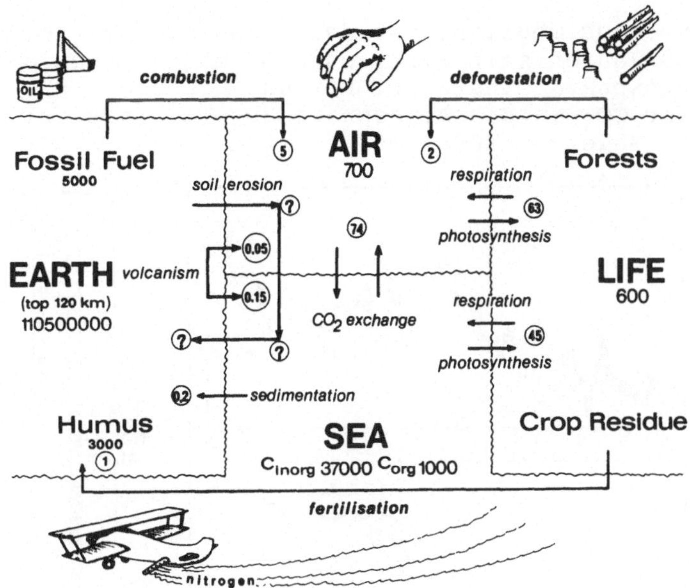

Abb. 5. Globaler Kohlenstoffkreislauf im System Erde - Luft - Leben - Wasser. Angegeben ist das Kohlenstoffreservoir in Milliarden Tonnen Kohlenstoff (in Form von CO_2). Die eingekreisten Zahlen geben die Umsetzungen pro Jahr an CO_2 in Milliarden Tonnen Kohlenstoff an (Degens et al. 1984).

Die CO_2-Belastbarkeit des Ozeans

Es liegt der Verdacht nahe, daß die Ozeane nicht auf Dauer mit anthropogenem CO_2 belastbar sind. Die obersten 200 m Ozeanwasser werden Molekül für Molekül in einem Zeitraum von 50 Jahren global umgesetzt, während der Gesamtumsatz des Ozeans, also einschließlich des tiefen Wassers, bei ca. 500 Jahren liegt. Die aufgrund theoretischer Überlegungen zu erwartende Temperaturerhöhung für den bereits erfolgten CO_2-Anstieg in der Atmosphäre sollte bei 0.5 K liegen. Die tatsächlich beobachteten globalen Temeraturerhöhungen seit Anfang dieses Jahrhunderts entsprechen im Mittel diesen Vermutungen. Doch ist mit dem Glashauseffekt nicht zu erklären, warum zwischen den 1940er und 1970er Jahren eine deutliche Abkühlung der Nordhemisphäre zu verzeichnen war.

Neuerdings hat sich gezeigt, daß zusätzlich zu CO_2 auch andere Spurengase wie Methan, Ozon, Chlorfluorocarbone, N_2O klimawirksam sind (s. den folgenden Beitrag von GEORGII), so daß wir heute eigentlich bereits eine Temperaturerhöhung von über 1 K seit Beginn der industriellen Revolution hätten erwarten müssen (Abb. 6; Bolle et al. 1985; Ramanathan et al. 1985; Dickinson und Cicerone 1986). Daß dies noch nicht eingetreten ist, hängt aller Wahrscheinlichkeit nach mit dem Ozean zusammen, der eine Art von Wärmepuffer ist, analog einer Zentralheizung.

So ist es durchaus möglich, daß der Ozean erst mit einer Verzögerung von 50 Jahren sein wirkliches Wärmegleichgewicht gegenüber der Atmosphäre einstellt. Für uns hieße es, daß dann auch der Ozean mehr CO_2 an die Atmosphäre abgibt, als er von der Atmosphäre im Gegenzug aufnimmt.

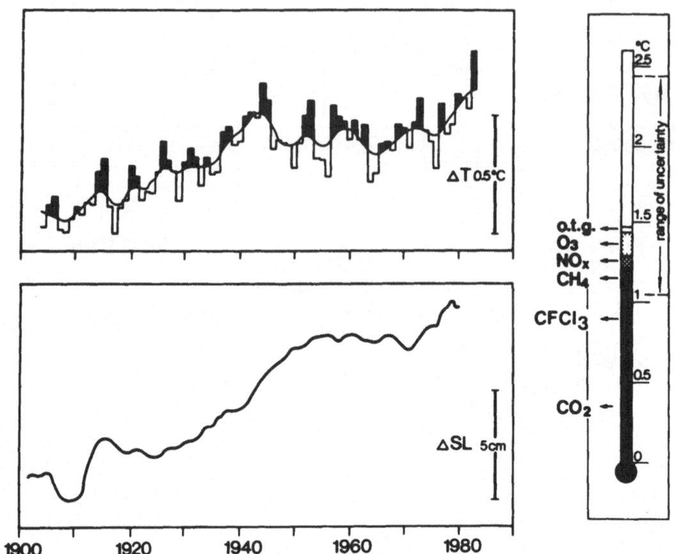

<u>Abb. 6.</u> Globale Temperaturschwankungen an der Erdoberfläche (oben), Anstieg des Meeresspiegels (unten) seit 1900. Rechts: berechnete kumulative Temperaturveränderungen für das Jahr 1985, bedingt durch anthropogenen Einfluß, für CO_2, $CFCl_3$, CH_4, NO_x, O_3 (o.t.g.= andere toxische Gase). Der Bereich der Unsicherheit ist rechts auf der Skala angegeben (Bolle et al. 1985; Dickinson und Cicerone 1986; Ramanathan et al. 1985).

In Abb. 7 sind die Bandbreiten der für die nächsten Dekaden entwickelten Szenarien der Emission von CO_2 und anderen "Glashausgasen" aufgezeigt. Die bisher zitierten Modelle, die für eine Verdoppelung des CO_2 eine Temperaturerhöhung von 2-4 K - mit 7-8 K Erwärmung an den Polen und einer polwärtigen Verlagerung der Klimazonen - errechnen, ·sind jedoch noch weit von der Realität entfernt. Insbesondere fehlt eine Berücksichtigung der Wasserzirkulation im Ozean (Grassl et al. 1984). Hierzu gibt es nunmehr seit Ende 1985 zwei wichtige Arbeiten (Bryan und Spelman 1985; Manabe und Bryan 1985), in denen erstmals die ozeanische Zirkulation mitberücksichtigt wird. Ohne auf die komplexen Details einzugehen, sei als wesentliches Ergebnis genannt, daß der Ozean offenbar viel stärker als bisher angenommen eine atmosphärische Temperaturerhöhung zu verzögern vermag und sie nicht nur verzögert, sondern - das ist neu - auch dämpft, indem er Wärme in die Tiefe abführt, die dort dissipiert, ohne an anderer Stelle wieder an die Oberfläche zu gelangen. Außerdem resultiert aus diesen Simulationen nicht mehr die früher prognostizierte polwärtige Verlagerung der Klimazonen. Wenn diese Modelle auch noch lange nicht als endgültig

angesehen werden können, so sind sie doch die besten zur Zeit
verfügbaren und stellen einen wesentlichen Fortschritt in der
Simulation der so klimabestimmenden Weltozeane dar.

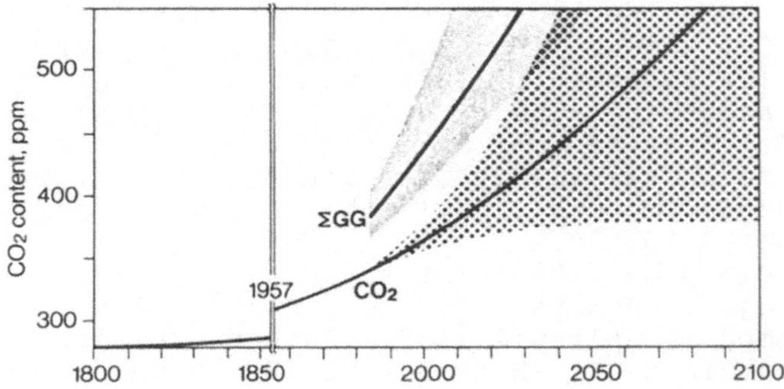

Abb. 7. Der zu erwartende Anstieg an CO_2 und aller Glashausgase (GG) für das nächste Jahrhundert (Ramanathan et al. 1985,
Bolle et al. 1985).

AUSBLICK

Ich habe versucht, in knapper Form das CO_2-System in Vergangenheit, Gegenwart und Zukunft zu skizzieren. Es ging mir dabei mehr darum, die globalen Mechanismen dieses dynamischen
Systems aufzuzeichnen als mich an dem einen oder anderen Detail aufzuhalten. Es ist jedoch wichtig festzuhalten, daß die
Folgen des durch den Menschen verursachten Anstiegs nicht nur
des CO_2, sondern verschiedener anderer "Glashausgase", für die
Umwelt beachtlich sein werden. Pauschal darf man sagen, daß
das Regenmuster sich lokal, regional und global entscheidend
verändern und daß der Meeresspiegel sich um einen Meter oder
mehr erhöhen wird. Diese beiden Auswirkungen allein werden die
menschlichen Gesellschaften entscheidend beeinflussen; denn
Wasser und Nahrung sind nun einmal die Grundelemente des
Lebens.

LITERATUR

Bacastow R, Keeling CD (1981) Atmospheric carbon dioxide concentration and the observed airborne fraction. In: Bolin B Ed) Carbon Cycle Modelling. SCOPE Rep 16: 103-112

Bolle HJ, Seiler W, Bolin B (1986) Other greenhouse gases and aerosols. Assessing their role for atmospheric radiative transfer. In: Proc of Conf on the "Role of Carbon Dioxide and of other Radiatively Constituents in Climate Variation and Associated Impacts". Villach, Austria, October 9-15, 1985, Chapter 4, pp 48

Bryan K, Spelman MJ (1985) The ocean's response to a CO_2- induced warming. J Geophys Res 90/C6: 11679-11688

Degens ET, Kempe S, Spitzy A (1984) Carbon dioxide: a biogeochemical portrait. In: Hutzinger O (Ed) Handbook of Environmental Chemistry Vol 1, Part C, Anthropogenic Compounds. 215 pp. Springer Verlag, Berlin, Heidelberg, New York

Dickinson R, Cicerone RJ (1986) Future global warming from atmospheric trace gases. Nature 319: 19-115

Grassl H, Maier-Reimer E, Degens ET, Kempe S, Spitzy A (1984) CO_2, Kohlenstoffkreislauf und Klima. T.1 Globale Kohlenstoffbilanz. T.2 Strahlungsbilanz und Wasserhaushalt. Naturwissenschaften 71: 129-136, 234-238

Kempe S, Degens ET (1985) An early soda ocean? Chem Geol 53: 95-108

Komhyr WD, Gammon RH, Harris TB, Waterman LS, Conway TJ, Taylor WR, Thoning KW (1985) Global atmospheric CO_2 distribution and variations from 1968-1982. NOAA/GMCC CO_2 flask sample data. J Geophys Res 90/3: 5567-5596

Lorius C, Jouzel J, Ritz C, Merlivat L, Barkov NI, Korotkevich YS, Kotlyakov VM (1985) A 150,000-year climatic record from Antarctic ice. Nature 316: 591-596

Manabe S, Bryan KJR (1985) CO_2-induced change in a coupled ocean-atmosphere model and its paleoclimatic implications. J Geophys Res 90/C6: 11689-11707

Neftel A, Moor E, Oeschger H, Stauffer B (1985) The increase of atmospheric CO_2 in the last two centuries. Evidence from Polar ice cores. Nature 315:45-47

Ramanathan V, Cicerone RJ, Singh HB, Kiehl JT (1985) Trace gas trends and their potential role in climate change. J Geophys Res 90/D3: 5547-5566

Weitere anthropogene atmosphärische Spurengase – Kleine Ursachen, große Wirkungen[1]

HANS-WALTER GEORGII

KLIMA-WIRKSAME SPURENGASE

Bei allen Betrachtungen über den Einfluß von Spurengasen auf das Klima wird zuerst und mit Recht auf den globalen Anstieg des Kohlendioxids (CO_2) in der Atmosphäre hingewiesen (vgl. Beitrag DEGENS). Neben CO_2 existieren jedoch eine Anzahl weiterer Spurengase in der Atmosphäre, die wie CO_2 im infraroten Wellenlängenbereich absorbieren und die ebenso wie CO_2 einer anthropogenen Beeinflussung unterliegen. Sie tragen gleichfalls zum sogenannten "Glashauseffekt" bei. Es darf jedoch nicht übersehen werden, daß auch Aerosole einen Einfluß auf die Strahlungsbilanz ausüben, indem sie Strahlung absorbieren und reflektieren. Nach unserer bisherigen Erkenntnis ist in diesem Zusammenhang der stratosphärischen Aerosolschicht größere Bedeutung beizumessen als dem troposphärischen Aerosol (vgl. Beitrag LABITZKE).

Es mag überraschend sein, daß Spurengase, deren Konzentration im Vergleich zur atmosphärischen CO_2-Konzentration um den Faktor 100 bis 1000 niedriger liegt, auf das Klima einwirken können. Dies ist der Fall, wenn folgende Bedingungen erfüllt sind:

a) Spurengase, deren Absorptionsbanden im infraroten Bereich des Spektrums zwischen 8 und 12 μm (sog. Wasserdampf-Fenster) liegen, können die thermische Struktur der Atmosphäre beeinflussen.
b) Spurengase, deren anthropogener Anteil langfristig ansteigt, können zunehmend klimawirksam werden.
c) Klimawirksame Spurengase sollten global gleichmäßig in der Atmosphäre verteilt sein. Dies setzt voraus, daß sie eine atmosphärische Verweilzeit haben, die größer ist als die mittlere Mischungszeit der Troposphäre; d.h. die Verweilzeit muß in der Größenordnung von mindestens einem Jahr liegen.

Die Tab. 1 gibt eine Übersicht über die in diesem Zusammenhang interessanten Spurengase.

---

[1] Dieser Aufsatz erschien in anderer Form unter dem Titel "Weitere klimarelevante Spurengase" in der Zeitschrift PROMET, 15. Jahrg., Heft 4, 1985, Deutscher Wetterdienst, Zentralamt Offenbach/Main. Nachdruck mit freundlicher Genehmigung des Deutschen Wetterdienstes.

Tab. 1. Atmosphärische Spurengase mit Absorptionsbanden im "Wasserdampffenster".

Komponenten	Mischungs-verhältnis in Reinluft	Gesamtmenge in der Atmosphäre (t)	Verweilzeit	Absorptions-bande (μm)
Distickstoffoxid (N_2O)	0,32 ppm	$2,5 \times 10^9$	20 –100 Jahre	7,8
Methan (CH_4)	1,6 ppm	$4,8 \times 10^9$	4 – 7 Jahre	7,7
Kohlenmonoxid	0,12 ppm	$5,9 \times 10^8$	2 – 6 Monate	4,8
Trichlorfluormethan (Freon 11) ($CFCl_3$)	0,16 ppb	$3,8 \times 10^6$	50 Jahre	9,2 11,8
Dichlordifluormethan (Freon 12) (CF_2Cl_2)	0,26 ppb	$5,7 \times 10^6$	80 Jahre	9,1 8,7 10,9
Tetrachlorkohlenstoff (CCl_4)	0,14 ppb	$3,7 \times 10^6$	?	13,0
Methylchlorid (CH_3Cl)	0,6 ppb	$5,5 \times 10^6$	?	13,7 9,9

(ppm = parts per million; ppb = parts per billion (Milliarde))

Die unter c) gestellte Bedingung schließt eine Anzahl von Spurengasen, trotz Absorptionsbanden im Infrarotbereich IR), von der näheren Betrachtung aus, da sie infolge kurzer "Lebenszeit" in der Atmosphäre nur regional einen direkten Einfluß der näheren Betrachtung aus, da sie infolge kurzer "Lebenszeit" in der Atmosphäre nur regional einen direkten Einfluß auf das Klima nehmen können. Zu diesen Komponenten gehören Ammoniak (NH_3), von den Stickoxiden (NO_x) das Stickstoffdioxid (NO_2) und die Salpetersäure (HNO_3) sowie Schwefelwasserstoff (H_2S) und Schwefeldioxid (SO_2). Es muß jedoch berücksichtigt werden, daß diese reaktionsfreudigen Gase in der Atmosphäre durch gas-to-particle-Transformationen Aerosolpartikel bilden können, die als klimawirksame Sekundäraerosole in Betracht zu ziehen sind (Georgii 1979).

KURZLEBIGE SPURENGASE

Der überwiegende Anteil der NH_3-Produktion ist auf natürliche mikrobiologische Quellen zurückzuführen; der Konzentrationsbereich liegt zwischen 1 und 20 ppb. Der anthropogene Anteil der Ammoniakproduktion ist vernachlässigbar klein. Die wesentlichen Senken des NH_3 sind physiko-chemischer Natur, nämlich die Absorption und Reaktion in Wolken- und Niederschlagselementen sowie homogene Gasreaktionen mit OH-Radikalen. Abschätzungen der Funktion der Ozeane als NH_3-Quelle ergaben, daß nur aus tropischen Ozeanen eine geringe NH_3-Produktion zu erwarten ist, die in der ozeannahen Atmosphäre eine Gleichgewichtskonzentration von weniger als 1 ppb NH_3 ergeben könnte. Die troposphärische Verweilzeit des NH_3 beträgt wenige Tage. NH_3 besitzt Absorptionsbanden bei 10,5 μm. Nach Berechnungen von Wang et al. (1976) sollte eine Verdoppelung der gegenwärtigen Konzentration zu einer Temperaturerhöhung von 0,1 K führen. Infolge des regionalen Charakters des NH_3 und der kurzen troposphärischen Verweilzeit ist jedoch mit einem entsprechenden Anstieg der NH_3-Konzentration nicht zu rechnen, so daß dieses Spurengas klimatologisch vernachlässigt werden kann. Entsprechendes gilt für HNO_3. Die troposphärische Verweilzeit der stark löslichen HNO_3-Moleküle ist nämlich kürzer als die des Wasserdampfes.

Die Bedeutung der IR-Absorption des Schwefeldioxids (SO_2) mit Banden bei 8,7 μm und 7,35 μm ist als Klimafaktor ebenfalls vernachlässigbar, angesichts der kurzen troposphärischen Verweilzeit von ein bis drei Tagen. Höhere SO_2-Konzentrationen treten nur im lokalen Bereich durch anthropogene Quellen auf. Zumindest im regionalen Maßstab liegt die Klimawirksamkeit des NH_3 und des SO_2 in der Bildung von Aerosolpartikeln, die eine Verweilzeit von 5-10 Tagen - in der oberen Troposphäre unter Umständen länger - besitzen. Diese Aerosolteilchen im Größenbereich unter 1 μm Radius wirken durch Absorption und Streuung der einfallenden Sonnenstrahlung, wobei der sich daraus ergebende Temperatureffekt noch nicht hinreichend gut bestimmbar ist.

LANGLEBIGE SPURENGASE

Im folgenden wollen wir uns den Spurengasen zuwenden, die den oben genannten drei Bedingungen genügen und somit im Rahmen der Klimarelevanz vor allem zu diskutieren sind. Im wesentlichen handelt es sich dabei um Distickstoffoxid (N_2O), Methan (CH_4), die Chlorfluormethane, Kohlenmonoxid (CO) und troposphärisches Ozon (O_3).

Die Abschätzung einer möglichen Zunahme des anthropogenen Anteils dieser Spurengase erfordert die Kenntnis ihrer Quellen und Senken. Modellrechnungen gehen meist von der angenommenen Verdoppelung der Konzentration aus, die zeitlich über das Verhältnis der Quellfunktion zur Senkenfunktion unter Berücksichtigung der Verweilzeit abgeschätzt werden muß. Hinsichtlich der Klimarelevanz sollten wir unterscheiden:

a) Gase, die infolge ihrer IR-Absorptionsbanden direkt auf die Troposphärentemperatur wirken, und
b) Gase, die indirekt über die Produktion von zusätzlichem troposphärischem Ozon klimarelevant sind.

Distickstoffoxid

Im Vordergrund der Diskussion über die Wirkung von Spurengasen auf das Klima steht das Distickstoffoxid (N_2O); denn es trägt durch Absorptionsbanden bei 4,5 μm, 7,8 μm und 17 μm direkt zum "Glashauseffekt" bei. Steigende N_2O-Konzentration bedeutet eine Zunahme der Glashauswirkung und Temperaturanstieg in der Troposphäre. Als natürliche Hauptquelle des N_2O ist die mikrobiologische Denitrifikation und Nitrifikation im Boden anzusehen, wobei denitrifizierende Bakterien Nitrat zu Stickstoff bzw. Distickstoffoxid umwandeln. Die wesentliche anthropogene Quelle ist die Verwendung stickstoffhaltiger Dünger (Isaksen 1980) in der Landwirtschaft. Die Rate, mit der N_2O vom Erdboden in die Atmosphäre emittiert wird, ist nicht nur von den Denitrifikations- und Nitrifikationsprozessen abhängig, sondern auch von der Beschaffenheit des Bodens und den meteorologischen Bedingungen (Seiler und Conrad 1981), so daß die von Hahn (1979) angegebenen Werte unsicher erscheinen. 10^{13} g N_2O-N als globale Emissionsrate von ungedüngtem Boden können nur als grober Anhalt dienen. Crutzen (1983) gibt die in der Tab. 2 genannten Quellen für N_2O an.

<u>Tab. 2.</u> Quellen des Distickstoffoxids nach Crutzen (1983)

Quelle:	in N_2O-N/Jahr
Natürliche Verbrennungsvorgänge	1–2 x 10^{12} g
Emission aus dem Ozean	1–3 x 10^{12} g
Bodenatmung	3 x 10^{12} g
Kunstdüngung	einige 10^{12} g
Verbrennung fossiler Brennstoffe	1–2 x 10^{12} g

Nach Hahn (1979) beträgt der anthropogene Anteil durch den Verbrauch von Kunstdünger etwa 10 % der Gesamtproduktion des N_2O, wobei die Tendenz steigend ist. Neuere Untersuchungen sehen die Angaben von Hahn als überhöht an. Die jährliche Zunahme der N_2O-Produktion aus der Zunahme des Verbrauchs von Stickstoff-Dünger wird auf 6 %/Jahr geschätzt. Weiss (1981) vertritt dagegen die Auffassung, daß der hauptsächliche Anteil des N_2O-Anstieges durch den Verbrauch fossiler Brennstoffe verursacht wird und durch Kunstdüngerverbrauch nur ein begrenzter Anteil des N_2-Anstieges erklärt werden kann. Angesichts des Fehlens troposphärischer Senken des N_2O und der dadurch bedingten langen troposphärischen Verweilzeit (20 - 50 Jahre nach Hahn bzw. 100 - 200 Jahre nach Crutzen) bei einer derzeitigen mittleren Konzentration von rund 300 ppb ist ein langperiodischer Konzentrationsanstieg des N_2O als gesichert anzusehen. Dieser Anstieg wird auf etwa 0,2 - 0,5 % pro Jahr geschätzt. Er ist auch für die vier Reinluft-Meßstellen Barrow (Alaska), Mauna Loa (Hawaii), Samoa und Antarktis seit 1977 nachgewiesen, und zwar mit einem Anstieg zwischen 1,59 ppb/Jahr in Samoa und 0,61 ppb/Jahr in Barrow, so daß Ende 1982 in Samoa eine N_2O-Konzentration von 309 ppb erreicht war.

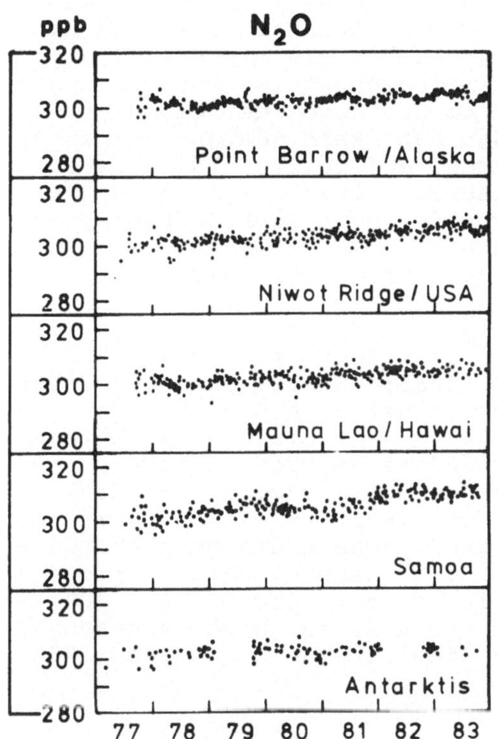

Abb. 1. Distockstoffoxid - Meßwerte der amerikanischen "Baseline"-Stationen (U.S.DOC 1983).

Die wesentliche N_2O-Senke liegt in der Stratosphäre und besteht in der Photolyse des N_2O mit Hilfe von atomarem Sauerstoff in Höhen über 25 km. Die dabei auftretenden Reaktionen

$$a) \quad N_2O + h\nu \quad \rightarrow N_2 + O$$
$$b) \quad N_2O + O(^1D) \rightarrow N_2 + O$$
$$c) \quad N_2O + O(^1D) \rightarrow 2\,NO$$

sind von Bedeutung für die Stratosphärenchemie, da Reaktion c) als wichtige Quelle für stratosphärische Stickoxide gelten kann. Die angeregten Sauerstoffatome entstehen bei der Ozonphotolyse. Angesichts eines konstanten vertikalen Mischungsverhältnisses des N_2O in der Troposphäre und eines von Johnston (1977) geschätzten Flusses des N_2O aus der Troposphäre in

143

die Stratopshäre von 10^{13} g N/Jahr ergibt sich die oben erwähnte lange troposphärische Verweilzeit. In der Stratopshäre wird eine Abnahme der N_2O-Konzentration mit Werten von etwa 30 ppb/km zwischen 15 und 20 km Höhe und etwa 10 ppb/km zwischen 25 und 35 km Höhe gefunden (Fabian et al. 1979).

Methan

Die Atmosphäre ist hinsichtlich des Methans (CH_4) gleichmäßig durchmischt; allerdings liegt die Methankonzentration auf der Nordhemisphäre mit 1,6 ppm etwas höher als mit etwa 1,4 ppm auf der Südhemisphäre. Für die Klimaforschung ist Methan wegen seiner Absorptionsbanden bei 7,66 μm und wegen der global steigenden Konzentration von Interesse. Man kann davon ausgehen, daß die Methankonzentration während der letzten 10 Jahre etwa um 15 - 20 % angestiegen ist (Ehhalt 1979; Fabian et al. 1979). Der Gradient des CH_4 von der Nord- zur Südhemisphäre deutet bei einem interhemisphärischen Austausch von ein bis zwei Jahren auf eine troposphärische Verweilzeit von 5 - 10 Jahren hin.

Die globale Methanproduktion wird zur Zeit mit 320 - 550 x 10^{12} g/Jahr angenommen (Crutzen 1983; Khalil und Rasmussen 1983). Sie liegt damit unter den früheren Abschätzungen von Ehhalt (1979), der 570 - 830 x 10^{12} g/Jahr als globale Methanproduktion angesetzt hat. Einverständnis herrscht darüber, daß neben der biogenen Produktion auch fossile Quellen als Methanemittenten eine Rolle spielen, wobei letztere etwa 10 % zur Gesamtproduktion beitragen. Während Ehhalt die Methanproduktion von Reisfeldern und Sümpfen als hauptsächliche biogene Quelle vermutete - mit 280 x 10^{12} g/Jahr bzw. 190 - 300 x 10^{12} g/Jahr - werden diese Raten heute als zu hoch angesehen. Die jüngsten Abschätzungen von Khalil und Rasmussen (1982) sind in Tab. 3 wiedergegeben.

<u>Tab. 3:</u> Globale Methan-Quellen
nach Khalil und Rasmussen (1982).

Quelle:	in g/Jahr
Ozeane	13 x 10^{12}
Sumpfgebiete	150 x 10^{12}
Süßwasserseen	10 x 10^{12}
Tundren	12 x 10^{12}
Reisproduktion	95 x 10^{12}
Fermentation der Tiere	120 x 10^{12}
Verbrennung von Biomasse	25 x 10^{12}
Anthropogene Quellen	40 x 10^{12}
Weitere Quellen	88 x 10^{12}
Summe	553 x 10^{12}/Jahr

Eine neue, offenbar wichtige Quelle wird seit kurzer Zeit diskutiert: die Methanproduktion der Termiten bei der Holzzerstörung. Diese wurde von Zimmermann et al. (1982) mit 150×10^{12} g/Jahr abgeschätzt. Sie würde damit 27 - 47 % der Gesamtproduktion des Methans ausmachen. Die Ergebnisse von Feldmessungen der Methanproduktion verschiedener Termitenspezies durch Seiler et al. (1984) zeigten zwar, daß an der Abgabe von Methan an die Atmosphäre durch Termiten kein Zweifel bestehen kann, es stellte sich aber heraus, daß Zimmermann et al. die Methanproduktion - errechnet aus Holzkonsumation, Termitenpopulation und aus gemessener CH_4-Abgabe durch verschiedene Spezies - zu hoch eingeschätzt haben. Es ist anzunehmen, daß die Diskussion noch nicht abgeschlossen ist, wobei außerdem zu berücksichtigen ist, daß der Erdboden in von Termiten freien Gebieten der Savannen und Wüsten sogar eine Senke von CH_4 darstellt. Aber auch dieser Hinweis bedarf noch weiterer Bestätigung.

Die wesentliche Senke des Methans ist die Reaktion mit OH-Radikalen in der Troposphäre:

$$CH_4 + OH \rightarrow CH_3 + H_2O.$$

Dadurch hängt die Abbaurate des CH_4 von der OH-Konzentration ab. Unter Annahme einer OH-Konzentration von 10^6 cm^{-3} würde die troposphärische OH-Senke etwa 900×10^{12} g/Jahr CH_4 abbauen. Sie wäre somit imstande, die gesamte CH_4-Emission aufzunehmen. Die zurückhaltenderen Angaben von Crutzen (1983) beschränken sich auf 400×10^{12} g/Jahr CH_4, die durch Reaktion mit OH abgebaut werden. Innerhalb der Troposphäre wird ein konstantes Mischungsverhältnis in Abhängigkeit von der Höhe gefunden (Fabian et al. 1979). Dagegen nimmt in der Stratosphäre das Mischungsverhältnis mit zunehmender Höhe ab, erreicht in etwa 20 km Höhe 1 ppm und nimmt in der mittleren Stratopshäre weiter ab. Die Stratosphäre stellt somit eine zusätzliche Senke für CH_4 dar, wobei Oxidation des CH mit OH-Radikalen, aber auch mit $O(^1D)$ stattfindet. Als Zwischenprodukt der Methanoxidation entsteht Formaldehyd (CH_2O) und schließlich als Endprodukte CO und H_2.

Der Fluß des CH_4 in die Stratosphäre und die stratosphärische Senke ist für den Kreislauf des CH_4 von geringerer Wichtigkeit, doch von großer Bedeutung für die Stratosphärenchemie, und zwar wegen des Beitrags, der zur Wasserstoff- und Wasserbilanz der Stratosphäre geliefert wird. Es steht heute außer Frage, daß die Methankonzentration - derzeit 1,6 ppm - mit 1-2 % pro Jahr ansteigt (Rasmussen u. Khalil 1981, Ehhalt 1983, Fraser et al. 1984). Jüngste Daten von der Südhemisphäre deuten eine um 16-24 ppb höhere Konzentration in der oberen Troposphäre im Vergleich zu den Bodenmessungen an. Ob dies ein Hinweis auf den Erdboden als Senke ist, muß zunächst offen bleiben. Der berechnete Anstieg des Methans in der Südhemisphäre liegt bei 1,1 % pro Jahr. Wir haben somit auch der Klimarelevanz des Methan unsere verstärkte Aufmerksamkeit zuzuwenden, insbesondere, da einige der Quellen wie Reisfelder, Tierhaltung, Intensivierung der Reisproduktion durch Düngung mit steigender Weltbevölkerung ebenfalls zunehmen. Es scheint durchaus möglich, daß die atmosphärische Methankonzentration bereits seit langer Zeit zugenommen hat, denn Gaseinschlüsse in Eisproben - mehrere hundert bis tausend Jahre alt - zeigen (Khalil und Rasmussen 1982), daß die heutige CH_4-Konzentration 2-3 mal höher ist als zu einem Zeitpunkt, bevor die Weltbevölkerung erheblich angestiegen ist. Khalil und Rasmussen (1985) haben jüngst versucht, den Anstieg der Methan-Emission mit der Zunahme der Weltbevölkerung in Einklang zu bringen. Sie vermuten, daß sich in den letzten 300 Jahren nicht nur die Emissionsrate des Methans erhöht hat, sondern auch dessen troposphärische Verweilzeit; bedingt durch eine mögliche Abnahme der Konzentration der OH-Radikale. Messungen des Methangehaltes in Lufteinschlüssen im Polareis erlauben den Schluß, daß die Methankonzentration vor einigen hundert Jahren nur etwa 45 % des gegenwärtigen Wertes betrug. Die Vorstellungen von Khalil und Rasmussen bedeuten in die Zukunft extrapoliert, daß im Jahr 2000 die Methankonzentration rund 1,9 ppm betragen könnte, wie in Abb. 2 dargestellt. Es ist schließlich eine offene Frage, ob der in Form von Methylhydrat in Permafrostböden und in Meeressedimenten eingeschlossene Kohlenstoff bei einer Erwärmung der Atmosphäre als Methan freigesetzt werden könnte. Die Mengen, die dabei in die Atmosphäre gelangen würden, sind enorm; sie übertreffen die derzeitig in der Atmosphäre befindliche Methanmasse um ein Vielfaches (Chamberlain et al. 1982).

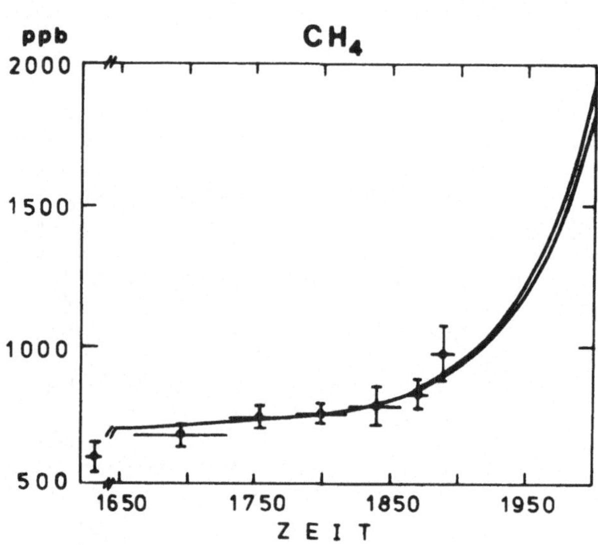

Abb. 2. Anstieg der atmosphärischen Methan-Konzentration nach Khalil und Rasmussen (1984).

Da Methan auch eine troposphärische Senke für OH-Radikale darstellt und gleichzeitig eine Quelle für Ozon und Kohlenmonoxid ist, werden wir uns mit der Methanchemie noch einmal im Zusammenhang mit diesen Komponenten zu beschäftigen haben.

Chlorfluormethane

Seit der Studie von Molina und Rowland (1974) wurde den Chlorfluorkohlenwasserstoffen in Hinblick auf ihre Einwirkung auf die stratosphärische Ozonschicht große Aufmerksamkeit geschenkt. Dies gilt insbesondere für die beiden hauptsächlich

146

verbreiteten Komponenten $CFCl_3$ (Fll) und CF_2Cl_2 (Fl2). Im Gegensatz zu den bisher genannten Spurengasen sind Fll und Fl2 ausschließlich aufgrund menschlicher Aktivitäten in die Atmosphäre gelangt. Der Hauptverwendungszweck ist Treibmittel in Sprühdosen und Kältemittel in Kühl- und Klimaanlagen. Die globalen Produktionsraten sind recht gut bekannt; sie zeigen bis 1974 einen exponentiellen Anstieg, der in den letzten Jahren auf Grund von Einschränkungen der Produktion abgenommen hat. Der Abbau des Fll und Fl2 erfolgt ähnlich wie beim N_2O in der Stratosphäre durch Photolyse, wobei die entstehenden Chloratome mit dem stratosphärischen Ozon reagieren. Die Weltproduktion von Fll und Fl2 ist bis 1976 auf 800×10^3 t/Jahr angestiegen, aber seit 1976 abgesunken. Sie erreichte 1979 rund 700×10^3 t/Jahr.

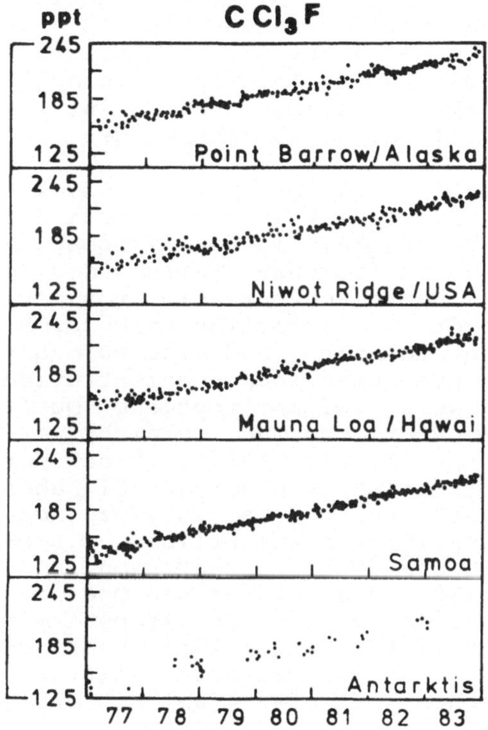

Abb. 3. Chlorfluormethan - Meßwerte der amerikanischen "Baseline"-Stationen (U.S.DOC 1983).

Die troposphärische Verweilzeit der Chlorfluorkohlenwasserstoffe ist wegen ihrer Reaktionsträgheit sehr lang, nämlich rund 50 Jahre für Fll und rund 80 Jahre für Fl2. Sie werden in der Troposphäre praktisch nicht abgebaut, reichern sich dort an und gelangen mit Verzögerung in die Stratosphäre. Die künftigen Produktionsvoraussagen gehen von einer konstant bleibenden Emissionsrate von 700×10^3 t/Jahr aus. Diese konstante Produktionsrate führt jedoch zu einem weiteren Anstieg in der Atmosphäre. Er wird bestimmt durch Produktion in der Troposphäre und Destruktion in der Stratosphäre. Die heutigen Mischungsverhältnisse liegen bei 0,2 ppb für $CFCl_3$ und 0,3 ppb für CF_2Cl_2. Der Anstieg bis zum Jahr 2100 wird auf 0,7 bzw. 1,5 ppb geschätzt; dies würde einen Anstieg um den Faktor 4-5 bedeuten (Ehhalt und Schmidt 1983).

Abbildung 3 gibt beispielhaft den Anstieg des Fll für die fünf amerikanischen "Baseline"-Stationen für die Jahre 1977 bis 1983 an. Die vertikale Konzentrationsverteilung zeigt ähnlich den vorgenannten Spurengasen ein weitgehend konstantes Mischungsverhältnis mit der Höhe innerhalb der Troposphäre und Konzentrationsabnahme in der Stratosphäre. Es wird nicht angenommen, daß sich die Vertikalverteilung bei künftig höherer Konzentration der Chlorfluorkohlenwasserstoffe prinzipiell ändert. Die Meridionalverteilung weist ein Konzentrationsgefälle von der Nordhemisphäre zur Südhemisphäre auf; entsprechend der Tatsache, daß 90 % der Quellstärke auf der Nordhemisphäre liegt. $CFCl_3$ und CF_2Cl_2 haben Absorptionsbanden im infraroten Spektralbereich zwischen 8,5 μm und 12 μm. Eine Zunahme der troposphärischen Chlorfluormethan-Konzentration führt somit auch zu einem zusätzlichen "Glashauseffekt", d.h. zu troposphärischer Erwärmung.

Kohlenmonoxid und troposphärisches Ozon

Kohlenmonoxid (CO) spielt nicht nur als Produkt unvollkommener Verbrennung fossiler Brennstoffe eine wichtige Rolle im atmosphärischen Spurenstoffhaushalt, sondern besitzt auch umfangreiche natürliche Quellen. Die indirekte Bedeutung des CO für den Strahlungshaushalt ist erst in den letzten Jahren aufgrund von Überlegungen erkannt worden, daß CO zur Bildung troposphärischen Ozons beiträgt. Die direkte Einwirkung des CO auf den Strahlungshaushalt kann dagegen wohl vernachlässigt werden.

Eine wesentliche Senke für CO ist die Reaktion mit OH-Radikalen (Crutzen und Gidel 1983). Diese Reaktion beeinflußt die Verteilung und Verfügbarkeit der OH-Radikale in der Troposphäre sehr stark. Die meridionale Konzentrationsverteilung des CO zeigt eine in der Nordhemisphäre erhöhte Konzentration von etwa 100 ppb, ein scharfes Absinken der Konzentration beim Durchtritt durch die innertropische Konvergenzzone und eine auf der Südhemisphäre weitgehend konstante background-Konzentration von rund 60 ppb. Diese Verteilung weist auf anthropogene Quellen hin, aber auch darauf, daß natürliche Quellen nicht vernachlässigt werden dürfen (Robinson et al. 1984). Eine der natürlichen Quellen ist die Oxidation von Methan, die aber nach Abschätzungen von Crutzen (1983) nur maximal 25 % zu den natürlichen Quellen beiträgt. Dies ist ein wesentlich geringerer Anteil an der Gesamtproduktion des CO als früher von Seiler (1974) angegeben. Crutzen schätzt die natürlichen Quellen, zu denen er die Verbrennung von Biomasse in den Tropen mit etwa 800 x 10^{12} g/Jahr sowie die Oxidation von natürlich produzierten Kohlenwasserstoffen zählt, die von Wäldern emittiert und zu CO konvertiert werden können, mit etwa 400-1300 x 10^{12} g/Jahr ab.

<u>Tab. 4.</u> Globale Kohlenmonoxid-Quellen.

Anthropogene Quellen:	in 10^{12} g/Jahr
Verbrauch fossiler Brennstoffe	450
Verbrennung von Biomasse	630
Oxidation von Kohlenwasserstoffen	400
Summe	1480
Natürliche Quellen:	
Oxidation von Methan und natürlich produzierten Kohlenwasserstoffen	1200

Neuere Daten wurden kürzlich von Khalil und Rasmussen (1984)
veröffentlicht und sind in Tab. 4 wiedergegeben.

Wenn auch die Art der Quellen des CO und die wesentliche Senke
durch die Reaktion mit OH-Radikalen (> 80 %) erklärt werden
können, so bleibt die Emissionsrate der einzelnen CC-Quellen
und ihr Beitrag zum Gesamtbudget noch weitgehend offen. Die
anthropogene Emissionsrate durch Verbrennung fossiler Brennstoffe wird von Logan et al. (1981) mit $400-1000 \times 10^{12}$ g/Jahr
angegeben.

Die troposphärische Verweilzeit des CO ist mit einigen Monaten
(2-6 Monate) kürzer als die der vorher diskutierten Spurengase. Wir können somit davon ausgehen, daß die dreidimensionale
Verteilung des CO weniger homogen ist als die der bisher diskutierten Gase. Untersuchungen von Seiler und Fishman (1981) zeigen eine deutlich erhöhte Konzentration in mittleren und nördlichen Breiten der Nordhemisphäre auch in der mittleren Troposphäre und eine starke Konzentrationsabnahme oberhalb der Tropopause. Dies wird auch in den Vertikalprofilen deutlich, die
einen charakteristischen Konzentrationsrückgang oberhalb der
Tropopause anzeigen.

Die Bedeutung des CO ist im Zusammenhang mit dem gleichzeitigen Vorhandensein von Stickoxiden in der Bildung von troposphärischem Ozon zu sehen (Liu et al. 1980). Die Diskussion geht
dahin, daß Ozon nicht nur aus der Stratosphäre in die Troposphäre transportiert wird, sondern auch durch photochemische
Reaktionen unter Beteiligung von OH- und HO_2-Radikalen in der
Troposphäre gebildet wird. Hierbei spielt die CO-Oxidation
durch OH eine wesentliche Rolle:

$$CO + OH \rightarrow CO_2 + H$$
$$H + O_2 + M \rightarrow HO_2 + M$$
$$HO_2 + NO \rightarrow OH + NO$$
$$NO_2 + h\nu \rightarrow NO + O$$
$$O + O_2 + M \rightarrow O_3 + M$$

netto:
$$CO + 2\,O_2 + h\nu \rightarrow CO_2 + O$$

Die Effizienz dieses Zyklus ist von der Verfügbarkeit von NO
und OH abhängig. Neuere Untersuchungen zeigen, daß in der Troposphäre der Nordhemisphäre etwa zwischen 4 und 10 km Höhe CO
und O_3 positiv korrelieren. Dies ist ein Hinweis darauf, daß
das dort gemessene Ozon troposphärischer Herkunft ist (Fishman
und Seiler 1983).

In der obersten Troposphäre dagegen sind CO und O_3 negativ korreliert, was auf die stratopshärische Herkunft des dort ange-
troffenen Ozons schließen läßt. In Bodennähe wird ebenfalls
eine negative Korrelation gefunden. Dies wird von den Autoren
mit der Zerstörung des Ozons am Boden erklärt. Allerdings kann
der Beweis der troposphärischen Ozonbildung aus der Korrelation von CO und O_3 allein nicht schlüssig erbracht werden,

wenn nicht gleichzeitig NO_x gemessen wird. Man kann aber davon ausgehen, daß in Gegenwart von NO dieser Prozeß der Ozonproduktion abläuft. Ein photochemisches Modell zeigt, daß etwa 15-25 ppb Ozon in der Troposphäre der Nordhemisphäre nördlich 30°N gebildet wird. Die troposphärische NO_x-Konzentration ist während des letzten Jahrzehnts auch in Reinluftgebieten angestiegen, was durch zahlreiche Messungen belegt ist.

Kürzlich wurde von Khalil und Rasmussen (1984) erstmals ein Anstieg der CO-Konzentration für die Jahre 1979-1982 in nicht verunreinigter Atmosphäre an der Küste von Oregon (Cape Meares) nachgewiesen. Dieser Anstieg der CO-Konzentration, der statistisch sehr genau überprüft wurde, aber wegen der 2-6 monatigen Lebensdauer des CO sicher nicht als "global" angesehen werden kann, ist jedoch für die Troposphärenchemie von erheblicher Bedeutung:

a) Der Abbau des CO führt zu einem verstärkten Verbrauch von OH-Radikalen, die dann für Reaktionen mit anderen Spurengasen nicht mehr zur Verfügung stehen.
b) Daraus folgt, daß auch die CH -Konzentration durch ein reduziertes Angebot an OH-Radikalen stärker ansteigen kann.
c) Schließlich führt das zunehmende Angebot von CO (und NO_x) zu einem Anstieg des troposphärischen Ozons, der für das Klima von Bedeutung ist.

Dieser Anstieg der troposphärischen Ozonkonzentration läßt sich aus den Ozonsondierungen des Meteorologischen Observatoriums Hohenpeißenberg/Obb. (Attmannspacher et al. 1984) ableiten. Die Zunahme zeigt sich für die Jahre 1967-1982 für den Höhenbereich 3-8 km. Sie betrug über diesen Zeitraum zwischen 80 und 160 % des 1967 gemessenen Wertes. Dieser Trend der Ozonzunahme in der Troposphäre ist auch aus den Bodenmessungen zu erkennen. Die Autoren weisen darauf hin, daß die gefundene starke Ozonzunahme nicht durch das Wettergeschehen am Meßort erklärt werden kann und daß auch die Ozonsondierungen von Brüssel eine Ozonzunahme in der Troposphäre zwischen 1970 und 1979 erkennen lassen. Langjährige Meßreihen des bodennahen Ozons, die von Warmbt (1979) an verschiedenen Meßstellen in der DDR durchgeführt wurden, belegen ebenfalls einen steigenden Trend der Ozonjahresmittel für die Zeit von 1956-1977. Die dabei beobachtete Ozonzunahme ist offenbar kein lokales Phänomen. Warmbt betont, daß es wenig wahrscheinlich ist, daß der steigende Trend der bodennahen Ozonkonzentration durch einen verstärkten Zustrom stratosphärischen Ozons verursacht wird, sondern vielmehr durch einen zunehmenden Anteil photochemisch gebildeten Ozons. Die Ozonzunahme wirkt über die Absorption kurzwelliger Strahlung in der Troposphäre auf unser Klima ein. Die oben erwähnten Reaktionsschemata für CO + OH gelten entsprechend für die Methanoxidation mit dem Hydroxylradikal

$$CH_4 + OH \rightarrow CH_3 + H_2O$$

das schließlich zu einem Nettoeffekt

$$CH_4 + HO_2 \rightarrow H_2O + H_2 + CO + 2\ O_3$$

führt. Diese Prozesse sind sehr stark miteinander verknüpft;
sie führen zu einem verstärkten Verbrauch von OH-Radikalen, so
daß ein CO-Anstieg zu einer Verminderung der Methanoxidation
führen kann, da die CO-Oxidation der bevorzugte Prozeß ist.
Auf diese Weise könnte sich der Methananstieg weiter verstärken.

ABSCHÄTZUNG DER ZUKÜNFTIGEN ENTWICKLUNG

Die bisherigen Darlegungen haben gezeigt, daß zahlreiche Spurengase, die im Wellenlängenbereich 7-14 μm Strahlung absorbieren, seit etwa 15 Jahren eine steigende Konzentration aufweisen, und dabei mitwirken, das "Wasserdampffenster", d.h. jene
Lücke im infraroten Absorptionsspektrum des Wasserdampfes, zu
schließen, in der das Maximum der terrestrischen Wärmeausstrah-
lung liegt und die deshalb für den irdischen Strahlungshaushalt ein wichtiges Steuerungselement darstellt. Die nachstehenden Angaben sollen eine Abschätzung der künftigen Entwicklung
der Konzentration der klimarelevanten Spurengase erlauben. Rea-
listische Szenarien bedürfen jedoch einer eingehenderen und ge-
naueren Erforschung der Spurengasverteilung und ihrer Trends.
Es muß auch bedacht werden, daß die vielfältigen Rückkoppelun-
gen und die chemischen Reaktionen bewirken, daß sich die anthropogene Änderung eines Spurenstoffes auf viele weitere auswirkt.

Tab. 5. Szenario für die Änderung globaler Spurengas-Konzen-
         trationen

Jahr	CH$_4$ (ppm)	N$_2$O (ppm)	FKM (ppb)		O$_3$-Änderung
			Fl1	F12	
vor 1940	1,3 (oder weniger)	0,3	0	0	0
1975	1,5	0,3	0,1	0,17	+ 10 %
2025	2,1	0,45	0,5	0,8	+ 50 %
2050	3,3	0,6	0,7	1,7	+ 100 %

Auf den sich aus dem künftigen Anstieg der klimawirksamen Spurengase errechnenden Temperatureffekt wird in Tab. 6 näher eingegangen. Es muß jedoch bei der Unsicherheit aller Abschätzungen der künftigen Entwicklung der Spurengasverteilung betont
werden, daß die möglichst umfassende Kenntnis ihrer Quellen
und Senken sowie ihrer Reaktionsmechanismen und daraus ihrer
Verweilzeit unabdingbar für eine Modellierung des Klimaeffek-
tes ist.

Erste photochemische Modelle deuten also darauf hin, daß der
Anstieg des Ozons bis zum Jahr 2030 zu einer globalen Temperaturerhöhung von 0,5 K führen kann. Insgesamt können die klima-

relevanten Spurengase, deren Konzentration, wie gesagt, um
Größenordnungen niedriger liegen als die CO_2-Konzentration,
aufgrund des beobachteten und bis zum Jahr 2030 extrapolierten
Konzentrationsanstieges zu einer Temperaturerhöhung bis zu
+1,5 k führen. Sie sind dadurch von etwa gleicher Klimawirkung
wie das Kohlendioxid.

Tab. 6. Geschätzter Anstieg der global gemittelten bodennahen
Lufttemperatur bei geänderter atmosphärischer Konzentration
der aufgelisteten Spurengase (ppb=parts per billion=10^{-3} ppm)
(aus Berger und Tricot 1986).

Komponente (Name)	Konzentrations- anstieg	Temperaturerhöhung in K
CO_2 (Kohlenstoff)	$3x10^5$->$6x10^5$ ppb (d.h.Verdopplung)	2,0
N_2O (Distickstoffoxid)	300 -> 375*	0,12
CH_4 (Methan)	1650 -> 2062*	0,09
$CFCl_3$ (F11)**	0 -> 1	0,14
CF_2Cl_2 (F12)**	0 -> 1	0,16
CF_3Cl (F13)**	0 -> 1	0,22
CF_2HCl (F22)**	0 -> 1	0,04
$CHCl_3$ (Chloroform)	0 -> 1	0,06
CH_2Cl_2 (Methylchlorid)	0 -> 1	0,03
CH_3CCl_3 (Methylchloro- form)	0 -> 1	0,02
CCl_4 (Tetrachlorkohlen- stoff)	0 -> 1	0,08
CF_4 (Tetrafluorkohlen- stoff)	0 -> 1	0,06
NH_3 (Ammoniak)	0 -> 1	0,09
HNO_3 (Salpetersäure)	Verdopplung	0,06
O_3 (Ozon) troposphärisch	Verdopplung	0,9
H_2O (Wasserdampf) stratosphärisch	3000 -> 6000	0,6
*) d.h. Faktor 1,25	**) Chlorfluormethane (Freone)	

LITERATUR

Attmannspacher W, Hartmannsgruber R, Lang P (1984) Verbesse-
    rung der Grundkenntnisse über die Klimatologie der vertika-
    len Ozonschicht durch verstärkte Ballonsondierung. BPT-Be-
    richt 6/84, Gesellschaft f. Strahlen und Umweltforschung,
    München
Berger A, Tricot C (1986) Die Modellierung des Spurenstoffein-
    flusses auf das Klima. Met Fortb, Jg 16, H 1: 1-9
Chamberlain JW, Foley HM, McDONALD GJ, RUDERMAN MA (1982)
    Climate effects of minor atmosperic constituents. In: Clark
    WC, Carbon Dioxide Review. p 253-278. Clarendon Press,
    Oxford

Crutzen P (1983) Atmospheric interactions - homogeneous gas reactions of C, N and S containing compounds. In: Bolin B, Cook RB (Ed) The major biochemical cycles and their interactions. SCOPE, 67-112

Crutzen P, Gidel LT (1983) A two-dimensional photochemical model of the atmosphere: The tropospheric budgets of the anthropogeneous chlorocarbons, CO, CH_4, CH_3, Cl and the effect of various NO_x sources on tropospheric O_3. J Geophys Res 88: 6641-6661

Ehhalt D (1979) Der atmosphärische Kreislauf von Methan. Naturwissenschaften 66: 307-311

Ehhalt D, Schmidt U (1983) Die Verteilung der Chlorfluormethane in der Stratosphäre und ihr Einfluß auf die Ozonschicht. Umweltforschung, KFA Jülich

Fabian P, Borchers R, Weiler KH, Schmidt U, Volz A, Ehhalt D, Seiler W, Müller F (1979) Simultaneously measured vertical profiles of H_2, CH_4, CO, N_2O, $CFCl_3$, and CF_2Cl_2 in the mid-latitude stratosphere and troposphere. J Geophys Res 84: 3149-3154

Fishman J, Seiler W (1983) Correlative nature of ozone and carbon monoxide in the troposphere: implications for the tropospheric ozone budget. J Geophys Res 88: 3662-3670

Fraser M, Khalil R, Rasmussen A, Steele LP (1984) Tropospheric methane in the mid-latitudes of the southern hemisphere. J Atmos Chem 1: 125-137

Georgii HW (1979) Large-scale distribution of gaseous and particulate sulfur compounds and its impact on climate. In: Bach W, Pankrath J, Kellogg W (Ed) Man's Impact on Climate. p 181-193. Elsevier Publ Comp, Amsterdam

Hahn J (1979) Man-made pertubations of the nitrogen cycle and its possible impact on climate. In: Bach W, Pankrath J, Kellogg W (Ed) Man's Impact on Climate. p 193-213. Elsevier Publ Comp, Amsterdam

Isaksen ISA (1980) The impact of nitrogen fertilization. In: Bach W, Pankrath J, Williams J (Ed) Interactions of Energy and Climate. p 257-269. Reidel Publ Comp, Dordrecht

Johnston HS (1977) Analysis of the independent variables in the perturbation of stratospheric ozone by nitrogen fertilizers. J Geophys Res 82: 1767-1772

Khalil MAK, Rasmussen RA (1982) Secular trends of atmospheric methane. Chemosphere 11: 877-883

Khalil MAK, Rasmussen RA (1983) Sources, sinks and seasonal cycles of atmospheric methane. J Geophys Res 88: 5131-5144

Khalil MAK, Rasmussen RA (1984) Carbon monoxide in the earth atmosphere, increasing trend. Science 224: 54-56

Khalil MAK, Rasmussen RA (1985) Causes of increasing methane: Depletion of hydroxyl radicals and the rise of emissions. Atmos Environment 19: 397-407

Logan JA, Prather MJ, Wolfsy S, McElroy MB (1981) Tropospheric chemistry, a global perspective. J Geophys Res 86: 7210-7254

Liu SC, Kley D, McFarland M, Mahlman JD, Levy H (1980) On the origin of tropospheric ozone. J Geophys Res 85: 7546-7552

Molina MJ, Rowland FS (1974) Stratospheric sink for chlorofluormethanes: Chlorine atom catalyzed destruction of ozone. Nature 249: 810-812

Rasmussen RA, Khalil MAK (1981) Atmospheric methane, trends and seasonal cycles. J Geophys Res 86: 9826-9832

Robinson E, Clark D, Seiler W (1984) The latitudinal distribution of carbon monoxide across the Pacific from California to Antarctica. J Atmos Chem 1: 137-151

Seiler W (1974) The cycle of atmospheric CO. Tellus 26: 116-135

Seiler W, Conrad R (1981) Field measurements of natural and fertilizer-induced N_2O release rates from soil. J Air Poll Contr Ass 31: 767-772

Seiler W, Fishman J (1981) The distribution of carbon monoxide and ozone in the free troposphere. J Geophys Res 86: 7255-7265

Seiler W, Conrad R, Scharffe D (1984) Field studies of methane emission from termite nets into the atmosphere and measurements of methane uptake by tropical soils. J Atm Chem 1: 171-187

Wang WC, Yung YL, Lacis AA, Mo T, Hansen JE (1976) Greenhouse effects due to man-made perturbations of trace gases. Science 194: 685-689

Warmbt W (1979) Ergebnisse langjähriger Messungen des bodennahen Ozons in der DDR. Z f Meteorol 29: 24-31

Weiss RF (1981) The temporal and spatial distribution of tropospheric nitrous oxide. J Geophys Res 86: 7185-7195

US Dep of Commerce (1983) Geophysical monitoring for climate change No 12

Zimmerman PR, Greenberg JP, Wandiga SO, Crutzen P (1982) Termite: A potentially large source of atmospheric methane, carbon dioxide and molecular hydrogen. Science 218: 563-565

Eine neue Wahrnehmungsdimension: Beobachtung von dynamischen Prozessen aus dem Weltraum in Zeitraffung

GÜNTER WARNECKE

VON DER "FROSCH"- ZUR WELTRAUMPERSPEKTIVE: BILDER DER ERDE

Der Wunsch des Menschen, sich aus seiner Gebundenheit an die Erdoberfläche und aus der dadurch gegebenen Begrenzung seines Gesichtskreises zu lösen, ist alt. Aus der griechischen Mythologie kennen wir den überheblichen Versuch des Ikarus, der zu hoch hinaus wollte und deshalb scheiterte; in der Hebräischen Bibel finden wir im Buch der Könige (1. Kön. 18,41-45) einen bescheideneren, aber dafür erfolgreichen Ansatz: um seinen Gesichtskreis für die Wettervorhersage zu erweitern, schickte Eliha seinen Diener während der Dürre siebenmal auf die Höhe des Karmelgebirges, um nach der 'handgroßen Wolke' über dem Meer Ausschau zu halten, die dem für die fruchtbare - im ansonsten semi-ariden Klimagebiet gelegene - Jesreel-Ebene besonders wichtigen 'großen Regen' gewöhnlich vorausgeht. Aber das war natürlich umständlich und beschwerlich und als Methode auf die Dauer völlig unzureichend, vor allem nicht anderswo anwendbar.

Grundlegende Abhilfen versprachen daher erst Techniken unserer Zeit. Schon bald nach der Erfindung der Photographie - oder genauer gesagt: nach der Erfindung der zeitlichen Trennung von Belichtung und Entwicklung (Maddox 1871) - wurden Brieftauben als Kameraträger für Photographien aus der 'Vogelperspektive' eingesetzt (Julius Neubrunner 1903). 1891 hatten aber schon Edwards und Rahrmann das Patent für eine raketengetragene Kamera angemeldet, und 1907 bekam Alfred Maul das Patent für einen (in heutiger Sprache:) spin-stabilisierten Raketen-Kameraträger - und er flog sein Gerät tatsächlich bis 870 m Höhe (1912, für kartographische Aufnahmen)! Mit dem Drachen kam man zu jener Zeit etwa ebenso hoch, mit dem Ballon sogar höher (1935 Explorer-II gar bis 22 km Höhe). Parallel dazu hatte sich im übrigen (ab 1909) die flugzeuggetragene Luftbildphotographie mit ihren vielseitigeren Einsatzmöglichkeiten entwickelt (vgl. hierzu Reeves et al. 1975).

Raketengetragene Kameras kamen jedoch erst nach dem zweiten Weltkrieg wieder zum Zuge, und zwar 1946 mit V-2-Raketen (White Sands, N.M.) und danach mit der Neuentwicklung der Aerobee, die dann Photos aus Höhen oberhalb 100 km lieferten. Bis hierhin war aber die Entwicklung lediglich in die Richtung einer 'hyperhohen' Photographie gegangen, die zwar schon einen Überblick über weitere Areale bot, aber doch nur sporadisch und punktuell einsetzbar war - zudem mußten die Filmkassetten geborgen und danach die Filme entwickelt werden, so daß das

Interesse der Meteorologen, die regelmäßige Beobachtungen über
viel größere Areale - und momentan! - benötigen, - von wenigen
Ausnahmen abgesehen - recht gedämpft blieb.

Der eigentliche Durchbruch zu einer großräumigen, globalen,
ständigen (d.h. genügend häufig und regelmäßig wiederholten)
Beobachtung der Erde geschah einerseits durch die Entwicklung
künstlicher Erdsatelliten, die oberhalb 300 km als Instrumen-
tenträger eingesetzt werden können, und andererseits durch die
Entwicklung spezieller Satelliten-Fernsehkamera-Systeme inklusive entsprechender Nachrichtentechnik, die die Gewinnung von
Bildern zum einen vom photographischen Prozeß und zum andern
von der Rückholnotwendigkeit unabhängig machten und damit
ihren augenblicklichen (heute sagt man: "real-time") Gebrauch
ermöglichten.

Erste Tests liefen 1959 durch Explorer-6; seit April 1960
(TIROS-1, erster, quasi-polar umlaufender Wettersatellit in
1000 km Höhe) liefern meteorologische Satelliten ununterbro-
chen Bilder, die im Laufe der Zeit immer flächendeckender,
qualitativ verbessert und inzwischen multispektral erweitert
wurden. Beispiele seien eine neuere Aufnahme von Bord des
amerikanischen, polar umlaufenden Wettersatelliten NOAA-7
(Abb. 1) sowie eine Aufnahme der Erde vom europäischen geosta-
tionären Satelliten METEOSAT (in ca. 36000 km Höhe) (Abb. 2).
Beide Bilder sind von der Art, wie sie - zumindest in Aus-
schnitten - schon seit längerer Zeit Bestandteile der Fernseh-
wetterberichte sind.

Die soeben aufgezeigte Entwicklung können wir auch so beschreiben: Die Ermittlung des Atmosphärenzustandes hat sich in
folgenden Schritten entwickelt: Erst von der quasi null- bis
ein-dimensionalen visuellen Beobachtung eines Eliha über die
immer noch null-dimensionale (bei fortlaufender Registrierung
ein-dimensionale) punktuelle Messung physikalischer Parameter
durch die Galilei-Schüler und Zeitgenossen der Renaissance hin
zu der von Alexander von Humboldt angeregten und von H.W. Bran-
des 1820 realisierten zweidimensionalen Feldanalyse in Form
der synoptischen Wetterkarte. Dann erfolgte aufgrund der Entwicklung der Aerologie, d.h. durch die Verwendung von Messungen in der freien Atmosphäre mittels Drachen, Ballon, Flugzeug

Abb. 1. Fernsehbild von Bord des amerikanischen Wettersatelliten NOAA-7 vom 5. März 1972, von 14.30 bis 14.40 Uhr MEZ von
Süd nach Nord wandernd aufgenommen im Nahen Infrarot (0,7 -
1,1 μm). Die Auflösung im Nadir beträgt 1,1 km/Bildpunkt (Aufnahme: DFVLR-GSOC/BKA, Oberpfaffenhofen).
Deutschland liegt im Bereich labiler Kaltluft, die zu der charakteristischen Quellbewölkung - hier mit zahlreichen parallelen Wolkenstraßen - führt. Die Alpen treten, ebenso wie die
norwegischen Gebirge, durch ihre Schneebedeckung hervor. Wol-
kenspiralen, die zu ausgeprägten Tiefdruckwirbeln gehören,
sind über dem Mittelmeer und über dem Seegebiet zwischen Is-
land und den Britischen Inseln zu erkennen. Der Bottnische
Meerbusen zeigt entsprechend der Jahreszeit noch verbreitete
Eisbedeckung.

<u>Abb. 2.</u> Fernsehaufnahme im sichtbaren Spektralbereich des Wettersatelliten METEOSAT vom 31. März 1985, 12.15 Uhr MEZ (Aufnahme: ESA/ESOC, Darmstadt).
Von seiner Position in 0 geogr. Länge und 36000 km über dem Äquator sieht er die Erde vom Rand der Antarktis bis zum südlichen Grönland und von der Karibik bis zum Arabischen Meer. Neben den für die mittleren und nördlichen Breiten charakteristischen Wolkenbändern und -spiralen im Zusammenhang mit den Wetterfronten und Tiefdruckgebieten sieht man deutlich die demgegenüber unregelmäßig strukturierte Schauer- und Gewitterbewölkung der Tropen (Brasilien und Zentralafrika). Markant tritt die wolkenfreie westliche und zentrale Sahara hervor, aus der sich eine ausgedehnte Staubwolke auf den Atlantik vorgeschoben hat, erkennbar an dem bogenförmigen grauen Schleier westlich der marokkanischen und mauretanischen Küste.

und Radiosonde, die Hinzunahme von Höhenwetterkarten (R. Scherhag, Deutsche Seewarte 1934), die - allerdings ohne eine direkte räumliche Abbildung zu liefern - ein dreidimensionales Erfassen meteorologischer Meßgrößen und damit atmosphärischer Zustände erlaubten. In dieses dreidimensionale Bild fügen sich nun die an Datendichte und Aussagekraft unvergleichlichen Satellitendaten als zusätzliche und zudem außerordentlich anschauliche Information ein.

Bis hier handelt es sich zwar immerhin um die Gewinnung einer neuen, außerordentlich nützlichen Perspektive, doch stellt diese für unser Verständnis im Prinzip noch nichts grundsätzlich Neues dar, sind wir doch durch den Gebrauch von Landkarten und den Umgang mit den Wetterkarten seit langem, zumindest abstrakt, an diese Perspektive gewöhnt. Daher könnte man bei den Satellitenbildern durchaus immer noch von 'Wahrnehmung im konventionellen Sinne' sprechen.

VOM STANDBILD ZUR BEWEGUNGSSZENE: DIE DYNAMIK SICHTBAR GEMACHT

Der Sprung in eine weitere, ganz neue Dimension der Wahrnehmung dynamischer atmosphärischer und anderer dynamischer terreStrischer Vorgänge wurde dann aber 1967 ermöglicht, als der erste Wettersatellit in geostationärer Umlaufbahn, nämlich ATS-1, im Dezember 1966 gestartet, Bilder in halbstündlicher Folge von einem relativ zur Erdoberfläche ruhenden Ort aus lieferte. V. Suomi, University of Wisconsin, und T. Fujita, University of Chicago, wendeten nämlich auf diese Bildfolgen die kinematographische Methode an, d.h. 'sie brachten die Bilder zum Laufen' - und der Schritt zur vierdimensionalen visuellen Beobachtung der Erde aus dem Weltraum war getan. Somit können wir heute dynamische terrestrische und atmosphärische Vorgänge - sofern sie sich im Strahlungsfeld abbilden und sich dadurch mit Remote-Sensing-Methoden erfassen lassen - auch als dynamische Vorgänge visuell wahrnehmbar darstellen und in Zeitraffung im Bewegungsablauf beobachten. So wahrnehmbare Vorgänge sind beispielsweise die Wolkenbewegungen und die Strukturänderungen von Wolken und Wolkensystemen, die Bildung und Ausbreitung von Staubwolken, Bewegungen des Meereises, die zeitliche Veränderung der verschieden temperierten Meeresströmungen oder der Ablauf von Vulkanausbrüchen.

Die Idee, Wettervorgänge filmisch und in Zeitraffung darzustellen, war im Prinzip 1967 keineswegs neu. Zeitraffer-Wolkenfilmszenen - vom Boden aus aufgenommen - sind in der Literatur erstmals (von W.N. Shaw) 1912 erwähnt worden. Gewissermaßen "Wetter aus der Vogelperspektive" hat Mitte der 30er Jahre R. Mügge in einem Zeichentrickfilm (Titel: 'Zyklonenbildung auf der Wetterkarte', d.h. das bodennahe Luftdruckfeld in Bewegung) erstmals dargestellt. Dies war jedoch eine außerordentlich mühselige und aufwendige Sache und ist deshalb einmalig geblieben - wenn man von neueren, auf Computergrafiken beruhenden Darstellungen der raum-zeitlichen Veränderungen atmosphärischer Parameterfelder absieht.

Die Bewegungsszenen aus Bildfolgen geostationärer oder auch
polar umlaufender Satelliten haben neben dem Vorteil des mehr
oder weniger gleichzeitigen ('synoptischen') Überblickens
großer Gebiete nun aber auch die Eigenschaft, daß sie uns die
vielfältigen dynamischen Vorgänge in der natürlichen Superposition aller ihrer Größenordnungsskalen vorweisen, die vielfach verwirrend sein kann. Zu ihrer Entwirrung - falls nicht
gerade diese Superposition der Forschungsgegenstand sein soll
- bedarf es einer Reihe gezielter Manipulationen der Bild-
sequenzen bzw. der Bewegungsszenen.

MANIPULATIONEN ZUR BEWÄLTIGUNG DER VISUELLEN DATENFLUT

Die Bewegungsillusion wird bekanntlich erreicht, indem eine,
bei Wetter-Satellitenbildern in der Regel halbstündliche, Bild-
folge mit einer Geschwindigkeit von 24 Bildern pro Sekunde abgespielt wird. Das bedeutet aber, daß die 48 Satellitenbilder
eines Tages (86400 Sekunden) in 2 Sekunden ablaufen. Das ist
im allgemeinen viel zu schnell für den komplexen Bildinhalt
und die Vielfalt der in der Szene ablaufenden Vorgänge. Eine
erste Verbesserung bringt ein ganz einfacher Trick, indem
jedes Bild auf zwei aufeinander folgende Filmfelder gebracht
wird. Dadurch leidet noch nicht die Illusion gleichförmiger
Bewegung, doch wird die Tagesszene auf 4 Sekunden (Zeitrafferverhältnis 1:21600) gedehnt, wodurch sich Vorgänge, die sich
über einen ganzen Tagesablauf erstrecken, also im Größenord-
nungsbereich von Zyklonen und Hochdruckgebieten liegen, meist
recht gut verfolgen lassen. Trotzdem übersteigt der Informa-
tionsgehalt einer in vier Sekunden und nur einmal abgespielten
Folge von Satellitenbildern noch immer die menschliche Auffas-
sungskraft, und so hat sich eingebürgert, zum Studium derartiger Bewegungsszenen Endlosfilme herzustellen, d.h. Filmschlei-
fen (englisch: loops), die man beliebig lange durch einen geeigneten Filmprojektor (oder über den Bildschirm einer digitalen Bildverarbeitungsanlage) laufen lassen kann, so daß sich
die Bewegungsszene beliebig oft wiederholt, und sie dadurch
eingehend studiert werden kann.

Die Tatsache, daß selbst die auf der Erde stattfindenden atmosphärischen und ozeanischen Vorgänge schon eine weite Spanne
räumlicher und zeitlicher Größenordnungen überdecken, und daß
diese verschiedenskaligen Vorgänge stets gleichzeitig und überlagert stattfinden und dabei in jeder Bewegungsszene superpo-
niert vorkommen, bedingt nun (s. Abb. 3), daß man nicht einfach mit einem festen Zeitrafferverhältnis auskommt, sondern -
will man einen Vorgang visuell optimal wahrnehmbar machen - in
jeder Bewegungsszene das für die zu untersuchenden Vorgänge
jeweils angemessene Zeitrafferverhältnis experimentell heraus-
finden muß. Einige grobe Orientierungswerte für meteorologische Filmszenen sind beispielsweise:

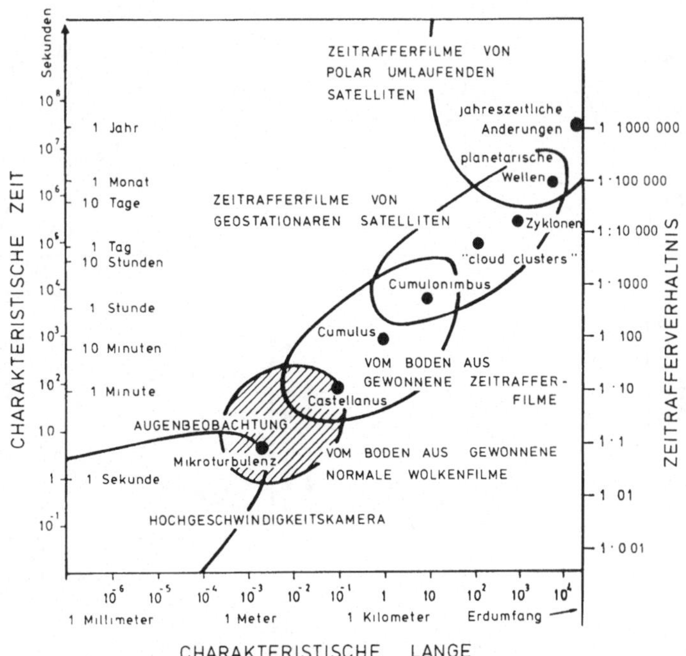

<u>Abb. 3.</u> Beziehung zwischen den Raum- und Zeitskalen für typische atmosphärische Phänomene, ihre jeweilige Beobachtbarkeit durch filmische Bewegungsszenen und die zugehörigen günstigsten Zeitrafferverhältnisse.

Gewöhnliche Wolkenentwicklung
(vom Boden aus gefilmt):   1:10 bis 1:50

Erscheinungen in der Größenordnung
von Gewittern (aus Bildfolgen geostationärer Satelliten gefilmt):   1:500 bis 1:5000

Erscheinungen in der Größenordnung
von Zyklonen (aus Bildfolgen geo-
stationärer Satelliten gefilmt):   1:10000 bis 1:30000

Globale Vorgänge der Allgemeinen
Zirkulation (aus Bildfolgen auch
polar umlaufender Satelliten):   1:86400 bis 1:2,5 Mio

Aber selbst dann sind für unser begrenztes visuelles Wahrnehmungsvermögen noch eine Reihe weiterer technischer Manipulationen angebracht, die nicht nur die visuelle Wahrnehmung, sondern auch das Verständnis der meist hochkomplexen, dynamischen Bildinhalte erleichtern; und es ist sowohl für unterschiedliche Bildinhalte als auch für die verschiedenen Darstellungs- und Beobachtungszwecke inzwischen eine Vielzahl von Endlosfilmarten entwickelt worden. Von diesen sind einige sehr gebräuchliche in Abb. 4 dargestellt, weitere sind bei Warnecke & Zick (1981) zu finden.

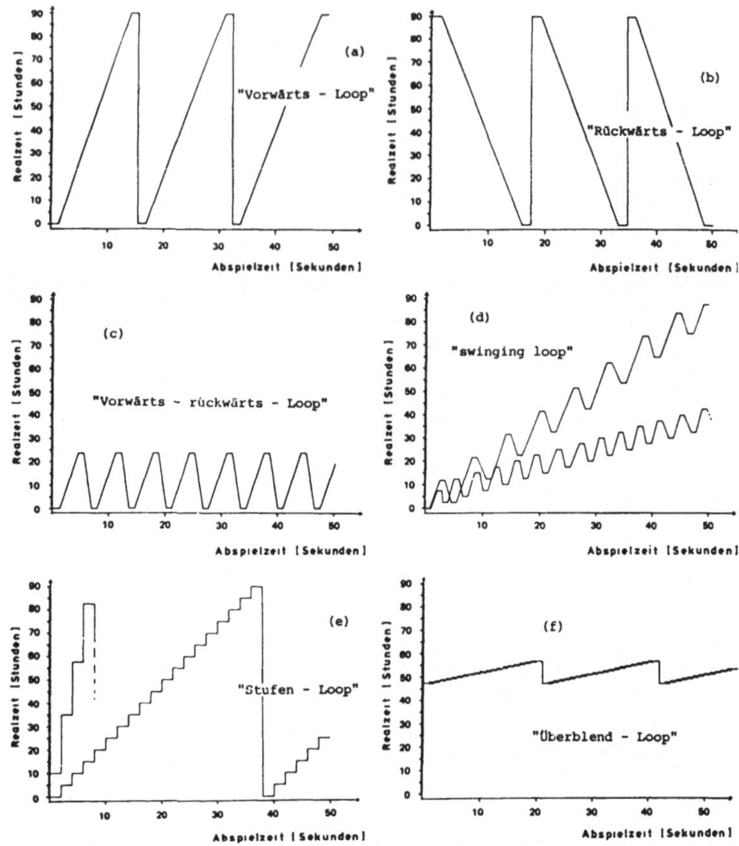

Abb. 4. Szenenablauf bei einigen der gebräuchlichsten Formen von Endlos-Filmschleifen ("loops") bei Satellitenbildfolgen. Erläuterungen siehe Text.

So ist es beispielsweise oft zweckmäßig, eine Bewegungsszene nicht nur in der natürlichen Zeitabfolge ('Vorwärts-Loop', s. Abb. 4a) zu studieren, sondern auch im Rückwärtsgang ('Rückwärts-Loop', Abb. 4b) oder gar in der fortlaufenden Abwechslung von Vorwärts- und Rückwärtsgang (Abb. 4c). Dabei ist das Einblenden von Standbildern (horizontal von links nach rechts verlaufende Kurvenstücke in Abb. 4) am Anfang einer jeden Teilszene eine wichtige visuelle Hilfe, um Vorgänge und Strukturen kontinuierlich hin und zurück verfolgen zu können. Sind Bewegungsvorgänge zeitlich sehr variabel oder ziehen sie sich länger hin, als daß sie befriedigend visuell detailliert erfaßt werden können, ist eine zeitlich fortschreitende 'schaukelnde' Loop-Form ('swinging loop', Abb. 4d) eine bewährte praktische Lösung, die es gestattet, relativ kurzzeitige Abläufe innerhalb einer längeren Szene sowohl im Detail als auch im größeren raum-zeitlichen Zusammenhang zu beobachten.

Zuweilen können auch Standbildfolgen in Loop-Form von Interesse sein (Abb. 4e), insbesondere dann, wenn die Ablaufgeschwindigkeit herabgesetzt werden soll. Dabei geht dann allerdings der Eindruck einer glatten, kontinuierlichen Bewegung verloren. Die Überblendtechnik, wie z.B. in Abb. 4f angedeutet, hilft ebenfalls, die Ablaufgeschwindigkeit herabzusetzen, doch wird durch die Überblendung erreicht, den Eindruck ruckartiger Bewegungen zu vermeiden und den glatter, kontinuierlicher Bewegungsabläufe bzw. gleichmäßiger Strukturänderungen wiederherzustellen.

Weitere Manipulationen, nämlich der Bilddaten selbst, mit digitalen Bilddatenverarbeitungsanlagen, wie z.B. Kontrastverstärkung, Farbcodierung, Mittelbildung (Summation) oder die Überlagerung multispektraler Bilddaten, können ebenfalls zum Unterdrücken bzw. zum Hervorheben bestimmter Bildinhalte bzw. bestimmter Größenordnungsskalen von Bewegungs- bzw. Strukturveränderungsvorgängen herangezogen werden.

Zusammenfassend können wir feststellen, daß Satelliten nicht nur ein bekanntermaßen ausgezeichnetes Hilfsmittel sind für die laufende globale Beobachtung und Kartierung des Zustandes der Erdoberfläche und der Atmosphäre, sondern daß spezielle Methoden der Datenverarbeitung es uns darüber hinaus ermöglichen, aus Bildfolgen dynamische Vorgänge in Zeitraffung so als Bewegungsszenen darzustellen, daß wir sie auch als dynamische Vorgänge visuell erfassen und somit in ihrem natürlichen raumzeitlichen Verhalten direkt beobachten und erforschen können.

Die in der nachstehenden Liste aufgeführten Filme verschaffen einen Einblick in die Vielfalt der Möglichkeiten, die sich uns hiermit für die Beobachtung und Darstellung dynamischer Vorgänge auf der Erde bieten, ohne daß wir sagen können, wir hätten diese Möglichkeiten schon erschöpfend ergründet. Man muß sogar feststellen, daß das wissenschaftliche Potential dieser Art Bewegungsszenen in der Fachwelt vielfach noch gar nicht recht erkannt wurde. Zum Teil mag das daran liegen, daß es bis heute neben der rein visuellen Verarbeitung, die recht mühsam ist, kaum Verfahren gibt, die den Bewegungsszenen eigentümlichen Informationen ausreichend quantitativ zu erfassen und entsprechend weiterzuverarbeiten. Die (digitale) Analyse dynamischer Szenen ('dynamic scene analysis') der Informatik steckt - was die Behandlung so komplexer, teilweise diffuser und zeitlich stark veränderlicher Strukturen anbetrifft, wie sie in meteorologischen Satellitenbildfolgen nun einmal vorliegen - zudem noch in den Anfängen (s. z.B. Warnecke 1983).

NACHWEIS DER GEZEIGTEN FILME: TITEL UND KURZBESCHREIBUNG

Anonymous: "Loop: Cold Water Tongues at Gulf Stream Boundary".
 SMS-1-Sequence, IR, 3 - 8 April 1975. NOAA-NESS Applications
 Group, Camp Springs, Maryland
 Dieses Loop belegt, daß Bildfolgen von Wettersatelliten auch
 für die Ozeanographie interessant sein können. Da sich im
 Infrarotkanal bei Wolkenlosigkeit die Oberflächentemperaturen abbilden lassen, wird vor der amerikanischen Ostküste
 die westliche Begrenzung des Golfstroms, die meist sehr
 scharf ist, in allen Details sichtbar, besonders ihre zahlreichen Verwirbelungen und deren zeitliche Verlagerungen.

Anonymous: "Cold Air Outbreak Over South Amerika". SMS-1-Se-
 quenz, IR, 16 - 20 July 1975, SIMPLE No. 18, Hochschulfilmreferat FU Berlin
 Gegenstand dieses Loops ist der stürmische Einbruch eines
 Pamperos,   d.h. eines gewaltigen antarktischen Kaltluft-
 schwalls, der östlich der Anden bis weit in das Amazonas-
 becken hinein vorstößt. Die Wirkung der Kaltluft auf den
 Bewölkungsgang ist eindrucksvoll zu sehen. Mit dieser Szene
 wird ein meteorologischer Vorgang in vielen Einzelheiten
 anschaulich, der durch die in den brasilianischen Kaffee-
 Anbaugebieten verursachten katastrophalen Schadensfröste den
 Kaffeepreis auf dem Weltmarkt binnen kurzem auf das Zehn-
 fache ansteigen ließ.

Anonymous: "Comma Cloud Cyclogenesis (II)". METEOSAT-1, IR/WV,
 31 Mai - 2 June 1979. SIMPLE No. 20, Hochschulfilmreferat FU
 Berlin
 Mit diesem Film, der die Entwicklung einer ausgeprägten Wol-
 kenspirale aus einem unscheinbaren, kommaförmigen Wolkenge-
 bilde heraus innerhalb weniger Stunden zeigt, lassen sich
 die Anwendung und der Nutzen verschiedener Loop-Arten (vor-
 wärts, rückwärts, swinging) sowie die Vorteile gewisser
 Farbcodierungen, z.B. für besonders hochreichende Wolken,
 zeigen. Die Früherkennung von Zyklonen-Neubildungen wird so
 eher sichtbar als in konventionellen Wetterkarten.

Anonymous: "Loop: Eruption of Mount St. Helens". SMS-2-Bild-
 folge, VIS, 19 Mai 1980. The California Institute of Earth,
 Planetary and Life Sciences
 Dieser Film ist ein Beispiel dafür, daß sich u. U. Wetter-
 satellitenbildfolgen auch zur Darstellung geophysikalischer
 Phänomene verwenden lassen. Der Film zeigt die Explosion des
 im Nordwesten der USA gelegenen Vulkans Mt. St. Helens, erkennbar zunächst an der sich ringförmig verbreitenden, von
 einer Wolke begleiteten Schockwelle, der dann die nach Osten
 driftende Aschenwolke folgt.

"GATE - Intensive Observing Periods, Phase I". SMS-1, Infrared
 Imagery, 1 - 16 July 1974. Film WAB 394, The Walter A. Bohan
 Company, Park Ridge, Ill., USA
 Der Film ist eine reine Datendokumentation. Die darin ablau-
 fenden Ereignisse über 17 Tage überfordern die Aufnahmekapa-
 zität.

Gloersen, PW: "Seasonal Variations of Ice Pack in the Nor-
wegian, Greenland, and Barents Sea". Nimbus-5-ESMR-Mikro-
wellen-Pseudofarbbilder, September 1973 - December 1974,
NASA, Goddard Space Flight Center, Greenbelt, Maryland/
Crawley Films
In diesem Film wird das langfristige Verhalten der Eisbedek-
kung der Arktis im Jahresverlauf gezeigt. Der Mikrowellen-
spektralbereich (1,55 cm = 19,35 GHz) erlaubt nicht nur die
Erkennung und Verfolgung der Eisbedeckung, sondern auch der
Eisbeschaffenheit; im Film sehen wir von beidem die jahreszeitlichen Veränderungen.

Mügge, R (1931/1951): "Zyklonenbildung auf der Wetterkarte".
Institut für den Wissenschaftlichen Film (IWF), Göttingen
Der Film zeigt im Zeichentrick die zeitliche Änderung des
Luftdruckfeldes (Wetterkarte) über Europa während mehrerer
Tage.

NOAA-NESS: "Indian Ocean Cloud Patterns". ESSA Digital Pro-
ducts Jan - Dec 1967. The Walter A. Bohan Company, Park
Ridge, Ill., USA
Hier handelt es sich um vom Computer bearbeitete Bilder
eines polar umlaufenden Satelliten, und zwar werden über
jeweils 30 Tage aufsummierte tägliche Bilder ("Mittel") in
15-tägigen Intervallen überlappend abgespielt. Sie lassen so
im Jahresverlauf die Veränderungen der intertropischen Konvergenzzone und vor allem die zeitliche Entwicklung des
indischen Monsuns verfolgen.

Ossing FJ: "Gewitter und Böenlinien". METEOSAT-1-Bildfolgen,
IR/VIS, Afrika. Hochschulfilmreferat FU Berlin und IWF (Institut für den Wissenschaftlichen Film) Göttingen
Der Lehrfilm zeigt, wie sich von starken Gewitterzellen über
Zentralafrika Böenlinien über weite Strecken hinweg radial
ausbreiten, und gestattet das Studium vieler Einzelheiten
dieses erstmals durch Satellitenbildfolgen sichtbar geworde-
den Phänomens. So bilden sich beispielsweise häufig an den
Interferenzpunkten zweier Gewitterböenlinien neue Gewitter.

Tonn W: "Loop: Eisschollendrift bei Nowaja Semlja". NOAA-7-
Bildsequenz, IR, 24.-31. März 1983. Institut für Meteorologie FU Berlin
Dieser Film wurde aus täglichen NOAA-Bildern hergestellt,
die in Berlin aufgenommen wurden. Während einer Woche lassen
sich die Eisbewegungen im Seegebiet von Novaja Semlja beobachten, und zwar im ersten Teil eine antizyklonale Eisdrift
(im Uhrzeigersinn), im zweiten Teil die interessante Bildung
von Scherungsrissen längs der Küste.

Voellger C: "Karman-Wirbel im Nachlauf Madeiras". METEOSAT, 4.
Aug. 1983, Atlantik. Hochschulfilmreferat FU Berlin
Der Film zeigt die Abbildung von im Lee von Madeira entstehenden Karman-Wirbeln im Wolkenmuster und deren zeitliche
Veränderungen. Während die genaue Auswertung der Wolkenbewegungen infolge der den Wirbeln überlagerten starken Passat-
strömung keine eigentlichen Wirbel in den momentanen Wind-

feldern erkennen läßt, werden durch den Trick der den driftenden wirbligen Wolkenstrukturen nachgeführten Kamera, d.h.
durch das Herausarbeiten von Relativbewegungen, diese abwechselnd zyklonal und antizyklonal drehenden Wirbel als
solche sichtbar gemacht.

Zick C: "Loop: Television Picture Terminal-Simulation". SMS-1-
Bildsequenz, VIS, 26. Mai 1975, Nordamerika. Hochschulfilmreferat FU Berlin
Der Film stellt das Potential solcher Bewegungsszenen für
die Ultra-Kurzfrist-Wetterprognose (wenige Stunden) heraus
und demonstriert außerdem am gewählten Beispiel das Zusammenwirken von großskaligen (Zyklonen-Skala) und lokalen
(Seewindzirkulation) Prozessen bei der Gestaltung von örtlich sehr unterschiedlichen Wetterabläufen innerhalb einer
Region. So sieht man, wie die Interferenz einer relativ
harmlosen Kaltfront mit der Seewindfront des Eriesees südlich von Buffalo, N.Y., zu einem isolierten kräftigen Gewitter führt.

Zick C: "Loop: Räumliche und zeitliche Scales". GOES-1-Bildsequenz, VIS, 30. Juni 1976. Hochschulfilmreferat FU Berlin
Der Film macht deutlich, wie sich die Anwendung zweier unterschiedlicher Zeitraffverhältnisse auf die Darstellung des
Bewegungsablaufs bei verschieden-skaligen Vorgängen, nämlich
bei einer Zyklone und bei Gewittern, auswirkt.

Zick C, Kästner M et al.: "Eine Staubwolke über dem Atlantik
im Satellitenbild". SMS-1-Sequenz, 27. Juli - 4. August
1974. CDZ-Film, Berlin
Vorgeführt werden die Signatur eines Sandsturms über NW-
Afrika und die Ausbreitung einer Saharastaubwolke über den
Nordatlantik hinweg bis in die Karibik. Diese Prozesse haben
zunächst Wirkungen in den Quellgebiete (Forttragen von
Ackerkrume, Versanden von Vegetationsgebieten) und darüber
hinaus auf den Strahlungshaushalt (z.B. großräumige Erhöhung
der Albedo über sonst wenig reflektierenden Meeresgebieten)
und somit auf das großräumige Klima. Es ist zugleich eine
Demonstration des Mechanismus, der auch in der jüngeren geologischen Vergangenheit zu Ablagerungen von äolischen Sanden
in marinen Sedimenten im Atlantik geführt hat.

LITERATUR

Reeves RG, Anson A, Landen D (Eds) (1975) Manual of Remote
    Sensing. Amer Soc Photogrammetry, Falls Church, Va. USA.
Shaw WN (1912) Preface to "The Free Atmosphere in the Region
    of the British Isles" (2nd Report). Geophys Mem No 2, pp 13-
    22. The Met Off Loncon
Suomi VE, Fujita T (1967) Film (9 Min): Detailed Views of
    Mesoscale Cloud Patterns. Walter A. Bohan Comp, Park Ridge,
    Ill. USA
Warnecke G (1983) Aspects of dynamic scene analysis in meteo-
    rology. In: Huang TS (Ed) Image Sequence Processing and Dy-
    namic Scene Analysis, p 594-600, Springer Verlag Berlin
    Heidelberg
Warnecke G (1987) The visualization of the ceaseless atmo-
    sphere. In: Vaughan RA (Ed) Remote Sensing Applications in
    Meteorology and Climatology, p 245-257, D. Reidel Publ Comp,
    Dordrecht, Holland
Warnecke G, Zick C (1981) The use of cinematographic methods
    for the presentation of atmospheric motions as revealed by
    remote sensing techniques from satellites. In: Cracknell AP
    (Ed) Remote Sensing in Meteorology, Oceanography and Hydro-
    logy, p 452-473, Ellis Horwood Ltd, Chichester, W.S.

Prinzipielle Grenzen der Vorhersagbarkeit atmosphärischer Prozesse

Heinz Fortak

DIE GRENZEN DES KAUSALEN DENKENS

Die Erwartungshaltung des heutigen Menschen bezüglich der Vorhersage atmosphärischer Prozesse (Wetter, Klima) wie auch hinsichtlich der Vorhersage künftiger wirtschaftlicher oder sozialer Veränderungen beruht auf seinem monokausalen Denken, auf seinem tief verwurzelten Glauben an die Kausalität allen Geschehens. So glaubt er an die prinzipielle Möglichkeit von exakten deterministischen Vorhersagen in dem Sinne, daß bei Kenntnis der Anfangszustände (des Jetzt) die Naturgesetze, die er im Laufe der Evolution als richtig erkannt hat, die weitere zeitliche Entwicklung seines Mesokosmos für längere Zeit kausal steuern. Die evolutionäre Erkenntnistheorie meint, abschätzen zu können, wann im Laufe der Evolution und unter welchen Bedingungen diese Erwartung kausaler Zusammenhänge entstand und wann es begann, daß diese Erwartungshaltung einen selektionsbewährten Algorithmus darstellte (Riedl 1980): Es soll die Zeit des späten Pleistozäns (auch Diluvium, Eiszeitalter), d.h. die Zeit vor etwa 100 000 Jahren gewesen sein. Die mesoskalige Welt des frühen Menschen war zeitlich stabil, sozial streng geordnet, es kamen kaum abrupte Wechsel und Sprünge im Ablauf des Geschehens vor, und exponentielles Wachstum war unbekannt. Somit bewährte sich das monokausale Denken besonders auch deshalb, weil das eigene Handeln des Menschen keine nichtlinearen Rückkopplungen in seiner Welt verursachte.

Es ist erstaunlich, daß sich auf dieser Evolutionsstufe des Gehirns die modernen Naturwissenschaften entwickeln ließen, daß es möglich wurde, das Buch der Natur in den Lettern der Mathematik zu schreiben, wodurch die Vorstellungswelt des Menschen vom mesoskaligen Bereich sowohl in den mikroskopischen als auch in den makroskopischen (kosmische Invarianz mathematischer Theoreme) hinein erweitert werden konnte. Auf der Zeitskala eröffneten sich auch Möglichkeiten langfristiger Beobachtungen komplizierter Systeme. Dies trifft alles in besonderem Maße auch für die Meteorologie zu. Bei den Erweiterungen der bisherigen Vorstellungswelt kam es jedoch schnell zu Konflikten mit dem Kausalitätsprinzip. Die jahrzehntelange Diskussion über den Bereich der Mikrowelt im Zusammenhang mit der Quantentheorie und die Probleme in der Kosmologie, etwa was die Konsequenzen des zweiten Hauptsatzes der Thermodynamik anbelangt, zeugen ebenso davon wie die Beobachtungen des Langzeitverhaltens komplexer physikalischer oder chemischer Systeme, bei denen es infolge nichtlinearer innerer Wechselwirkungen zur nicht kausal erklärbaren Bildung von kohärenten Struk-

turen kommt. Diese Phänomene sind erst seit etwas mehr als
zehn Jahren bekannt. Es scheint, daß unsere kognitiven Denk-
strukturen, die uns wohl genetisch aus dem späten Pleistozän
zukommen, in die Welt, in der wir heute leben, nicht mehr so
recht passen. Dies betrifft insbesondere unseren Hang zum ausschließlich kausalen Denken.

Die Meteorologie scheint ein besonders schönes Beispiel für
diese Wandlung des Denkens abzugeben. Hier hat man es mit
mikro- wie mit makrometeorologischen Phänomenen zu tun und
hier dringt man, etwa im Bestreben, das Erdklima zu verstehen
und vorherzusagen, in räumliche und zeitliche Bereiche vor,
die dem frühen Menschen noch völlig unerreichbar waren. Es ist
hier auch besonders klar demonstrierbar, daß es im Falle sehr
komplexer makroskopischer physikalischer Systeme nicht nur
praktische, sondern auch prinzipielle Grenzen der Vorhersagbarkeit geben müßte.

DAS PROBLEM DER KAUSALITÄT IN PHYSIKALISCHEN SYSTEMEN

Die Gesetze, nach denen sich ein beliebiges physikalisches System im zeitlichen Verhalten darstellt, sind innerhalb weniger
Jahrhunderte in den Labors experimentierender Physiker derart
gewonnen worden, daß durch Ausschaltung störender Effekte isolierte Phänomene studiert werden konnten. Experimente mit Systemen, die sehr viele Phänomene gleichzeitig und außerdem in
größeren Dimensionen enthalten, sind in der Regel nicht durch-
führbar. Daher ist die Übertragbarkeit dieser für den Maßstab
("scale") der Laborphysik gültigen Gesetze beispielsweise in
den atomaren Mikrobereich oder in den globalen Makrobereich
der Atmosphäre nicht von vornherein gegeben. In der Atomphysik
sind die Gesetze, die aus der Labor-Mechanik herstammen, mit
Sicherheit nicht anwendbar; in der Meteorologie ist man sich
neuerdings nicht mehr so ganz sicher, inwieweit die hier der
klassischen Labor-Physik entstammenden Gesetze universell anwendbar sind.

Charakteristisch für die Gesetze der klassichen Physik ist die
Tatsache, daß sie die Gestalt deterministischer mathematischer
Gleichungen besitzen. Dies bedeutet, daß allein die Kenntnis
eines beliebigen Anfangszustandes ausreicht, um das gesamte
künftige Verhalten des Systems zu berechnen. Über diesen Alp-
traum des physikalischen Determinismus und seine Konsequenzen
ist noch lange in das 20. Jahrhunderts hinein sehr ernsthaft
diskutiert worden (Kanitscheider 1981). Selbst heute ist es
noch möglich, das Phänomen der Turbulenz in strömenden Fluiden
als deterministisches Chaos zu interpretieren (Großmann 1983).
In der Vergangenheit haben sich die größten Physiker mit dem
Problem der Kausalität, und damit mit dem Problem der deterministischen Vorhersagbarkeit, auseinandergesetzt (Planck 1948,
Einstein 1952, Ertel 1954). Planck meint, daß das Kausalgesetz
weder richtig noch falsch sei, sondern lediglich ein heuristi-
sches Prinzip darstelle (Planck 1948). Er beruft sich dabei
auch auf die Meteorologie.

Die bis heute überzeugendste Darstellung der Problematik stammt von Ertel (1954). Er geht von der unbestreitbaren Tatsache aus, daß aus erkenntnismethodischen Gründen die Welt stets in mindestens zwei Untersysteme dekomponiert werden muß. Das eine Untersystem ist dabei ein beobachtbares, von dem anderen besitzt man i.a. nur unvollständige Informationen. Der Laborphysiker versucht, den Einfluß des zweiten, störenden Untersystems durch geeignete Maßnahmen auszuschalten. Allgemein, beispielsweise im Falle der Atmosphäre, ist dies nicht möglich, denn dort besteht das störende Untersystem aus den kleinräumigen Phänomenen, die immer präsent sind und die das Gesamtgeschehen in der Atmosphäre entscheidend mitbestimmen. Ertel zeigt, daß selbst bei durchgängiger Kausalstruktur des Weltsystems die Anfangsbedingungen des interessierenden Teilsystems, das unserer Beobachtung zugänglich ist, nicht ausreichen, um die Folgezustände desselben zu bestimmen. Es werden auch die Anfangswerte des störenden Untersystems für eine deterministische Vorhersage des beobachtbaren Systems benötigt. Da man diese jedoch prinzipiell nicht kennt (sie sollen ja dem nicht explizit beobachtbaren Untersystem angehören), ist die prinzipielle Unmöglichkeit einer deterministischen Vorhersage für ein System, das mit einem störenden Untersystem in Wechselwirkung steht, bewiesen. Diese Aussage bezieht sich in erster Linie auf komplexe makroskopische physikalische Systeme, die Phänomene sehr unterschiedlicher Größenordnung enthalten, was in besonderem Maße für das atmosphärische System zutrifft.

In diesem Zusammenhang muß das Problem der Dekomposition physikalischer Systeme näher erörtert werden. Nur das gesamte Weltall ist als ein geschlossenes System zu interpretieren. Einstein (1952) und Ertel (1954) waren überzeugt davon, daß dieses Gesamtsystem kausal funktionieren müßte. Untersysteme können in vielerlei Art auftreten: Ein System kann intern deterministischen Gesetzen gehorchen, jedoch extern in dem Sinne offen sein, daß es mit einer stochastischen, d. h. sich statistisch verhaltenden Umgebung in Wechselwirkung steht. Der Laborphysiker schaltet diese störende Umgebung weitgehend aus. Ein System kann aber auch schon intern aus zwei Untersystemen bestehen: einerseits aus den beobachtbaren Phänomenen und andererseits aus den nicht beobachtbaren, stochastischen. Ein solches System wird als intern offenes System bezeichnet. Die Umgebung kann hierbei eine rein kausal-deterministische, eine stochastische oder eine gemischt kausal-stochastische sein.

Zur Verdeutlichung soll als Beispiel das atmosphärische System herangezogen werden. Wie noch ausgeführt werden wird, enthält das atmosphärische System Phänomene, die einen sehr großen Bereich von Grössenordnungen überdecken. Der Bereich der kleinräumigen Phänomene ist routinemäßig nicht beobachtbar, lediglich statistische Informationen sind darüber verfügbar. Dieser Bereich muß deshalb als Bereich des stochastischen Teilsystems aufgefaßt werden. Die anderen, großräumigen Phänomene sind dagegen beobachtbar. Das atmosphärische System ist somit intern offen. Die Umgebung besteht einerseits aus dem Weltraum, andererseits aus der Erdoberfläche. Das Teilsystem Weltraum stellt für die Atmosphäre eine deterministische Umgebung dar: Lediglich die Sonnenstrahlung tritt in Wechselwirkung mit dem atmosphärischen System. Im Gegensatz dazu besteht die Wechselwirkung mit dem Umgebungssystem Erdoberfläche aus einer solchen, die sehr vielfältiger Natur ist: Wechselwirkungen mit den Teilsystemen Hydrosphäre (Wasser), Kryosphäre (Eis, Schnee), Lithosphäre (Landflächen) und Biosphäre (inklusive der Tätigkeit des Menschen).

Von besonderer Bedeutung ist in diesem Zusammenhang, daß die Teilsysteme des gesamten irdischen Systems sehr unterschiedliche Reaktionszeiten auf Änderungen in anderen Teilsystemen besitzen. So verhält sich die Hydrosphäre ungleich träger gegenüber Einflüssen aus ihrer Umgebung als die Atmosphäre. Aber auch die Atmosphäre reagiert als Ganzes relativ träge. So dauert es einige Tage, bis die Sonnenstrahlung oder die Reibung an der Erdoberfläche in eine Vorhersage eingeht. Dies bedeutet, daß man bei einer Vorhersage für den Zeitraum von Tagen so tun kann, als ob die Atmosphäre mit ihrer Umgebung überhaupt nicht in Wechselwirkung stünde. Selbst von den Wechselwirkungen interner Art, d.h. von den Wechselwirkungen zwischen den kleinräumigen und den großräumigen Phänomenen, kann man absehen. Diese Tatsache hat die Entwicklung von Methoden für die kurzfristige Wettervorhersage überhaupt erst ermöglicht. Es ist denkbar, daß der frühe Mensch kurzfristige Wettervorhersagen in ähnlicher Art hätte erbringen können, wie man es heute noch den Schäfern zuschreibt. Dies hätte noch im Bereich seines Mesokosmos (100 km Umgebung, ein Tag als Zeitmaß) gelegen. Bei Erweiterung auf die globale Atmosphäre, auf Langfristvorhersagen für Wochen im voraus oder gar für Vorhersagen von Klimaänderungen sind alle internen und externen Wechselwirkungen im Spiel, und es sind neue, meist überraschende Entwicklungen denkbar, Entwicklungen, die nicht mehr unserer linearen kausalen Denkweise entsprechen.

DAS ATMOSPHÄRISCHE SYSTEM

Das globale Gesamtsystem Atmosphäre+Hydrosphäre+Kryosphäre+ (Lithosphäre+Biosphäre) stellt das größte auf der Erde mögliche physikalische (und physikalisch-chemische) System dar. Erst seit wenigen Jahrzehnten sind globale Beobachtungssysteme, wie Wettersatelliten, verfügbar, die eine laufende Verfolgung des Verhaltens der einzelnen Teile des Gesamtsystems ermöglichen. Dabei hat sich die Kenntnis über die Vielfalt der beispielsweise in der Atmosphäre realisierten Strömungsstrukturen außerordentlich erweitert. Die Tatsache, daß sich eine unvorstellbare Menge von Molekülen der Luft so zusammenfindet, daß etwa ein Tiefdrucksystem mit einer Ausdehnung von etlichen tausend Kilometern gebildet wird, ist sehr erstaunlich. Dieses kooperative Verhalten der Moleküle mit dem Ziel der Bildung von Strömungsgebilden charakteristischer Formen und Eigenschaften hat in den letzten 10 Jahren in vielen Zweigen der Physik und der Chemie große Aufmerksamkeit auf sich gezogen. Man nennt diese in den Fluiden auftretenden Gebilde heute kohärente Strukturen. Im Gegensatz zu den Verhältnissen bei Laborexperimenten ist die Vielfalt der in der Atmosphäre (und im Ozean) auftretenden kohärenten Strukturen unvorstellbar groß. Das räumliche Größenverhältnis zwischen den kleinsten und den größten ist wie eins zu einer Milliarde, das Verhältnis der zugehörigen Struktur-Lebensdauern wie eins zu einer Million. Am unteren Ende des Spektrums der kohärenten Strukturen stehen die kleinen Wirbel der atmosphärischen Turbulenz mit Lebensdauern von Sekunden, am oberen Ende die großen planetarischen Wellen mit Wellenlängen von bis zu 10 000 km und Erhaltungstendenzen von vielen Tagen. Die heute verfügbaren Bilder von Bord der Wettersatelliten vermitteln einen sehr anschaulichen Eindruck des Geschehens.

Interessanterweise gruppieren sich die kohärenten Strukturen derart, daß sich Klassen von Strukturen mit jeweils ähnlichen Eigenschaften erkennen lassen. Die Gruppe der großen Hoch- und Tiefdruckgebiete fällt besonders auf; die Spiralarme im Wolkenbild der Tiefdruckgebiete sind heute jedermann bekannt. Es existieren offensichtlich Ordnungsprinzipien, die zur Versklavung einer Vielfalt von möglichen kohärenten Strukturen zugunsten der realisierten führen. Dieses Verhalten der Atmosphäre findet seine Parallele in der Evolution der Pflanzen- und Tierwelt auf der Erde. Im Unterschied dazu findet aber der Prozeß der Evolution zur Herausbildung von Arten (kohärenten Strukturen) in der Atmosphäre unvergleichlich viel schneller statt als in der lebenden Welt. Das dem Ganzen unterliegende Prinzip muß, mathematisch gesehen, sehr ähnlich sein. Man weiß heute aus Biologie, Physik, Chemie und Meteorologie, daß die nichtlinearen Wechselwirkungen dafür verantwortlich sind, Wechselwirkungen, die wir, da wir an die lineare kausale Extrapolation gewöhnt sind, nicht mehr anschaulich verstehen können. Lediglich in der Sprache der Mathematik, heute unter Verwendung sehr leistungsfähiger Computer, finden wir den Zugang zum Verständnis, zur Erklärung und zur Vorherage dieser Prozesse.

In der Meteorologie begann die Untersuchung derartiger nichtlinearer Systeme unmittelbar nach Aufkommen der ersten Computer, d.h. bereits in den frühen 50er Jahren. Die ersten numerischen Wettervorhersagen berücksichtigten schon voll die Nichtlinearität der Natur, allerdings nur in Form eines sehr einfachen Modells der Atmosphäre.

Es soll nun nach den Ursachen für die Auslösung der Vielfalt von Bewegungsformen in der Atmosphäre gefragt werden. Die primäre Ursache ist, wie jederman weiß, die Sonnenstrahlung. Doch müssen als zusätzliche Ursachen die Kugelgestalt der Erde und die Rotation derselben genannt werden. Eine der Sonne stets zugewandte scheibenförmige Erde würde in ihrer Atmosphäre, wenn überhaupt, eine weit geringere Vielfalt von kohärenten Strukturen aufweisen als unsere Erde. Kugelgestalt und Rotation der Erde führen zu einer räumlich differenzierten Erwärmung des Systems durch die Sonnenstrahlung, zu der Ausbildung von räumlichen Temperaturgegensätzen und damit zu einer steten Aufrechterhaltung einer Grundstruktur des Systems, hier manifestiert im Temperatur- und Strahlungsfeld. Nach den Gesetzen

der Thermodynamik, insbesondere des Zweiten Hauptsatzes, entspricht dieser Vorgang einer Erniedrigung der Entropie (einer
Erhöhung der Ordnung, es wird ja eine Struktur gebildet) des
Systems. Kein Makrosystem (das in strengem Sinne abgeschlossen
sein müßte) duldet jedoch auf Dauer die Existenz von geordne-
ten Strukturen in seinem Inneren. Es löst Ausgleichsbewegungen
zum Abbau dieser Strukturen aus. Im Falle der Atmosphäre und
auch des irdischen Gesamtsystems bestehen die Ausgleichsbewegungen in Bewegungen der Atmosphäre und der Ozeane mit dem
Ziel, die vorher erwähnte Struktur im Temperatur- und Strahlungsfeld abzubauen. Dies gelingt dem System jedoch infolge
der Konstanz der Sonnenstrahlung nie. Das System bedient sich
dabei der raffiniertesten Tricks: Wenn es zum Zwecke der Entro-
pieerhöhung des Gesamtsystems, was ja das Ziel ist, vorteil-
haft ist, bildet es lokal und für begrenzte Zeit kohärente
Strukturen im Strömungsfeld, d.h. vorübergehende lokale Entro-
pieerniedrigungen im Innern, die aufgrund ihrer besonderen
Eigenschaften nach Ablauf ihrer Lebensdauer die Entropieerhö-
hung für das Gesamtsystem beschleunigt durchgeführt haben. Die
Vielfalt der kohärenten Strukturen in der Atmosphäre und im
Ozean dient dem System nur als (an sich unerwünschtes) Heer
von Hilfstruppen zur Erreichung des einen Ziels: dem Abbau der
von der Sonnenstrahlung immer wieder aufgebauten Struktur im
Temperatur- und Strahlungsfeld.

Das eindrucksvollste Beispiel für diesen Vorgang findet sich
in den mittleren geographischen Breiten. Hier findet sich in
der Temperatur-Strahlungs-Struktur der größte räumliche Gegensatz. Das Gesamtsystem bildet deshalb hier die größten Strukturen, nämlich die Kette der Tief- und Hochdruckgebiete. Diese
haben die Eigenschaft, beispielsweise warme Luft sehr effektiv
nach Norden und kalte Luft nach Süden zu befördern, d.h. einen
erheblichen Beitrag zum Abbau der Temperatur-Strahlungs-Struktur des Gesamtsystems zu leisten. Wenn eine der individuellen
Strukturen, etwa ein Tiefdruckgebiet, ihre Aufgabe einige Tage
lang erfüllt hat, ist sie verbraucht, sie stirbt ab, die Atmosphäre muß sich neue bilden. Dies ist die Ursache für das wechselhafte Wetter in den mittleren Breiten. Eigentlich sollten
wir der Atmosphäre dafür dankbar sein, denn ohne diese Aus-
gleichsprozesse in den mittleren Breiten würde sich sehr
schnell ein für das Leben unerträgliches Klima auf der Erde
ausbilden. Die Situation ist jedoch auch unter den heutigen
Bedingungen gefährlich genug: Die Gesamtentropie des Systems
befindet sich nämlich sehr nahe an ihrem maximal möglichen
Wert; sie ist allerdings unserer Kenntnis nach bisher nur geringen klimatologischen Schwankungen unterworfen. Dies kann
sich aber empfindlich ändern, wenn der Mensch darin fortfährt,
sich klimaverändernd zu betätigen.

DAS PROBLEM DER MATHEMATISCH-PHYSIKALISCHEN BESCHREIBUNG

Mitte des 19. Jahrhunderts hatte die Physik das mathematische
Modell für die Beschreibung der Bewegungen von Flüssigkeiten

und Gasen bereitgestellt, die Thermodynamik der Gase war voll in mathematischer Form entwickelt, und am Ende des Jahrhunderts stand auch die mathematische Behandlung der Strahlung zur Verfügung. Dabei handelte es sich, der Erfahrung bei den zugrundeliegenden Experimenten entsprechend, um eine Beschreibung der Phänomene im kleinräumigen Maßstab unter Verwendung von Zahlenwerten, die der molekularen Struktur der Flüssigkeiten und Gase entstammten. Gegen Ende des Jahrhunderts wandte man sich bereits den auch im normalen Leben stets zu beobachtenden turbulenten Strömungen zu. Dabei gelang es nicht, eine befriedigende mathematische Erklärung und Beschreibung für dieses Phänomen zu finden. Erstaunlicherweise ist das bis heute nicht gelungen. Im Sinne der Betrachtungen zur Ausbildung kohärenter Strukturen handelt es sich hierbei um den Umschlag einer durch wenige Strukturen ausgezeichneten laminaren Strömung in eine solche, die eine Vielfalt von Strukturen in Form von Wirbeln aufweist. Wir haben dabei das einfachste Beispiel für die Ausbildung kohärenter Strukturen in strömenden Flüssigkeiten vor uns, dessen Erklärung immer noch große Schwierigkeiten bereitet, jedenfalls was das tiefere mathematische Verständnis des Vorgangs anbelangt. Nicht ohne Grund hat sich die theoretische Physik nach langen Jahren der Abstinenz hydrodynamischen Problemen gegenüber nun verstärkt diesem Problem zugewandt. Seit etwa 15 Jahren weiß man auch in vielen anderen Wissenschaften, daß diese Welt eine Welt der nichtlinearen Wechselwirkungen ist, jedenfalls immer dann, wenn es sich um Systeme handelt, die aus vielen Individuen, in der Physik spricht man von Freiheitsgraden, besteht.

Daß die Hydrodynamik eine im Sinne der Neuentdeckung der Bedeutung der Nichtlinearität nichtlineare mathematische Struktur besitzt, war den Physikern natürlich seit Mitte des vorigen Jahrhunderts bekannt. Nur hatte man bis zur Entwicklung der modernen Computer keinerlei Hoffnung, mathematische Lösungen der diesbezüglichen Gleichungen zu finden. Wie erwähnt wurde, machte die Meteorologie den Anfang mit numerischen Lösungen unter Verwendung der ersten Computer. Heute werden die mathematischen Gleichungen vielerorts numerisch integriert, und es werden dabei selbst turbulente Strömungen numerisch simuliert, was zum Verständnis dieses Phänomens zumindest beigetragen hat (Deissler 1984).

Offen scheint zunächst noch die Frage, ob die für kleinräumige Strömungssysteme gültigen und bewährten mathematischen Gleichungen auch für die Beschreibung der globalen Strömungssysteme Verwendung finden können. In der Meteorologie hat sich jedoch vom Anfang der numerischen Integration an gezeigt, daß sich diese Gleichungen auch für die Berechnung der großräumigen Strömungssysteme verwenden lassen, solange man allerdings die Vorhersagezeiträume nicht über etwa zwei bis drei Tage hinaus ausdehnt. Die inzwischen hochentwickelte numerische Wettervorhersage für die großräumigen Phänomene liefert für das aktuelle Wetter (Niederschlag, Bewölkung) an Punkten, die durch die großräumigen Strukturen nicht aufgelöst werden können, allerdings nicht so sehr viel. Hier setzt immer noch die Erfahrung des klassischen Meteorologen den Schlußstein.

DAS PROBLEM DER ANFANGSBEDINGUNGEN

Die der Vorhersage zugrundeliegenden mathematischen Gleichungssysteme haben den Charakter von deterministischen Gleichungen.
Wie zu Beginn ausgeführt wurde, genügt die Kenntnis eines beliebigen Anfangszustandes, um die gesamte weitere Entwicklung
des Systems vorherzusagen. Bei genauer Kenntnis der Anfangsbedingungen würde dies eine Vorhersage für beliebig lange Vorhersagezeiträume bedeuten. Da die Erfahrung aber lehrt, daß die
großräumige Vorhersage selbst unter Verwendung der aufwendig-
sten Modelle und der leistungsfähigsten Computer nach spätestens fünf Tagen unrealistische Vorhersagen liefert, kann nur
der Schluß gezogen werden, daß entweder die Gleichungssysteme
nicht korrekt sind oder daß die Anfangsbedingungen zu ungenau
bestimmt worden sind.

Da man in der Meteorologie das Bestreben hat, an den klassischen deterministischen Gleichungen der Hydrodynamik festzuhalten, kam nur die Möglichkeit in Betracht, daß die Ursache
für das Zusammenbrechen der Vorhersage nach so kurzer Vorhersagezeit in der ungenauen Kenntnis der Anfangsbedingungen zu
suchen sei. Dazu führte Lorenz (1969) ein beispielgebendes
numerisches Experiment folgendermaßen durch: Eine im Prinzip
bewährte mathematische Gleichung für die Vorhersage der Strömung der Atmosphäre in der Höhe von etwa 5 000 m wurde für
zwei Vorhersagen benutzt, wobei sich die Anfangszustände nur
ganz geringfügig voneinander unterschieden. Dabei ergab sich,
daß die beiden Vorhersagen für die großräumigen Strukturen bereits nach fünf Tagen stark voneinander abwichen und daß nach
einer Vorhersagezeit von etwa drei Wochen keinerlei Zusammenhang zwischen den beiden Vorhersagen mehr bestand. Diese Zeit
markiert die prinzipielle Grenze der Vorhersagbarkeit unter
Verwendung dieses Modells der Atmosphäre. Da man das Auseinan-
derlaufen der beiden Vorhersagen auf die Nichtlinearität der
verwendeten Gleichung zurückführen muß, findet man auch hier
etwas Charakteristisches nichtlinearer Systeme, nämlich daß
kleine Störungen an geeigneter Stelle bzw. zu geeigneter Zeit
dazu führen, daß das System aus einem Zustand mehr oder weniger spontan in einen völlig davon verschiedenen umschlagen
kann. Wenn auch das beschriebene Experiment von Lorenz nicht
exakt mit dem Bild des spontanen Umschlagens übereinstimmt, so
ist die Verwandtschaft damit doch nachzuweisen.

Der Erfolg der Vorhersage, ausgedrückt durch die möglichst
große Annäherung an die prinzipielle Grenze der Vorhersagbarkeit, hängt somit von der Genauigkeit in der Kenntnis der Anfangsbedingungen ab. Damit ist es in der Meteorologie trotz
aller Anstrengungen der vergangenen Jahrzehnte nicht besonders
gut bestellt. Die dazu benötigten vertikalen Sondierungen an
sehr vielen Stellen auf der Erdoberfläche sind allein schon
aus Kostengründen sehr eingeschränkt. Hinzu kommt, daß sie auf
den Ozeanen, die 70 % der Erdoberfläche ausmachen, nur sehr
verdünnt (auf Inseln und den wenigen Wetterschiffen) durchgeführt werden können.

Die Untersuchung dieser Sachverhalte unter Verwendung von
Modellen der Atmosphäre, die das Geschehen vollständiger beschreiben, etwa durch Berücksichtigung des Einflusses der
großen Kettengebirge, steht noch aus. Doch auch hier zeigten
Abschätzungen anderer Art, daß prinzipielle Grenzen der Vorhersagbarkeit im obigen Sinne bestehen und daß die Vorhersage-
grenze bei oder sogar unterhalb derjenigen liegt, die Lorenz
unter Verwendung des einfachsten Modells gefunden hatte. Interessante Untersuchungen von Holloway (1983) ergaben, daß die
prinzipielle Grenze der Vorhersagbarkeit unter Verwendung eines nur leicht gegenüber dem Lorenz'schen Modell verbesserten
Modells empfindlich vom Durchmesser des Planeten sowie von der
sogenannten effektiven Höhe seiner Atmosphäre abhängt. Planeten mit kleinem Durchmesser, kleiner effektiver Höhe ihrer
Atmosphäre und großer Rotationsgeschwindigkeit würden den dort
prognostizierenden Meteorologen das Leben sehr erleichtern;
dort schiebt sich die prinzipielle Grenze der Vorhersagbarkeit
weit in die Zukunft hinaus.

Bei diesen Untersuchungen handelt es sich jedoch um unrealistische Experimente insofern, weil nach Ablauf von wenigen Tagen
die volle Physik des ganzen Systems zum Tragen kommt, wie früher schon ausgeführt wurde. Das Modell muß dann die Strahlung,
den Wasserkreislauf und alle Wechselwirkungen mit den Teilsystemen an der Erdoberfläche berücksichtigen. Dies ist u.a.
weitgehend in dem am höchsten entwickelten Modell des Europäischen Zentrums für Mittelfristige Wettervorhersage in Reading,
UK, realisiert. Wenn auch Untersuchungen zur prinzipiellen
Grenze der Vorhersagbarkeit mit diesem Modell nicht bekannt
sind, so zeigt doch die Tatsache, daß Vorhersagen über Zeiträume von vier bis fünf Tagen hinaus immer noch nicht möglich
sind, daß es einerseits auch hier eine prinzipielle Grenze der
Vorhersagbarkeit geben wird und daß es andererseits wahrscheinlich nicht nur an der Ungenauigkeit in der Kenntnis der Anfangsbedingungen liegen wird, sondern an der möglicherweise
unvollständigen Beschreibung des Geschehens durch das Modell.
Es ist denkbar, daß man von der mathematischen Beschreibung
mittels deterministischer Gleichungen abgehen und physikalisch
begründete stochastische (statistische) Gleichungssysteme verwenden muß. Es ist aber auch möglich, daß im Rahmen von Lang-
zeitintegrationen von nichtlinearen Gleichungssystemen etwas
zum Tragen kommt, was man in anderen nichtlinearen Theorien
der Physik als Gedächtnis des Systems für vergangene Zustände
beschreibt. Es sei in diesem Zusammenhang der Vergleich mit
der menschlichen Gesellschaft erlaubt. Auch diese besteht aus
einer riesigen Zahl von Individuen (sie besitzt sehr viele
Freiheitsgrade) und man weiß, daß hier nichtlineare Prozesse
eine große Rolle spielen, die innerhalb der Gesellschaft spontan zu Strukturbildungen (Gruppenbildungen), zur Versklavung
kleinerer Gruppen u.a. führen. Eine wesentliche Rolle spielt
aber hier das Gedächtnis der Gesellschaft, das sich in den
Ergebnissen der geschichtlichen Entwicklung und in der Erinne-
rung daran wiederspiegelt. Es leuchtet unmittelbar ein, daß
die noch so genaue Kenntnis des Anfangszustandes der menschlichen Gesellschaft, die man wie bei der Atmosphäre zu einem
beliebigen Zeitpunkt global kennen müßte, sicherlich nicht gewährleisten würde, daß man unter Verwendung eines mathemati-

schen Modells in der Lage wäre, die Zukunft der Menschheit für
beliebig lange Zeiträume vorherzusagen. Selbst für den Fall,
daß für diese Vorhersage ein mathematisches Modell sehr hoher
Glaubwürdigkeit vorliegen würde, was aber kaum denkbar ist,
müßten die vielfältig manifestierten Erinnerungen innerhalb
des Systems eine ganz entscheidende Rolle für die Weiterentwicklung spielen. Die linear, beziehungsweise in einfacher
Weise nichtlinear durchgerechneten Szenarien für Zukunftsprog-
nosen der Weltbevölkerung, die allgemein bekannt geworden
sind, haben sich nicht als sehr zuverlässig erwiesen.

DAS PROBLEM DER RANDBEDINGUNGEN

Neben den prinzipiellen Grenzen, die durch die nichtlineare
Fortpflanzung fehlerhafter Anfangsbedingungen im Vorhersage-
Gleichungssystem zustandekommen, treten auch solche auf, die
auf die prinzipielle Unkenntnis der Randbedingungen zurückzuführen sind. Es wurde bereits auf die beiden Berandungen der
globalen Atmosphäre eingegangen. Es sind dies der Weltraum
einerseits und die Erdoberfläche andererseits. Für langfristige Vorhersagen benötigt man die Anfangsbedingungen der globalen Atmosphäre sowie die der obersten Schichten der Ozeane.
Dabei hat man es nur mit den genannten beiden Berandungen zu
tun. Für Kurzfristvorhersagen (Vorhersagezeitraum unter vier
Tage) kann man mit den Anfangsbedingungen nur eines Teils des
Systems auskommen, etwa mit den Daten der nördlichen Hemisphäre für Vorhersagen auf der Nordhalbkugel. Dabei tritt zu der
oberen und unteren Randbedingung noch eine seitliche, etwa am
Äquator.

Die erste Untersuchung zu Aspekten der prinzipiellen Begrenzt-
heit der Vorhersage atmosphärischer Zustände stammt von Ertel
(1948). In den 40er Jahren war an die Beschaffung globaler An-
fangsdaten nicht zu denken; ein Anfangswerte- und Vorhersagegebiet war von vornherein mit seitlichen Begrenzungen behaftet. Obgleich die Anschauung bereits lehrt, daß die Vorhersage
für ein Teilgebiet der Atmosphäre ohne Kenntnis dessen, was
sich in der Umgebung abspielt und was sich in zeitlich verän-
derlichen Randbedingungen an der Berandung des Teilgebietes
manifestiert, nicht möglich sein kann, führte Ertel den mathematischen Beweis unter Verwendung eines geeigneten Modells der
Atmosphäre. Später wurde von Charney (1949) nachgewiesen, daß
man ohne Kenntnis der Vorgänge in der Umgebung für ein Vorhersagegebiet, das in ein größeres Anfangswertegebiet eingebettet
ist, kurzfristige Vorhersagen deshalb wagen kann, weil die
Fehler, die durch die nichtberücksichtigten seitlichen Randbedingungen erzeugt werden, nur langsam in das kleinere Vorhersagegebiet hineinwandern. Heute wird für Kurzfristvorhersagen
als seitliche Berandung ein Breitenkreis in Äquatornähe gewählt, in einer Region der Atmosphäre, in der großräumig nicht
viel passiert und von wo deshalb auch kaum Fehler, die durch
falsche Randbedingungen erzeugt worden sind, in das eigentliche Vorhersagegebiet hineinlaufen können.

In den komplizierten Vorhersagemodellen für Langfristvorhersagen oder gar für die Simulation des Klimas und seiner möglichen Veränderungen wird die Formulierung der Randbedingungen an der Erdoberfläche zu einem bemerkenswerten Problem. Dort findet die Wechselwirkung zwischen der Atmosphäre und den verschiedenen Untersystemen wie Hydrosphäre, Kryosphäre, Lithosphäre im Bereich der sogenannten planetarischen Grenzschicht statt, die eine vertikale Mächtigkeit von rund 1000 m besitzt und die durch die kleinräumige atmosphärische Turbulenz beherrscht wird. In Ermangelung einer befriedigenden Theorie für die kleinräumigen Turbulenzen stellt man die turbulenten Energie- und Stoffübergänge in Abhängigkeit von den großräumigen Variablen der freien Atmosphäre dar. Die dabei verwendeten Parameter werden rein heuristisch angesetzt. Eine echte Wechselwirkung zwischen Atmosphäre und Erdoberfläche gibt es dabei nicht, die Ausbildung der kleinräumigen Verhältnisse am Erdboden in Abhängigkeit vom großräumigen Geschehen kann nicht beschrieben werden. In diesem Modelldefizit liegt eine neue Grenze für die Vorhersagbarkeit.

ABSCHLIESSENDE BEMERKUNGEN, WEITERE AUSSICHTEN

Seit der Mensch seßhaft wurde, ist das Bedürfnis nach Vorhersagen des Wetters eng mit seinem Wunsch nach Vorhersagen seines eigenen Schicksals verbunden. Die in jeder Landschaft zu findenden Bauernregeln stellten den ersten Versuch einer pauschalen Witterungsvorhersage dar. Erst Moritz Knauer, Abt des Klosters Langheim bei Lichtenfels am Main, notierte den visuellen Wetterablauf während voller sieben Jahre (vom 21.3.1652 bis zum 20.3.1659) und schloß, im damaligen astrologischen Geist befangen, daß sich das von ihm beobachtete Wetter in siebenjährigem Zyklus wiederholen müßte. Später (1721) entstand hieraus der sogenannte Hundertjährige Kalender, an dessen Brauchbarkeit für ganz Mitteleuropa auch heute noch weitgehend geglaubt wird.

Bis in die Mitte des 19. Jahrhunderts war an Wetterinformationen für den Menschen lediglich der Anblick des Himmels verfügbar. Erst nach Erfindung des Telegraphen war es möglich (ab 1863), synoptische Darstellungen großräumiger Druckverteilungen sogar im täglichen Rhythmus zu erstellen und zu verbreiten. Die auf diesen bis heute enorm weiterentwickelten Wetterkarten beruhende Wettervorhersage hat sich für Kurzfristvorhersagen bewährt. Nach und nach flossen in diese neben wachsender Erfahrung zunehmend physikalische Vorstellungen ein.

Die großen Erfolge der theoretischen Mechanik während des 19. Jahrhunderts führten zu dem Glauben, daß die deterministische Physik alles in der Natur erklären könnte. In diesem Sinne stellte V. Bjerknes (1904) ein Programm auf, das zum Ziel hatte, exakte Wettervorhersagen für lange Vorhersagezeiträume rein theoretisch zu erstellen. An eine Lösung der schon erwähnten nichtlinearen Gleichungssysteme war natürlich damals nicht

zu denken. Deshalb wandte sich die zunächst an der Meterologie
interessierte Physik aktuelleren Forschungsgebieten zu und
überließ die Meteorologie mehr oder weniger der Geographie. In
der Zeit nach dem ersten Weltkrieg wurden die eindrucksvoll-
sten großräumigen Strukturen in der Atmosphäre, die Fronten,
entdeckt und systematisch untersucht. Einige Theoretiker hatten jedoch nicht aufgegeben. So versuchte Richardson (1922)
die erste numerische Integration des Systems von nichtlinearen
Gleichungen. Der Erfolg war, den damaligen Hilfsmitteln entsprechend, enttäuschend. Andere Theoretiker setzten grundlegende Untersuchungen im Sinne des Bjerknes'schen Programms fort
(Ertel, Rossby). Der Erfolg stellte sich für diese Optimisten
der Theorie Anfang der 50er Jahre ein, als die ersten Computer
verfügbar waren (Charney et al. 1950). Heute ist die numerische Wettervorhersage für Kurzfristvorhersagen aus den Wetter-
diensten nicht mehr wegzudenken.

Die dieser Art von Vorhersage zugrundeliegenden Modelle erlauben nur eine geringe räumliche Auflösung; nur wenige Vorher-
sagepunkte treffen das Gebiet der Bundesrepublik. Heutige Bemühungen bestehen darin, durch laufende Verfeinerungen der
Modelle und der räumlichen Auflösung Kurzfristvorhersagen zu
erstellen, die weit mehr als bisher den Bedürfnissen der Ver-
braucher entsprechen. Dies scheint auf der Grundlage der Gleichungen aus der deterministischen Physik möglich zu sein. Die
Hoffnung auf eine wesentliche Verbesserung der Kurzfristprog-
nose ist unter den Meteorologen jedoch sehr groß.

Über die Entwicklung und die Leistungen der mittelfristigen
Wettervorhersage wurde bereits kurz berichtet. Für die Lösung
dieses für alle Zweige des öffentlichen Lebens wichtigen Problems gründeten die Europäer das Europäische Zentrum für Mittelfristige Wettervorhersage in Reading, UK. Hier wurde alles
zusammengetragen, was an "know-how" auf dem Gebiet der mathematischen Modellierung großräumiger atmosphärischer Prozesse
weltweit verfügbar war. Außerdem wurden und werden die jeweils
größten und leistungsfähigsten Computer installiert. Dies hatte zur Folge, daß die Europäer auf diesem Gebiet heute eine
führende Rolle einnehmen. Trotzdem haben sich die ursprünglichen Erwartungen noch nicht in vollem Umfang erfüllt. Großräumige Vorhersagen mit befriedigendem Ergebnis über einen Vorhersagezeitraum von vier bis fünf Tagen hinaus sind, wenn überhaupt, dann doch sehr schwer zu erreichen. Gegenwärtig steht
die Verfeinerung der räumlichen Auflösung im Vordergrund des
Interesses, wenn auch laufend an der Erweiterung des Vorher-
sagezeitraumes weitergearbeitet wird.

Da schon bei der Entwicklung von Mittel- und Langfristvorher-
sagemodellen die gesamte Physik der Wechselwirkungen mit den
anderen Teilsystemen des globalen Gesamtsystems einbezogen
werden mußte, konnte versucht werden, mit derartigen Modellen
Vorhersagen extrem langer Vorhersagezeit durchzuführen. Dabei
ergab sich, daß die Atmosphäre nach etwa zwei Wochen ihre Anfangsbedingungen zu vergessen scheint. Dies ist angesichts der
Ausführungen weiter vorn eine erstaunliche Tatsache. Der weitere Verlauf des Geschehens in der globalen Atmosphäre wird

stark von der Sonneneinstrahlung und den Mechanismen gesteuert, die in dem Kapitel über das atmosphärische System behandelt worden sind. Ohne Weiterbeachtung der einmal vorhanden gewesenen Anfangsbedingungen läuft das physikalische Geschehen formal wie in der Natur ab. Eine Zuordnung zum wirklichen Geschehen ist lediglich durch Vergleich von gewissen statistischen Kenngrößen möglich. Diese Untersuchungen führten zu der Überzeugung, daß sich mit einem Modell für das globale Gesamtsystem auch das Klima der Erde mathematisch simulieren lassen müßte. Tatsächlich ist man nun auch dabei, wenigstens das Modell für das Teilsystem Atmosphäre über sehr viele Modelljahre in der Hoffnung laufen zu lassen, daß dann gewisse dringende Probleme der gegenwärtigen Klimatologie gelöst werden könnten. Eines der wichtigsten Probleme ist in diesem Zusammenhang das Problem des Anwachsens der Kohlendioxidkonzentration in der Atmosphäre als Folge des anthropogenen Energieverbrauchs (vgl. die Beiträge von DEGENS und von GEORGII).

Die Aussagekraft der extrem langfristig integrierten Modellgleichungen der Atmosphäre für Antworten von einer derartigen Tragweite für die Menschheit dürfte gegenwärtig noch sehr gering sein. Noch gelingt die modellmäßige Beschreibung von Hydrosphäre und Kryosphäre und die netzmäßige Kopplung aller Teilsysteme unter Berücksichtigung aller möglichen Wechselwirkungen zwischen den Teilsystemen nicht so überzeugend, daß man in Fachkreisen Befriedigung empfinden würde. Das betrifft in besonderem Maße die noch unbefriedigende Modellierung der Wechselwirkung zwischen den oben genannten Teilsystemen und der Biosphäre. Diese Wechselwirkung hat sich in der Erdgeschichte als bedeutsam erwiesen. Nicht ohne Grund ist gegenwärtig die Verbesserung der Kurzfristvorhersage gegenüber der Vorhersage für das gesamte Klimasystem zurückgetreten: Das Schicksal der gesamten Menschheit hängt heute von gravierenden globalen Klimaänderungen ab, von Klimaänderungen, die der Mensch heute selbst verursachen kann.

LITERATUR

Bjerknes V (1904) Das Problem der Wettervorhersage, betrachtet vom Standpunkt der Mechanik und Physik. Meteorolog. Zeitschr. 21, 1-7.
Charney JG (1949) On a physical basis for numerical prediction of large-scale motions in the atmosphere. J. Meteor. 6, 371-385.
Charney JG, Fjortoft R, von Neumann J (1950) Numerical integration of the barotropic vorticity equation. Tellus 2, 237-254.
Deissler RG (1984) Turbulent solutions of the equations of fluid motion. Reviews of Modern Physics 24.2 Part I, 223-254.
Einstein A (1952) Aus meinen späten Jahren. Stuttgart.
Ertel H (1948) Das Problem der Wettervorhersage vom Standpunkt der theoretischen Meteorologie. Ztschr. f. Met. 4/5, 97-106.

Ertel H (1954) Kausalität, Teleologie und Willensfreiheit als
  Problemkomplex der Naturphilosophie. Akademie-Verlag Berlin.
  29 Seiten.
Großmann S (1983) Deterministisches Chaos. Rhein.-Westf. Aka-
  demie der Wissenschaften, Vorträge N 321, Westdeutscher Ver-
  lag. 44 Seiten.
Holloway G (1983) Effects of planetary wave propagation and
  finite depth on the predictabality of atmospheres. J. Atmos.
  Sci. 40, 314-327.
Kanitscheider B (1981) Wissenschaftstheorie der Naturwissen-
  schaft. Walter de Gruyter Berlin, New York. 281 Seiten.
Lorenz EN (1969) The predictability of a flow which possesses
  many scales of motion. Tellus 21, 289-307.
Planck M (1948) Der Kausalbegriff in der Physik. 4. Aufl.,
  Joh. Ambrosius Barth Leipzig. 23 Seiten.
Richardson LF (1922) Weather Prediction by Numerical Process.
  Cambridge University Press London. 236 Seiten.
Riedl R (1980) Biologie der Erkenntnis. Parey Berlin.

Die Untergrund-Deponie anthropogener Schadstoffe

ALBERT GÜNTER HERRMANN

ABFALLSITUATION

Wohin mit den Abfällen unterschiedlicher chemischer Zusammensetzung und physikalischer Beschaffenheit, welche durch die Lebensweise und Tätigkeit der Menschen ständig und in immer größer werdenden Mengen anfallen? Diese Frage stellt sich mit besonderer Dringlichkeit in den dicht besiedelten und flächenmäßig kleinen Industrieländern. Beispielsweise entstehen in der Bundesrepublik Deutschland jährlich rund 300 Mio. t an festen Abfällen. Ein Drittel entfällt allein auf Bodenaushub und Bauschutt. 70 % aller Abfälle stammen aus den Bereichen Industrie und Gewerbe, 30 % aus der öffentlichen Abfallerzeugung (z.B. Herrmann et al. 1985).

Unter den Abfallstoffen befinden sich Elemente und Verbindungen, welche jetzt oder in der Zukunft zu einer Gefährdung von Teilen der Biosphäre führen bzw. führen können. Zu den oben genannten Zahlen kommen noch die flüssigen Abfallstoffe und die gasförmigen Verbindungen, welche in teilweise beträchtlichem Ausmaß die Gewässer und vor allem die Atmosphäre belasten.

Die Angaben über die jährlich in der Bundesrepublik Deutschland anfallenden nichtradioaktiven Sonderabfälle schwanken zwischen 4 bis 8 Mio. t (Umweltbundesamt, Brumsack und Heinrichs in Herrmann et al. 1985). Im Vergleich dazu ist der Anfall an radioaktiven Substanzen mit jährlich etwa 17 400 m im Jahr 2000 (Brennecke und Schumacher 1986) um zwei Größenordnungen niedriger. Das ist ein bemerkenswerter Unterschied. Denn während für sämtliche radioaktiven Abfälle eine langfristig wirksame Isolierung außerhalb der Biosphäre für notwendig erachtet wird, werden in der Bundesrepublik Deutschland die nichtradioaktiven schadstoffhaltigen Abflälle zu 99 % noch immer im Bereich der Biosphäre deponiert. Diese Zahl muß den Entscheidungsträgern, den Wissenschaftlern und der Öffentlichkeit gleichermaßen zu denken geben.

Lediglich 50 000 t oder etwa 1 % der nichtradioaktiven Sonderabfälle werden unterirdisch in dem an Rohstoffen abgebauten und stillgelegten Grubenfeld Herfa-Neurode des Kaliwerkes Wintershall in Heringen (Hessen) deponiert. Diese Daten sind deshalb bemerkenswert, weil vielen nichtradioaktiven schadstoffhaltigen Abfällen hinsichtlich ihrer Langzeitwirkung und Deponie die gleiche Aufmerksamkeit zugewendet werden muß wie den radioaktiven Abfällen oder sogar noch eine größere. Denn wäh-

rend sich die Aktivität der radioaktiven Abfälle im Laufe der
Zeit auf Grund des Zerfalls der Radionuklide ständig verringert, bleibt die Wirkungsweise vieler nichtradioaktiver Substanzen auch über geologische Zeitabschnitte unverändert erhalten (Herrmann 1985; vor allem aber Ehrlich et al. 1986). Diese
wichtige Tatsache wird zur Zeit noch nicht allgemein in ihrer
Tragweite für die Zukunft erkannt (siehe dagegen z.B. Albrecht
1978, Lühr 1985, Herrmann et al. 1985).

Gegenwärtig zielen viele Maßnahmen darauf ab, verschiedene gasförmige und vor allem flüssige sowie feste Schadstoffe noch
vor ihrem Eintritt in die Biosphäre weitgehend bis vollständig
zurückzuhalten. Damit ist aber das Problem noch nicht gelöst.
Beispielsweise werden bei der Müllverbrennung auf der einen
Seite große Volumina an Abfallsubstanzen beseitigt. Dabei entstehen aber Verbrennungsrückstände in Form von Filterstäuben,
welche hohe Anteile an toxischen Metallen wie Blei und Cadmium
aufweisen. Ähnliches gilt für die Filterstäube aus der Stein-
kohleverbrennung (z.B. Brumsack und Heinrichs 1984; Brumsack
et al 1983; Heinrichs et al. 1984; Herrmann et al. 1985). Das
heißt, es muß der Frage nachgegangen werden, wo sich die in
Filtern von Verbrennungsanlagen, in Klärschlämmen und anderweitig zurückgehaltene Schadstoffe langfristig sicher deponieren
lassen. Langfristig sicher bedeutet aber in jedem Fall eine
wirksame Isolierung der Biosphäre gegenüber den Schadstoffen.
In vielen Diskussionen wird gerade dieser wichtigste Aspekt
der Abfalldeponie entweder gar nicht aufgegriffen oder nicht
klar erläutert. An dieser Stelle sei aber vermerkt, daß neuerdings im Steinsalzbergwerk Heilbronn eine Untergrund-Deponie
für die Rauchgasrückstände aus dem Müllheizkraftwerk Göppingen
eingerichtet worden ist.

Welche Möglichkeiten zur Deponie speziell schadstoffhaltiger
Abfälle können und müssen in Erwägung gezogen werden? Vor
einer Antwort auf diese Frage ist es notwendig, die folgende
Feststellung an die erste Stelle sämtlicher Überlegungen zu
setzen: Die mit Abfällen und Schadstoffen verbundenen Umweltprobleme lassen sich nicht allein durch die Einrichtung einer
genügend großen Anzahl von Deponien beseitigen. Die Deponie
ist eine rohstoffvergeudende Form der Abfallbeseitigung. Vor
allem aber ist die Deponie von Abfällen auf der Erdoberfläche
nicht überall und unbegrenzt praktizierbar. Vor der Deponie
muß daher die Forderung stehen, durch ein Konzept der Vermeidung, Verminderung und Verwertung von Abfällen aller Art den
Anfall auch von Schadstoffen stark zu reduzieren. Entsprechende Vorhaben lassen sich aber nur schrittweise und im Verlauf
mehr oder weniger langer Zeitabschnitte verwirklichen. Es ist
realistisch, davon auszugehen, daß trotz aller Bemühungen um
eine Verminderung der Abfallmengen zumindest in den nächsten
Jahrzehnten außer den radioaktiven Substanzen auch nichtradioaktive Schadstoffe in größerem Umfang vor der Biosphäre versiegelt werden müssen.

Wie soll aber dabei verfahren werden? Sollen und können nichtradioaktive Schadstoffe unter verbesserten Sicherheitsvorkeh-
rungen auch weiterhin im Bereich der Biosphäre gelagert wer-

den? Oder bietet die Weiterentwicklung und verstärkte Anwendung der Untergrund-Deponie auch auf nichtradioaktive Schadstoffe einen zeitlich begrenzten Ausweg aus der gegenwärtigen Abfall- und Deponiesituation? Diesen Fragen soll nachfolgend unter ausschließlich wissenschaftlichen Aspekten und ohne Berücksichtigung des mit der Untergrund-Deponie verbundenen Kostenaufwandes nachgegangen werden.

GEOWISSENSCHAFTLICHE GRUNDLAGEN

Der heutige geologische und mineralogisch-geochemische Zustand der Erde ist das Ergebnis eines bisher rund 4,6 Milliarden Jahre dauernden Entwicklungsprozesses. Letzterer ist gekennzeichnet durch Stoffkreisläufe und Elementumverteilungen, welche in und zwischen der Atmosphäre, der Hydrosphäre, der Pedosphäre sowie der Lithosphäre mit unterschiedlicher Intensität und Geschwindigkeit ablaufen (Abb. 1; Herrmann et al. 1985; Herrmann 1985). Das heißt, die Verweilzeiten von Elementen und Verbindungen in den verschiedenen Teilbereichen der Erde umfassen unterschiedliche Zeitabschnitte. Diese Feststellung wird auch in der geologischen Zukunft noch lange Gültigkeit haben und muß daher bei allen Planungen und Maßnahmen für eine Deponie anthropogener Abfallstoffe berücksichtigt werden. Somit betrifft die Deponie von Abfallstoffen in den verschiedenen Bereichen der Erdoberfläche und der Erdkruste vor allem die Arbeitsgebiete der Geowissenschaften.

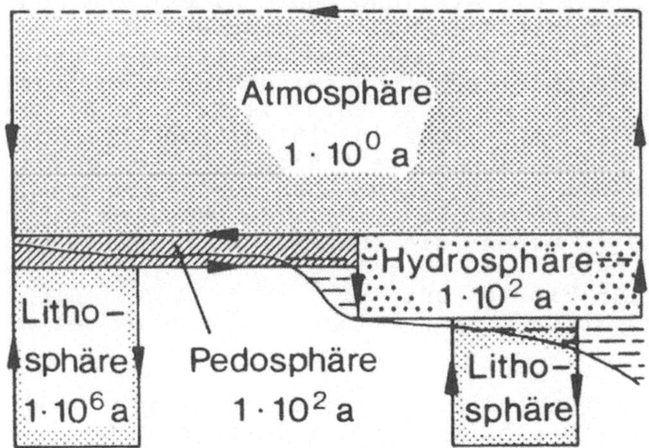

Abb. 1. Zeitabschnitte in Jahren (Größenordnungen) für Stofftransporte und geochemische Kreisläufe in sowie zwischen Atmosphäre und Lithosphäre.

In die natürlichen Stoffkreisläufe der Atmosphäre, der Hydrosphäre und der Pedosphäre gelangen zur Zeit nahezu alle anthropogenen Abfallsubstanzen. Da die Verteilung der Elemente auf der Erde einem dynamischen Zustand entspricht, unterliegen zwangsläufig auch alle Abfälle natürlichen Transport- und Bewegungsabläufen. Aus der Abb. 1 ergibt sich damit folgende allgemeine Erkenntnis: Die lokal in die Atmosphäre, die Hydrosphäre und die Pedosphäre eingebrachten Abfallsubstanzen brei-

ten sich dort normalerweise um Größenordnungen schneller und
weiträumiger aus als in der Lithosphäre. Das ist auch der
Grund, warum immer häufiger Fälle von Schadstoffaustritten aus
Oberflächen-Deponien bekannt werden (Stichwort Altlasten).
Denn hier befinden sich die Abfallstoffe im Bereich von Stoff-
kreisläufen, die nur relativ kurze Zeit benötigen.

Zur Zeit wird diskutiert, Abfall-Lager an der Erdoberfläche
als Hochdeponien einzurichten und die Begehbarkeit der Deponie-
basis für Kontrollzwecke zu erproben. Weiterhin werden verstärkt Anstrengungen unternommen, die Basis von Oberflächen-
Deponien durch möglichst wasserundurchlässige Schichten (z.B.
Tone, Kunststoffplatten etc.) gegenüber dem Untergrund und der
Umgebung abzuschirmen. Solche Überlegungen und Maßnahmen sind
sicherlich sinnvoll. Sie dürfen aber nicht über die Tatsache
hinwegtäuschen, daß sich Oberflächen-Deponien aller Art vor
allem in humiden Klimabereichen im Wirkungsbereich schnell ablaufender Stoffkreisläufe befinden. Oberflächen-Deponien können daher nur Übergangslösungen sein, da sie keinesfalls den
Forderungen nach langfristig wirksamen Maßnahmen zur Isolierung von Schadstoffen gegenüber der Biosphäre für die nächsten
Jahrhunderte und Jahrtausende entsprechen. Das darf bei keiner
Einrichtung neuer Oberflächen-Deponien für schadstoffhaltige
Abfälle übersehen werden.

Aus der Abb. 1 ist weiterhin zu ersehen, daß sich die langfristige Isolierung nichtradioaktiver und radioaktiver Schadstoffe offensichtlich nur außerhalb der Biosphäre realisieren
läßt, und zwar im Bereich langsam ablaufender Stoffkreisläufe
in der Lithosphäre. Diese Feststellung führt direkt zum Konzept der Deponie von Schadstoffen in unterirdischen Gesteinskörpern, welches bisher vorwiegend in Verbindung mit der Untergrund-Deponie radioaktiver Abfallstoffe untersucht worden ist.
In diesem Zusammenhang sind unbedingt auch die Erfahrungen zu
nutzen, welche vor allem in den letzten 15 Jahren bei der
Kavernenspeicherung von flüssigen sowie gasförmigen Kohlenwasserstoffen und von Druckluft in unterirdischen Gesteinskörpern
gesammelt worden sind (z.B. Hofrichter 1972; Rischmüller 1972;
Rühl 1978; Herrmann 1980). Durch die Untergrund-Deponie muß
erreicht werden, daß feste und verfestigte Schadstoffe auch
innerhalb der nächsten 10^3 bis 10^6 und noch mehr Jahre nicht
in schädlichen Konzentrationen zurück in die Biosphäre gelangen können.

An dieser Stelle ist es aufschlußreich, die Zusammenhänge zwischen natürlichen Stoffkreisläufen und der Untergrund-Deponie
anthropogener Schadstoffe noch unter einem anderen Gesichtspunkt darzustellen. Der Mensch nutzt und verbraucht heute
innerhalb weniger Jahre und Jahrzehnte Rohstoffmengen, welche
sich in der geologischen Vergangenheit im Verlauf einiger hunderttausend und Millionen Jahre gebildet haben. Die Gewinnung
von Rohstoffen durch den Menschen erfolgt vorwiegend aus Bereichen der Erdkruste, wo geochemische Stofftransporte langsam
ablaufen (Abb. 1). Dagegen wird die Verarbeitung der natürlichen Rohstoffe sowie das Wegwerfen nicht mehr gebrauchter Stoffe und Abfälle in Bereichen mit vergleichsweise schnell ablau-

fenden Stoffkreisläufen vorgenommen (Biosphäre). Anthropogene
Abfälle und Schadstoffe werden dadurch lokal und auch über-
regional schneller und in größeren Anteilen in die Biosphäre
eingebracht als die in natürlichen Lagerstätten angereicherten
Elemente durch die vom Menschen unbeeinflußten geochemischen
Kreislaufprozesse. Diese Feststellung soll mit einigen Zahlen
belegt werden.

Eine wesentliche Funktion bei allen Transportvorgängen und
Kreislaufprozessen an der Erdoberfläche haben die Gewässer und
die Atmosphäre. Die auf den Kontinenten anfallenden Verwitterungsprodukte werden in fester und gelöster Form transportiert
und gelangen auf diese Weise zum Teil bis in die Ozeane. Weltweit fließen über die Flüsse jährlich etwa $3,6 \times 10^{13}$ t Wasser in
die Ozeane (z.B. Wedepohl 1984). Die damit verbundenen natürlichen Stofftransporte und Kreisläufe bleiben über lange Zeitabschnitte praktisch unverändert erhalten. Aus Bilanzen für den
jährlichen Verbrauch an Rohstoffen sowie den ebenfalls pro
Jahr über Flüsse in die Ozeane transportierten Elementanteilen
läßt sich aber erkennen, wie natürliche Kreisläufe durch anthropogene Einflüsse meßbar überlagert werden. So sind die pro
Jahr in die Biosphäre der Kontinente durch den Menschen eingebrachten Massen an Kupfer, Zink, Quecksilber und Zinn deutlich
größer als der Austrag der gleichen Elemente von den Kontinenten über die Flüsse in die Ozeane im gleichen Zeitabschnitt
(Tab. 1). Das heißt, daß selbst die zeitlich kurzen Stoffkreisläufe in der Natur anthropogene Elementanreicherungen auf der
Erdoberfläche nicht mehr ausgleichen können. Somit erhöht sich
zunächst regional, aber auch global, auf den Kontinenten ständig der Anteil an Elementen und Verbindungen, welche mit der
Lebensweise und Tätigkeit der Menschen zusammenhängen. Durch
die direkte Einleitung von Abfallprodukten in die Atmosphäre
und Hydrosphäre kommt es auch dort zur Anreicherung von Schadstoffen.

<u>Tab. 1.</u> Verbrauch an verschiedenen Metallen im Jahre 1978 im
Vergleich zur Masse der gleichen Elemente, welche pro Jahr
weltweit durch Flußwasser von den Kontinenten in die Ozeane
transportiert werden. Welt-Metallverbrauch für 1978 aus Metallgesellschaft AG (1980); durchschnittliche Elementanteile im
Flußwasser aus Wedepohl (1984).

Element	Verbrauch 1978 (t)	Transport durch Flüsse (t)	Verbrauch (Mensch) / Transport (Flüsse)
Cu	$9,5 \times 10^{6}$	$7,2 \times 10^{4}$	132
Ag	$1,1 \times 10^{4}$	$1,1 \times 10^{4}$	1
Zn	$6,2 \times 10^{6}$	$2,5 \times 10^{5}$	25
Cd	$1,8 \times 10^{4}$	$1,4 \times 10^{4}$	1,3
Hg	$6,1 \times 10^{3}$	$2,5 \times 10^{3}$	2,4
Sn	$2,4 \times 10^{5}$	$2,2 \times 10^{2}$	1091

KONZEPTE ZUR UNTERGRUND-DEPONIE

Eine langfristig wirksame Isolierung von Schadstoffen in unterirdischen Gesteinskörpern erfordert Untersuchungen zu folgenden Punkten:

1. In welchen Bereichen der Erde können Untergrund-Deponien
   eingerichtet werden?
2. Welche Gesteinsarten sind für die Einlagerung von Abfallsubstanzen geeignet?
3. Wie ist die heutige geologische und mineralogische Situation eines potentiellen Deponie-Gesteinskörpers zu bewerten?
4. Welche geologischen und geochemischen Prozesse haben bereits in der Vergangenheit auf den Deponie-Gesteinskörper
   eingewirkt? Zu welchen Mineralreaktionen und Stofftransporten ist es dabei gekommen?

Geeignete Deponieorte

Gegenwärtig werden vor allem Gesteine und Gesteinskörper in
den stabilen Bereichen der kontinentalen Erdkruste für die Einrichtung von Untergrund-Deponien untersucht (Abb. 2). Alle bisherigen Kenntnisse sprechen dafür, daß auch nach einigen hunderttausend und Millionen Jahren die in mehreren hundert oder
tausend Metern Tiefe eingelagerten Schadstoffe insgesamt noch
nicht wieder in die Stoffkreisläufe an der Erdoberfläche einbezogen werden. Trotzdem ist im Einzelfall (standortspezifisch)
sorgfältig zu untersuchen, ob auch ohne die vollständige Abtragung der zwischen einer Untergrund-Deponie und der Erdoberfläche befindlichen Gesteinsschichten im Verlauf möglicher geologischer und geochemischer Prozesse Teile der Abfallsubstanzen
mobilisiert und in gelöster Form in das Nebengestein sowie bis
in die Biosphäre gelangen können. Zu den geologischen Prozessen gehören beispielsweise Gesteinsverformungen, ausgelöst
durch Hebungen und Senkungen von Gesteinsschichten (z.B. nach
der Deponie stark wärmeproduzierender Substanzen). Im Gefolge
von Schichtenverformungen und einer dadurch zeitweise erhöhten
Mobilität von Lösungen und Gasen können in den Gesteinen Mineralreaktionen und Stofftransporte wirksam werden.

Außer der kontinentalen werden auch Bereiche der ozeanischen
Erdkruste und der Tiefseesedimente auf ihre Eignung zur Deponie anthropogener Abfallstoffe untersucht. Allerdings sind
hier zur Zeit die Arbeiten noch nicht so weit fortgeschritten
wie an möglichen Standorten auf den Kontinenten. Dagegen werden die Ozeane bereits seit Jahrzehnten als Abfallbecken für
radioaktive und nichtradioaktive Schadstoffe mißbraucht (Übersicht und weiterführende Literatur z.B. Herrmann 1983). Aus
den Untersuchungen von Kautsky (1982) und anderen Autoren ist
bekannt, daß sich Schadstoffe durch Meeresströmungen über große Wasserareale ausbreiten können. Bekanntlich wurden in den
vergangenen Jahren aus den Wiederaufbereitungsanlagen für abge-
brannte Kernbrennstoffe in La Hague (Frankreich) und in Wind-

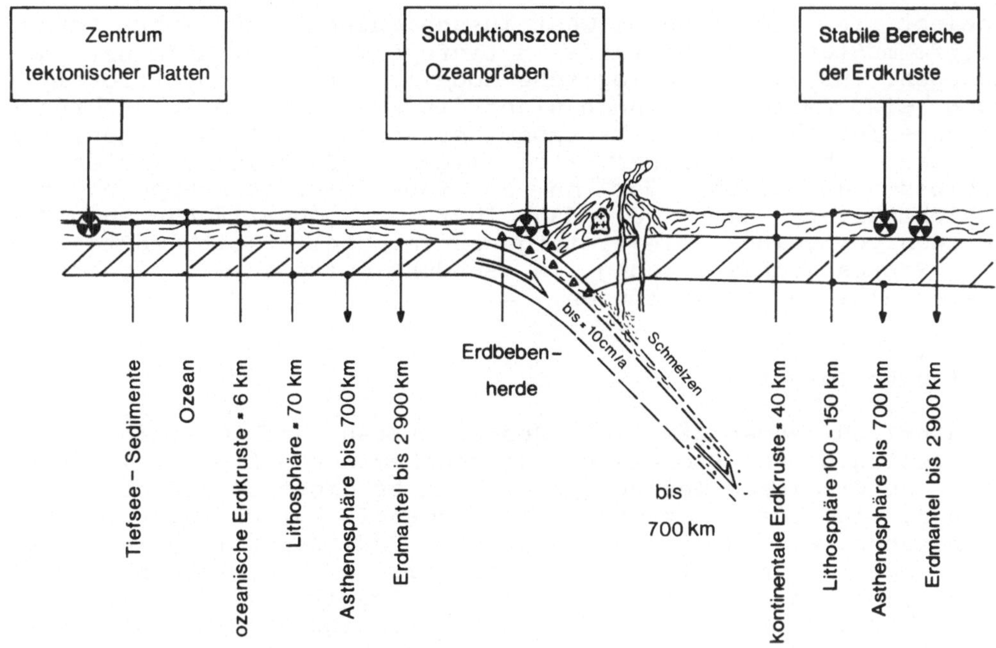

__Abb. 2.__ Bereiche der Erdkruste, welche für die Untergrund-Lagerung von Schadstoffen bereits genutzt oder auf ihre Eignung untersucht wurden. Schema nicht maßstabsgerecht.

scale (jetzt Sellafield, England) wiederholt Radionuklide in das Meerwasser eingeleitet. Es konnte nachgewiesen werden, daß beispielsweise das ^{137}Cs, aber auch andere Radionuklide, im Verlauf von Monaten und Jahren bis in weit von den Einleitungsstellen entfernte Meeresgebiete wandern. Von La Hague breitete sich das ^{137}Cs entlang der belgischen, holländischen, deutschen und dänischen Küsten bis in das Skagerrak aus. Von Windscale wurde durch Meeresströmungen das ^{137}Cs vorbei an den Orkney-Inseln und der englischen Ostküste transportiert, von dort aus in Teilströmen quer über die mittlere und südliche Nordsee ebenfalls in Richtung Skagerrak. Vom Skagerrak aus gelangten die Radionuklide entlang der norwegischen Küste in das Nordmeer, zu einem geringen Teil auch in die Ostsee (Kautsky 1982). Auf Grund dieser und anderer Erkenntnisse, wie beispielsweise über die Anreicherung spezifischer Elemente und Verbindungen in marinen Lebensgemeinschaften, darf das Ökosystem Meer weder jetzt noch in Zukunft für radioaktive und nichtradioaktive Substanzen als Deponieraum genutzt werden. Diese Feststellung führt zurück auf die Kontinente als die zur Zeit alleinigen Teilbereiche der Erdkruste, in denen Untergrund-Deponien für Schadstoffe eingerichtet werden können.

Auch Subduktionszonen (Unterschiebungszonen) werden als Deponieorte für anthropogene Abfälle vorgeschlagen (z.B. Fyfe et al. 1984; Abb. 2). Dieses Konzept beruht auf der Beobachtung, daß sich vor bestimmten Kontinenträndern die ozeanische Kruste um 2 bis 10 cm pro Jahr unter die kontinentale Erdkruste

schiebt. In entsprechende Gesteinsschichten eingebrachte Schadstoffe müßten dann ebenfalls in tiefere Teile der Erdkruste ab-
tauchen. Für dieses geologische Modell der Schadstoffbeseitigung sind aber bisher noch nicht die wissenschaftlichen Grundlagen erforscht worden. Trotzdem ist schon jetzt zu fragen, ob
in den Subduktionszonen tatsächlich die Gesteinsschichten ge-
schlossen abgleiten, oder ob es dabei zur Abschuppung von
Schichtteilen kommt, die dann in relativ oberflächennahen Bereichen verbleiben. Die letztgenannte Möglichkeit müßte bei
der Schadstoffbeseitigung in Subduktionszonen mit Sicherheit
ausgeschlossen werden können.

Geeignete Gesteinsarten

Bekanntlich nehmen sämtliche Gesteinsarten und Gesteinskörper
an geologischen Prozessen und geochemischen Stoffkreisläufen
teil. Unter diesem Gesichtspunkt kann es daher kein herausra-
gendes, ideales oder bestes Wirtsgestein für Untergrund-Deponien geben, wie das von deutschen Endlagergremien entgegen
allen geowissenschaftlichen Erkenntnissen lange Zeit behauptet
worden ist und teilweise noch immer propagiert wird. Nach dem
gegenwärtigen Wissensstand sind offensichtlich verschiedene
magmatische, metamorphe und sedimentäre Gesteine gleichermaßen
zur Einlagerung von Schadstoffen geeignet. Hierzu gehören Gra-
nit, Basalt, kristalline Schiefer, Tuffe, Tone und das Steinsalz mariner Evaporite. Jede der genannten Gesteinsarten hat
bestimmte Vor- und Nachteile hinsichtlich der physikalischen

Tab. 2. Mögliche Wirtsgesteine für die Untergrund-Deponie von
Schadstoffen. Die Zusammenstellung bezieht sich auf stark wär-
meproduzierende radioaktive Substanzen (Röthemeyer & Closs
1981). Sie gilt im Prinzip aber auch für nicht radioaktive
Substanzen. () = für das betreffende Land zweitrangig.

Land	Gestein
Belgien	Tongesteine
Bundesrepublik Deutschland	Steinsalz, ehemaliges Eisenerzbergwerk
Dänemark	Steinsalz
England	Granit (Tongesteine, Steinsalz)
Japan	Granit (Tonschiefer, Tuffe)
Kanada	Granit (Steinsalz)
Niederlande	Steinsalz
Schweden	Granit
Schweiz	Granit (Tongesteine)
USA	Steinsalz, Granit, Basalt, Tonschiefer, Tuffe

und chemischen Eigenschaften sowie des geologischen Vorkommens. Die bevorzugte Wahl einer Gesteinsart wird vor allem bestimmt durch die geologischen Verhältnisse in den Ländern, welche Untergrund-Deponien einrichten wollen bzw. müssen (Tab.2). Mit Blick auf eine verstärkt notwendig werdende Untergrund-Deponie in der Bundesrepublik ist es sinnvoll, wie bereits geschehen, neben dem bisher bevorzugten Steinsalz in Zukunft auch andere potentielle Endlagergesteine in die Überlegungen miteinzubeziehen.

Das Mehrbarrieren-Konzept

Die langfristig wirksame Versiegelung des Inhalts einer Untergrund-Deponie von der Biosphäre soll dadurch gewährleistet werden, daß ein Gesteinsverband (möglichst in ungestörter Lagerung) und seine Gesteinsarten unter Einbeziehung technischer Maßnahmen, wie die spezielle Verfestigung von Abfällen, Barrierenfunktionen ausüben. Da Untergrund-Deponien grundsätzlich durch mehrere Barrieren gegenüber der Biosphäre wirksam abgesichert sein müssen, spricht man von einem Multibarrieren-System oder Multibarrieren-Konzept (Übersicht und weiterführende Literatur z.B. Herrmann 1983). In jedem Fall müssen die geologischen und petrographischen Barrieren die wichtigsten Rückhaltefunktionen gegenüber eventuell mobilisierten Schadstoffen übernehmen.

Abb. 3. Bereits genutzte sowie in Planung befindliche Untergrund-Deponien in der Bundesrepublik Deutschland.
1 = Gorleben (Salzstock), 2 = Asse (Salzstock), 3 = Konrad (ehemalige Eisenerzgrube), 4 = Herfa-Neurode (Salzgestein, flache Lagerung).

Ein geologisches Mehrbarrieren-System ist beispielsweise in
Herfa-Neurode verwirklicht, wo sich die bisher größte Untergrund-Deponie für nichtradioaktive Sonderabfälle in der Bundesrepublik Deutschland befindet (Abb. 3). Dort werden die Abfälle in rund 700 m Tiefe im Niveau des Kaliflözes Thüringen in
flach gelagerten Salzgesteinen deponiert, welche von ebenfalls
horizontal angeordneten Gesteinsschichten überlagert werden.
Die räumliche Ausbildung der Gesteinshorizonte sowie die verschieden zusammengesetzten Gesteine bilden zusammengenommen
ein System unterschiedlich wirksamer natürlicher (geologischer) Barrieren (z.B. Finkenwirth und Johnsson 1980; Herrmann
et al. 1985).

Da die geologischen Barrieren bei den verschiedenen Gesteinsarten, Gesteinskörpern und Gesteinslokalitäten normalerweise
nicht gleichartig ausgebildet sind, müssen sie auch von Standort zu Standort unterschiedlich bewertet werden. Bei gleichen
Gesteinsarten in ähnlich ausgebildeten Gesteinskörpern, z.B.
Salzstöcke innerhalb eines Lagerstättenbezirks mit einer Vielzahl von Salzaufwölbungen, müssen für eine geologisch günstige
Standortwahl vergleichende Erkundungsarbeiten an mehreren potentiellen Deponie-Lokalitäten durchgeführt werden.

Die Vorgeschichte der Deponie-Gesteinskörper

Die Beurteilungen und Entscheidungen über die Mehrbarrieren-
Funktion hängen maßgeblich von Daten und Erkenntnissen über
die geologische Vorgeschicht der Deponie-Gesteinskörper ab.
Die Frage ist doch, ob Elemente und Verbindungen aus einer
Untergrund-Deponie in schädlichen Konzentrationen zurück in
die Biosphäre gelangen können. Eine Antwort auf diese Frage
muß in Aussagen über die Langzeitsicherheit von Untergrund-
Deponien enthalten sein, bezogen auf bestimmte Standorte und
Gesteinsarten. Zur Beurteilung der Langzeitsicherheit werden
nicht nur detaillierte Kenntnisse über die gegenwärtige geologische und mineralogische Situation sowie die physikalischen
und chemischen Eigenschaften des als Deponielokalität vorge-
sehenen Gesteinskörpers benötigt, sondern vor allem auch über
dessen geologische und geochemische Entstehungsgeschichte.
Denn nur aus den bisher im Gesteinskörper stattgefundenen Bil-
dungs- und Umbildungsvorgängen ergeben sich Hinweise darauf,
in welcher Weise die Gesteine und eine darin befindliche Untergrund-Deponie in der Zukunft an den geochemischen Stoffkreisläufen teilnehmen werden. Leider ist in der Bundesrepublik
Deutschland diese "dynamische" Betrachtungsweise der Entwicklung von Gesteinskörpern während vieler Jahre kaum oder gar
nicht bei der Formulierung von Konzepten zur Untergrund-Deponie radioaktiver Abfälle in Salzkörpern berücksichtigt worden.

In den 70er Jahren und auch noch zu Beginn der 80er Jahre wurden potentielle Endlager-Gesteinskörper als "statische" Einhei-
ten bewertet. Das heißt, es wurden nur die gegenwärtigen physikalischen und chemischen Eigenschaften eines Evaporitkörpers
sowie sein derzeitiger geologischer und mineralogischer Zustand untersucht. Dagegen wurde bei vielen Entscheidungen

nicht bedacht, daß das heutige Erscheinungsbild eines Gesteinskörpers nur die augenblickliche Situation repräsentiert, welche ohne Kenntnis und Berücksichtigung der geologischen Vergangenheit unverständlich bleibt. Hierin ist meines Erachtens
eine der Ursachen für die wissenschaftlichen Kontroversen zu
suchen, welche sich in der Bundesrepublik Deutschland um den
endgültigen Verbleib radioaktiver Substanzen entwickelt haben
und noch heute die Diskussionen um Untergrund- Deponien belasten.

An dieser Stelle muß aber festgestellt werden, daß sich ab Mitte der 80er Jahre wissenschaftlich die Situation grundlegend
geändert hat. Die Physikalisch-Technische Bundesanstalt in
Braunschweig fördert gegenwärtig ein Forschungsprojekt "Stoff-
bestand und Langzeitsicherheit". Hier wird zur Beurteilung der
Langzeitsicherheit von Untergrund-Deponien in Salzstöcken von
der bisherigen minerlogischen und chemischen Entwicklung des
Stoffbestandes der Evaporite ausgegangen. Dadurch ist es möglich, zumindest für die nähere geologische Zukunft geowissenschaftlich fundierte Aussagen über die weitere stoffliche Entwicklung eine Deponie-Salzstocks und damit über dessen Langzeitsicherheit vorzunehmen.

Es muß klar erkannt werden, daß sich Informationen über die
Langzeitsicherheit von Untergrund-Deponien nur indirekt aus
geologischen und mineralogisch-geochemischen Beobachtungen, Betrachtungen und Schlußfolgerungen ableiten lassen. Denn zwischen der Einrichtung einer Untergrund-Deponie und alles bisher von Menschen entwickelten technischen Konstruktionen besteht folgender grundsätzlicher Unterschied: Die Betriebsbe-
reitschaft und Sicherheit technischer Systeme wird nach Erprobungen auf dem Prüfstand und einkalkulierten Inspektions- sowie Reparaturzeiten normalerweise nur für wenige Jahre oder
Jahrzehnte ausgelegt. Im Gegensatz dazu muß eine Untergrund-
Deponie ohne Möglichkeiten für vorherige Erprobungen und ohne
spätere Reparaturmöglichkeiten zeitlich um Größenordnungen
länger störungsfrei funktionieren als alle bisher konstruierten technischen Systeme.

POLITISCHE ASPEKTE

In vielen und vor allem in kleineren Industrieländern besteht
die Neigung, wegen fehlender Deponiemöglichkeiten innerhalb
der eigenen Landesgrenzen möglichst große Abfallvolumina an
andere Staaten gegen Bezahlung abzugeben, bestimmte Stoffe
über die Atmosphäre und die Flüsse kostenlos und unkontrol-
liert in Nachbarländer "einzuleiten" und/oder Sondermüll (z.B.
radioaktive Substanzen) in internationalen Bereichen der Erdoberfläche (z.B. Ozeane) abzuwerfen. Es ist aber zu bezwei-
feln, daß auch in der Zukunft diese Praktiken den Abfall erzeu-
genden Ländern gleichbleibend zur Verfügung stehen werden. In
den Industrieländern muß sich verstärkt die Einsicht durchset-
zen, daß sie die mit dem Anfall von Schadstoffen verbundenen
Folgelasten in Zukunft selbst zu tragen haben.

Seit Jahren werden in mehreren europäischen und außereuropäi-
schen Ländern theoretische Studien, geologische Erkundungsarbeiten und teilweise Pilotprojekte zur Untergrund-Deponie
von Schadstoffen durchgeführt. Dabei stehen noch immer die
radioaktiven Abfälle im Vordergrund des Interesses. Es gibt
einen Berg an bedrucktem Papier und viele Tagungen zum Thema
Endlagerung, aber nur in wenigen Fällen wurden bisher die vielen Worte in konkrete Maßnahmen umgesetzt. Aus Westeuropa können Beispiele für bereits in Betrieb und in der Erkundung befindliche Untergrund-Deponien für nichtradioaktive und radioaktive Abfälle zur Zeit vor allem aus der Bundesrepublik
Deutschland genannt werden.

BEISPIELE FÜR UNTERGRUND-DEPONIEN

In der Bundesrepublik Deutschland gibt es eine Untergrund-Deponie für nichtradioaktive Sonderabfälle im stillgelegten Grubenfeld Herfa-Neurode und für Rauchgasrückstände aus einem
Müllheizkraftwerk im Steinsalzbergwerk Heilbronn. Eine weitere
Untergrund-Deponie für schwach- und untergeordnet mittelradioaktive Abfallstoffe wurde zwischen 1967 und 1978 genutzt (ehe-
maliges Salzbergwerk Asse). Zwei weitere Untergrund-Deponien
für radioaktive Substanzen befinden sich im Stadium der Erkundung (Gorleben, Konrad). Von den fünf genannten Deponien wurden bzw. werden vier in Salzgesteinen und eine Deponie in einem ehemaligen Eisenerzbergwerk (Konrad) angelegt (Abb. 3).
Eine Gemeinsamkeit haben alle fünf Deponien: die Einlagerung
der Schadstoffe erfolgt in ehemaligen bzw. neu anzulegenden
Bergwerken.

In die Untergrund-Deponie Herfa-Neurode werden jährlich ca.
50 000 t Sonderabfälle aus dem In- und Ausland eingebracht. In
der Asse wurden rund 25 000 m³ schwach radioaktive Abfälle und
wenig mittelradioaktive Substanzen unter Endlagerbedingungen
deponiert. Die Schachtanlage Konrad soll so eingerichtet werden, daß sich während einer Betriebszeit von 40 Jahren zwischen 20 000 bis 40 000 m³ pro Jahr an schwach- und mittel-
radioaktiven Abfällen einlagern lassen. Bei der Erkundung des
Salzstocks Gorleben wird geprüft, ob dort auch stark wärmepro-
duzierende (hochradioaktive) Abfälle im Steinsalz eingebettet
werden können.

Allgemein läßt sich sagen, daß es in der Bundesrepublik
Deutschland vielseitige Bemühungen gibt, radioaktive Abfälle
ausnahmslos in Untergrund-Deponien langfristig sicher vor der
Biosphäre zu isolieren (Endlager). Ähnliches kann zur Zeit
noch nicht für die nichtradioaktiven Schadstoffe gesagt werden. Die 50 000 t, welche in Herfa-Neurode jährlich eingelagert werden, entsprechen nur rund 1 % der pro Jahr in der
Bundesrepublik anfallenden Schadstoffmengen. Die "restlichen"
99 % verbleiben noch immer im Bereich der Biosphäre. Allein im
Bundesland Hessen, in welchem sich die Untergrund-Deponie
Herfa-Neurode befindet, fallen jährlich 420 000 t Sondermüll

an. Das ist die achtfache Menge der gegenwärtigen Aufnahmekapa-
zität von Herfa-Neurode.

Die Diskrepanz zwischen der Bewertung radioaktiver und nichtradioaktiver Schadstoffe hinsichtlich ihrer Endlagerung muß in
der nächsten Zukunft verringert werden. Wie kann aber der für
eine verstärkte Untergrund-Lagerung nichtradioaktiver Schadstoffe benötigte unterirdische Hohlraum geschaffen werden? Ist
das überhaupt möglich?

EINRICHTUNG VON UNTERGRUND-DEPONIEN UND DAS HOHLRAUMPROBLEM

Die folgenden Angaben beziehen sich auf die Untergrund-Deponie
fester oder verfestigter Abfallstoffe. Gesteinskörper können
durch Bergwerke bis zu mehreren hundert und sogar tausend
Metern Tiefe mittels Strecken und Kammern erschlossen werden
(Abb. 4). Auf diese Weise lassen sich in einem Endlagerberg-
werk mehrere Jahrzehnte lang Abfälle einlagern. Diese Technik
wird zur Zeit bei der Einrichtung von Untergrund-Deponien bevorzugt praktiziert. In diesem Zusammenhang ist es in der Bundesrepublik eine Untersuchung wert, ob und welche nicht mehr
der Rohstoffgewinnung dienenden Bergwerke für Untergrund-Deponien geeignet sind.

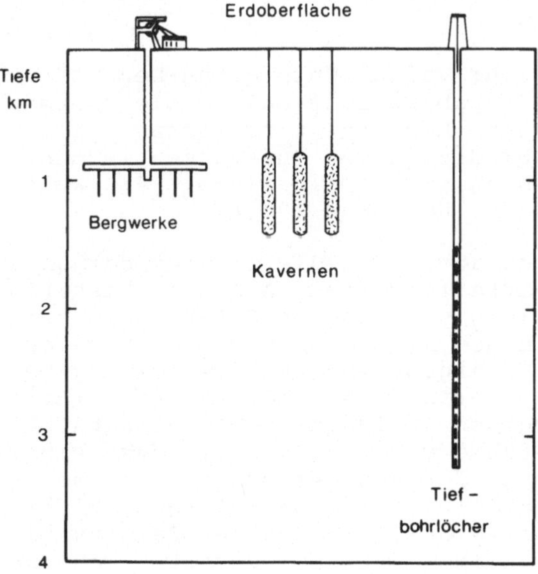

Abb. 4. Verfahren zur Einrichtung von Untergrund-
Deponien in Gesteinskör-
pern.

Neben den Bergwerken wird auch die Untergrund-Deponie fester
Abfallstoffe in Kavernen untersucht. Letztere sind bisher für
die unterirdische Speicherung von Erdöl, Erdgas und Druckluft
vor allem in Salzstöcken angelegt worden (Abb. 4). Beispielhaft ist die Anlage im Salzstock Etzel bei Wilhelmshaven, wo
von der Erdoberfläche aus, also ohne Bergbau, im Steinsalz 30

Kavernen mit einem Volumen von insgesamt 13 Mio. m^3 durch Aussolung hergestellt worden sind. Die einzelnen Kavernen sind etwa 640 m hoch mit einem mittleren Durchmesser von 33 m. Die Dachbereiche der Kavernen befinden sich in Tiefen von 800 bis 1000 m. Die Technik des Aussolens ist allerdings nur bei leicht löslichen Gesteinen wie Steinsalz möglich. Die Herstellung von Kavernen im Steinsalz hängt davon ab, ob die bei der Aussolung anfallenden Salzlösungen ohne Gefährdung der Umwelt beseitigt werden können. Beim Salzstock Etzel wurde zur Aussolung Meerwasser verwendet und die NaCl-Lösung wieder in den Jade-Meerbusen eingeleitet. Es ist naheliegend, Kavernen durch Aussolung bevorzugt in küstennahen Salzstöcken anzulegen. Vielleicht lassen sich auf diese Weise in der Bundesrepublik Deutschland weitere Untergrund-Deponien für die nichtradioaktiven Schadstoffe einrichten. In Niedersachsen wird zur Zeit geprüft, ob sich in bestimmten Salzstöcken nahe der Nordseeküste (z.B. Jemgum-Leer, Bunde, Rhaude, Etzel, Berdum-Jever, Bramel, Osterbruch) Kavernen zur Aufnahme nichtradioaktiver Schadstoffe anlegen lassen.

Bei der Herstellung unterirdischer Hohlräume durch Bergbau ist es möglich, unter bestimmten Vorkehrungen das geförderte Gestein auf einer Halde zu deponieren oder anderweitig zu verwenden (Hinweise z.B. Herrmann et al. 1985). Dadurch können Untergrund-Deponien auch im Landesinnern angelegt werden. Das gilt in Einzelfällen auch für Salzkavernen. Verschiedentlich ist die bei der Aussolung anfallende NaCl-Lösung in den Hohlräumen alter Bergwerke gespeichert worden.

Bergwerke und Kavernen sind für eine Untergrund-Deponie von Schadstoffen in der Bundesrepublik Deutschland gleichermaßen von Interesse In verschiedenen Ländern wird daran gedacht, spezielle Abfälle wie hochradioaktive Substanzen in mehrere tausend Meter tiefen Bohrlöchern zu stapeln (Abb. 4; weitere Angaben und Literatur siehe z.B. Herrmann 1983).

Neben den Möglichkeiten müssen aber auch die Grenzen der Untergrund-Deponie realistisch beurteilt werden. Aus den bisherigen Untersuchungen und den wenigen praktischen Erfahrungen zeichnet sich ab, daß vor allem in den kleineren und dicht besiedelten Industrieländern der Untergrund-Deponie Grenzen gesetzt sind durch die wahrscheinlich geringe Anzahl an Lokalitäten, welche gleichermaßen geologisch geeignet und gesellschaftlich akzeptierbar sind. Eine ungefähre Richtzahl soll das Problem verdeutlichen. Das jährlich in der Bundesrepublick Deutschland anfallende Volumen an potentiell schadstoffhaltigen Abfällen ist etwa zehn- bis zwanzigmal größer als das zur Zeit zur Verfügung stehende Deponievolumen in den fünf bereits genutzten bzw. in Planung befindlichen Untergrund-Deponien für nichtradioaktive und radioaktive Abfallstoffe (hierzu Herrmann et al. 1985). Auch nach der Einrichtung weiterer Untergrund-Deponien für nichtradioaktive Schadstoffe wird es kaum möglich sein, sämtliche in der Bundesrepublik Deutschland anfallenden Schadstoffe langfristig sicher außerhalb der Biosphäre zu deponieren. Die Untergrundlagerung stellt also keine Alternative zu einer notwendigen Abfallreduzierung dar.

BESCHAFFENHEIT DER ABFÄLLE IN UNTERGRUND-DEPONIEN

Grundsätzlich müssen Abfälle chemisch und physikalisch so beschaffen sein, daß sie nicht mit dem natürlichen Wirtsgestein reagieren können. Feststoffe erfüllen am ehesten diese Forderung. Auf diese Weise ist bereits vom Abfall her eine weitgehende Immobilität der Schadstoffe im Untergrund gewährleistet. Weiterhin lassen sich feste Abfälle in unterirdischen Kammern und Kavernen in möglichst dichter Packung einbringen, ohne daß sich bei der späteren Kompaktierung (Gebirgsdruck) Schadstoffe unkontrollierbar in dem Nebengestein der Deponie ausbreiten können. Die festen Abfälle wirken ähnlich wie Versatzstoffe, welche anstelle abgebauter Rohstoffe in alte Grubenbaue eingebracht werden. Die geschilderte Situation der Immobilität von Schadstoffen kann sich ändern, wenn durch technische Vorkommnisse in der Gegenwart (z.B. "Absaufen" eines Bergwerks) oder geologische Ereignisse in der Zukunft Lösungen auf die Untergrund-Deponie einwirken.

Problematisch ist die langfristig sichere Untergrund-Deponie von Flüssigkeiten und Gasen (vgl. hierzu z.B. Herrmann et al. 1985). Aus der vergleichsweise kurzfristigen und jederzeit wieder rückgängig zu machenden Vorratshaltung von Erdöl und Erdgas in unterirdischen Salzkavernen darf nicht der Schluß gezogen werden, daß auch flüssige und gasförmige Abfallstoffe langfristig in Gesteinshohlräumen sicher deponiert werden können.

Für die Untergrund-Deponie flüssiger Abfälle werden natürliche Porenspeicher in Sandstein, Kalkstein, Dolomit und anderen Sedimentgesteinen genutzt (z.B. Albrecht 1978; Aust und Kreysing 1978). Die mit der Tiefenversenkung von Flüssigkeiten gesammelten Erfahrungen haben gezeigt, daß auf diese Weise eine sichere und langfristig wirksame Isolierung von der Biosphäre trotz sorgfältiger geologischer Vorarbeiten nicht in jedem Fall gewährleistet ist. Es muß damit gerechnet werden, daß sich Teile der in poröse Gesteinsschichten eingepreßten Lösungen der Kontrolle entziehen und wieder im Bereich der Biosphäre auftreten. Aus diesem Grund erscheint es problematisch, nichtradioaktive und radioaktive Lösungen (z.B. tritiumhaltige Wässer) in natürliche Porenspeicher einzupressen. Das gilt besonders für dicht besiedelte Industrieländer wie die Bundesrepublik Deutschland.

Die Untergrund-Deponie von Gasen, zum Beispiel Krypton-85 aus der Wiederaufarbeitung abgebrannter Reaktor-Brennelemente, erscheint nur möglich, wenn die Abfallstoffe zuvor in Druckflaschen gefüllt oder an feste Substanzen wie Aktivkohle oder Zeolithe fixiert werden (weiterführende Literatur hierzu in Herrmann 1983).

EINSICHTEN

An zwei wichtige Einsichten muß bei allen Maßnahmen zur Deponie von Schadstoffen immer wieder erinnert werden:

- Zu den Bemühungen um eine Schadstoffreduzierung gibt es sei-
  tens der Deponie keine langfristig praktizierbare Alternative.

- Bis zur vollen Auswirkung der Abfallreduzierung muß für eine
  Übergangszeit die Untergrund-Lagerung nichtradioaktiver
  Schadstoffe in größerem Umfang als bisher angewendet werden.

Die zukünftige Praktizierung der Untergrund-Lagerung erfordert
eine geowissenschaftlich orientierte Grundlagenforschung, welche umfassender sein muß als die bisher auf radioaktive Abfälle fixierten Arbeiten. Vor allem sind die Ursachen und Auswirkungen von Mineralreaktionen, Stofftransporten und Elementumverteilungen in solchen Gesteinen zu untersuchen, welche für
die Aufnahme von Schadstoffdeponien geeignet sind bzw. sein
könnten. Diese dringend notwendige und nicht länger in die Zukunft aufschiebbare Forschung kann jedoch nicht von Einzelnen
betrieben werden, sondern nur im Rahmen einer geowissenschaftlichen Gemeinschaftsaufgabe. Hier sind die staatlichen Institu-
tionen und Einrichtungen, die Hochschulen, die Industrie, die
Deutsche Forschungsgemeinschaft und nicht zuletzt die geowissenschaftlichen Gesellschaften in der Bundesrepublik Deutschland gleichermaßen angesprochen. Niedersachsen hat als erstes
Bundesland dieser Entwicklung Rechnung getragen durch die Einrichtung eines Arbeitsbereichs "Salzlagerstätten und Untergrunddeponien" am Institut für Mineralogie und Mineralische
Rohstoffe der Technischen Universität Clausthal.

Dem Aufsatz liegen viele persönliche Eindrücke und Erfahrungen
zugrunde, die in drei Sätzen zusammengefaßt werden sollen:

- Die mit der Oberflächen- und Untergrund-Deponie verbundenen
  Probleme sind für unser Land von ähnlicher Dringlichkeit und
  Bedeutung wie beispielsweise das Waldsterben.

- Kontroverse Diskussionen um spezielle Standorte für die
  Untergrund-Lagerung radioaktiver Abfälle (z.B. Gorleben)
  dürfen Entscheidungsträgern, Wissenschaftlern und der
  Öffentlichkeit nicht den Blick verstellen für das Gesamt-
  problem der Schadstofflagerung.

- Die Öffentlichkeit darf erwarten, daß sich die Entschei-
  dungsträger und die Wissenschaftler neben Schwerpunktprojek-
  ten wie der Antarktisforschung und dem kontinentalen Tief-
  bohrprogramm verstärkt auch solchen Problemen zuwenden,
  welche im wahrsten Sinne des Wortes vor unseren Haustüren
  liegen und damit letztlich uns alle unmittelbar betreffen.

LITERATUR

Albrecht H (1978) Verbringen von Gewerbeabfällen unter Tage. In: Müll- und Abfallbeseitigung (Müllhandbuch) Lfg IX/78: 1-14. Erich Schmidt Verlag, Berlin

Aust H, Kreysing K (1978) Geologische und geotechnische Grundlagen zur Tiefversenkung von flüssigen Abfällen und Abwässern. Geol J C 20: 224 S

Brennecke P, Schumacher J (1986) Anfall radioaktiver Abfälle in der Bundesrepublik Deutschland. Abfallerhebung für das Jahr 1985. PTB-Bericht SE-12, Braunschweig

Brumsack HJ, Heinrichs H (1984) Potentielle Emissionen einer Müllverbrennungsanlage. In: Arbeitskreis Ökologie (Hrsg.) Wohin mit dem Müll? 25-32. Göttingen

Brumsack HJ, Förstner U, Heinrichs H (1983) Umweltprobleme durch metallreiche Verbrennungsprodukte - potentielle Emissionen aus Kohlekraftwerken der Bundesrepublik Deutschland. Chemiker-Zeitung 107: 161-168

Ehrlich D, Röthemeyer H, Stier-Friedland G, Thomauske B (1986) Langzeitsicherheit von Endlagern. Atomwirtschaft Atomtechnik 5: 231-236

Finkenwirth A, Johnsson G (1980) Die Untertage-Deponie Herfa-Neurode bei Heringen/Werra. In: Coogan AH, Hauber L (Ed) Fifth Symposium on Salt, Vol. I: 239-249, The Northern Ohio Geol Soc Inc

Fyfe WF, Babuska V, Price NJ, Schmid E, Tsang CF, Uyeda S, Velde B (1984) The geology of nuclear waste deposits. Nature 310: 53-540

Heinrichs H, Brumsack HJ, Lange H (1984) Emissionen von Stein- und Braunkohlekraftwerken in der Bundesrepublik Deutschland. Fortschr Miner 62: 79-105

Herrmann AG (1980) Kavernennutzung in Salzdiapiren Norddeutschlands zur Speicherung flüssiger und gasförmiger Kohlenwasserstoffe und von Druckluft. Fortschr Miner 58 Beiheft 2: 55-66

Herrmann AG (1983) Radioaktive Abfälle. Probleme und Verantwortung. 256 S. Springer Verlag, Berlin Heidelberg New York

Herrmann AG (1985) Möglichkeiten und Grenzen einer Deponie von Schadstoffen im Untergrund. Vortrag Geotagung 1985 Königstein im Taunus 27.9.-1.10.1985

Herrmann AG, Brumsack HJ, Heinrichs H (1985) Notwendigkeit, Möglichkeiten und Grenzen der Untergrund-Deponie anthropogener Schadstoffe. Naturwissenschaften 72: 408-418

Hofrichter E (1972) Behälterlose Speicherung von Energieträgern in ausgesolten Kavernen - geologisch-lagerstättenkundliche Probleme. Erdöl-Erdgas-Zeitschrift 88: 284-294

Kautsky H (1982) Ausbreitungsvorgänge künstlicher Radionuklide im Meer. Meerestechnik 13: 47-51

Lühr HP (1985) Beladen von Salzkavernen mit Flugstäuben und salzhaltigen Rückständen aus der Sicht des Umweltschutzes. Vortrag Seminar Sonderabfälle der Kommunen. Technische Akademie Wuppertal, 28.-29.1.1985

Metallgesellschaft AG (1980) Metallstatistik 1969-1979. 67. Frankfurt am Main.

Rischmüller H   (1972) Salzkavernen zur Speicherung von Rohöl
    und Erdgas in der Bundesrepublik Deutschland. Erdöl-Erdgas-
    Zeitschrift 88: 240-428
Röthemeyer H, Closs KD(1981) High-level waste disposal. In:
    Proc Int Conf on World Nuclear Energy-Accomplishments and
    Perspectives. Trans Am Nucl Soc 37: 165-175
Rühl W (1978) Die Untergrundspeicher in der Bundesrepublik
    Deutschland. Erdöl und Kohle, Erdgas, Petrochemie 31: 303-
    310
Wedepohl KH (1984) Die Zusammensetzung der oberen Erdkruste
    und der natürliche Kreislauf ausgewählter Metalle. Ressour-
    cen. In: Merian E (Hrsg.) Metalle in der Umwelt, 1-10. Ver-
    lag Chemie, Weinheim

Atmosphärische Folgen eines Atomkrieges

Paul J. Crutzen (unter Mitwirkung von Günter Warnecke)

EINE INTERNATIONALE FORSCHUNGS-AKTION

Dieser Beitrag befaßt sich hauptsächlich mit den möglichen Auswirkungen eines Atomkrieges zwischen den Supermächten auf das Klima und mit den sich daraus ergebenden Folgen für die Ökosysteme der Erde. Er basiert auf einer Studie von fast 300 Wissenschaftlern aus 30 Ländern, die im Auftrag der SCOPE-Organisation ausgeführt wurde (SCOPE 1985).

SCOPE, eine Abkürzung für "Scientific Committee On Problems of the Environment" (Wissenschaftliches Komitee für Umweltprobleme), ist eine Unterorganisation der ICSU, des "International Council of Scientific Unions" (Internationaler Rat Wissenschaftlicher Vereinigungen). Mitglieder des ICSU sind die wichtigsten Wissenschaftsorganisationen und wissenschaftlichen Akademien der Welt, darunter auch die Deutsche Forschungsgemeinschaft. Die Hauptaufgabe der SCOPE-Organisation besteht darin, wissenschaftliche Analysen über die Einflüsse menschlicher Aktivitäten auf die Umwelt und umgekehrt deren Wirkung auf den Menschen zu vermitteln. SCOPE beschäftigt sich dabei besonders mit Problemen, die von globaler Reichweite sind, und arbeitet prinzipiell unabhängig von nationalen oder politischen Interessen. Die an der Studie beteiligten Wissenschaftler trugen alles, was an zuverlässigen Daten und Fakten vorhanden war, zusammen und analysierten auf der Basis dieses Materials mögliche Kriegs- und Nachkriegs-Szenarien mit Hilfe von Computer-Modellen.

Ausgelöst wurde dieses Unternehmen durch die alarmierenden Ergebnisse einiger vorheriger Studien im Auftrage der US-amerikanischen Akademie der Wissenschaften (National Academy of Sciences 1975) und der schwedischen Wissenschaftszeitschrift AMBIO (Ambio 1982) sowie einigen weiterführenden Untersuchungen (z. B. Turco et al. 1983 und Galbally et al. 1983), aus denen hervorging, daß indirekte Wirkungen eines Atomkrieges zwischen den Supermächten auf Klima und Umwelt mindestens ebenso vernichtend sein könnten wie die direkten Effekte der Kernexplosionen, z. B. Radioaktivität. Die indirekten Wirkungen auf das Klima können eintreten, wie zuerst von Crutzen und Birks (1982) gezeigt, wenn rußhaltiger Rauch von Bränden in Stadt- und Industriegebieten in großen Mengen in die Atmosphäre gelangt. Rußhaltiger Rauch ist deshalb so bedeutungsvoll, weil er die Sonnenstrahlung stark absorbiert und dadurch die Energie-Bilanz der Erde und Atmosphäre erheblich aus dem Gleichgewicht bringen kann.

Die wissenschaftliche Beurteilung der möglichen Auswirkungen
dieser erst in den letzten Jahren entdeckten Belastung der Atmosphäre nach einem Atomkrieg auf das Klima, die weltweite
Landwirtschaft und die natürlichen Ökosysteme der Erde bildeten die Hauptaufgabe der SCOPE-Studie.

Exakte Prognosen sind nicht möglich, da das Ausmaß der zu erwartenden Schäden davon abhängt, wie viele und welche Ziele angegriffen werden, zu welcher Jahreszeit der Krieg stattfindet
und in welchem Maße die Infrastruktur in den direkt vom Krieg
betroffenen Ländern und die globalen Verbindungswege und Trans-
portsysteme ge- bzw. zerstört werden. Außerdem ergeben sich
viele Unsicherheiten aus der unvollständigen Kenntnis wichtiger physikalischer, chemischer und biologischer Prozesse.

Aus der SCOPE-Studie geht trotzdem klar hervor, daß erhebliche
Störungen des globalen Klimas, der Ökosysteme, der landwirtschaftlichen Produktion und der Lebensmittelversorgung als Folge eines Atomkriegs zu erwarten wären, wodurch die indirekten
Folgen eines Atomkriegs tatsächlich weit schlimmer ausfallen
könnten als die direkten Folgen.

Im folgenden Text werden die Resultate zusammengefaßt dargestellt. Für eine ausführlichere Beschreibung sei auf die Mono-
graphie von Crutzen und Hahn (1985b) verwiesen.

DAS NUKLEARKRIEGS-SZENARIO

Aus den beiden verhältnismäßig schwachen Kernwaffenexplosionen
in Japan im Jahre 1945 und den anschließenden atmosphärischen
Tests mit nuklearen Sprengsätzen größerer Sprengkraft bis zum
Teststopp-Abkommen im Jahre 1963 konnte eine Reihe von Erkenntnissen bezüglich der direkten Effekte von Kernwaffenexplosionen gewonnen werden. In den vierzig Jahren seit der ersten
Kernexplosion haben die fünf Atommächte, vor allem die USA und
die UdSSR, sehr große Kernwaffen-Arsenale aufgebaut. Es ist un-
möglich, die Entwicklung und das Ausmaß zukünftiger militäri-
scher Auseinandersetzungen im Detail vorherzusagen. Was den
Verlauf und die unmittelbaren Folgen eines großen Atomkrieges
betrifft, lassen sich aber doch verschiedene plausible Szenarien aus den in der Öffentlichkeit bekannt gewordenen allgemeinen Prinzipien strategischer Planung ableiten.

Die Atomwaffen-Arsenale der NATO und des Warschauer Paktes zäh-
len zur Zeit etwa 24 000 strategische und Gefechtsfeldwaffen
mit einer Gesamtsprengkraft von etwa 12 000 Megatonnen TNT.
Das entspricht der Sprengkraft von einer Million "Hiroshima-
Bomben". Eine Megatonne (MT) entspricht der nuklearen Spreng-
kraft, die durch die gleichzeitige Explosion von rund einer
Million Tonnen TNT (Trinitrotoluol) freigesetzt werden würde.
Das ist ungefähr die 100 000fache Sprengkraft der größten im
Zweiten Weltkrieg eingesetzten konventionellen Bomben.

Die durchschnittliche Sprengkraft der heutigen Kernwaffen ist
damit 30- bis 40mal größer als die der "Hiroshima-Bombe". Etwa
die Hälfte der in den Arsenalen angehäuften Kernwaffen kann im
Falle eines nuklearen Konfliktes ohne weiteres zum Einsatz kommen. Daher kann ein solches Potential für die Abschätzung möglicher Umweltfolgen eines Schlagabtausches von etwa dieser
Größenordnung quasi als Modellfall angenommen werden.

Für die in diesem Aufsatz diskutierten Auswirkungen auf das atmosphärische Geschehen kommt es aber, mehr als alles andere,
darauf an, wieviel nukleare Sprengsätze über Stadt- und Industriegebieten zur Explosion gebracht werden. Schon der Einsatz
von weniger als 5 % der vorhandenen Kernwaffen gegen solche
Ziele könnte erhebliche Auswirkungen auf Klima und Umwelt hervorrufen.

Viele potentielle Ziele von nuklearen Sprengköpfen, wie z. B.
Raketensilos und Militär-Basen, liegen abseits von dicht besiedelten Gebieten. Es gibt aber auch genügend wichtige militärische und strategische Ziele in und in der Nähe von Städten, so
daß selbst Attacken, die primär gegen militärische Ziele ge-
richtet sind, großflächige Schäden in städtischen und industriellen Zentren anrichten können. Deshalb können selbst bei Be-
schränkung des Einsatzes von Kernwaffen auf Attacken gegen militärische und militärisch wichtige Ziele Großbrände und eine
starke Rauch- und Rußentwicklung entstehen. Heutige strategische Abschreckungskonzepte gehen davon aus, daß in einem eska-
lierenden nuklearen Konflikt viele Sprengköpfe direkt gegen
städtische und industrielle Zentren eingesetzt werden könnten.
Das hätte wegen der Wahrscheinlichkeit von ausgedehnten Groß-
bränden, Rauch -und Rußentwicklungen und dadurch verursachten
Klima-Veränderungen weitreichende Konsequenzen.

Die Tab. 1 zeigt, was in dieser Studie in bezug auf die Sprengkraft der Waffen in Megatonnen, verteilt auf militärische und
industriell/urbane Ziele (und Luft- und Bodenexplosionen) in
vier Steigerungsphasen angenommen wurde.

Tab. 1. Hypothetische Eskalationsstufen eines Atomkrieges.

| Phase | Spreng-
kraft
(MT) | Militärisch | | Industriell/Urban | |
		Luft	Boden	Luft	Boden
1	2000	1000	1000	0	0
2	2000	750	750	250	250
3	1000	250	250	500	0
4	1000	250	250	500	0
Total	6000	2250	2250	1250	250

Die in jeder Phase freigesetzte Zerstörungskraft ist, verglichen mit allen vorausgegangenen Kriegen, ungeheuer, aber tatsächlich entsprechen die 6000 Megatonnen, die als kumulative
Gesamtmenge der vier Phasen angenommen werden, nur etwa der

Hälfte des totalen globalen nuklearen Potentials. Dieses Szenario geht auch von gewissen Annahmen bezüglich der Sprengkraft einzelner Waffen aus - ein Faktor, der für manche der Umweltfolgen entscheidend ist.

Das Szenario unterscheidet auch zwischen Explosionen in Bodennähe und in der Luft, das heißt in der Atmosphäre. Man nimmt an, daß nur ein kleiner Prozentsatz der Bomben in der hohen Atmosphäre oder an der Meeresoberfläche gezündet werden würde. Die Explosionen in der hohen Atmosphäre würden einen elektromagnetischen Puls verursachen, der eine massive Störung der Kommunikatons- und Kontrollsysteme zur Folge hätte. Zwischen diesen beiden Explosionsarten bestehen signifikante Unterschiede hinsichtlich ihrer Auswirkungen. Explosionen auf dem Boden schleudern große Mengen radioaktiven Staubes in die Atmosphäre, die tödliche Fahnen von radioaktivem Fallout über weiten Gebieten bilden würden. Verglichen damit produzieren Explosionen in der Luft wenig Fallout, aber bei gleicher Sprengkraft werden größere Gebiete durch Druckwelle und Brände zerstört. Bodenexplosionen würden wahrscheinlich hauptsächlich gegen militärische Ziele, wie interkontinentale Raketenabschußrampen, eingesetzt werden, die "gehärtet" wurden, um der Druckwelle der Explosionen zu widerstehen. Bei Angriffen auf Städte (sog. "countervalue attacks") würden vermutlich Explosionen in der Luft vorherrschen.

Das vorliegende Szenario schließt die gesamte Skala der oben diskutierten Ziele ein - militärische, industrielle und urbane. Es sieht keinen Angriff ohne vorherige Warnung vor, sondern nimmt an, daß der Konflikt mit der Zeit eskaliert und daß alle militärischen Streitkräfte zum größten Teil mobilisiert werden können, während sich die Krise verschärft. Es wird ferner angenommen, daß ein erheblicher Teil der militärischen Streitkräfte und Waffen zu Beginn des Konflikts vernichtet wird.

Das Szenario berücksichtigt auch mögliche Zerstörungen von Städten durch Schläge gegen nahe gelegene militärische Ziele. Es wird angenommen, daß in der ersten Phase der Angriffe auf militärische Ziele keine Industrien oder Städte beschädigt werden, daß aber im Zuge der Eskalation solche Schäden direkt oder im Gefolge von Schlägen gegen militärische Ziele eintreten. Explosionen in oder über Stadtgebieten - in diesem Szenario hauptsächlich Luftexplosionen - sind besonders wichtig für die Einschätzung der Folgen für Klima und Umwelt, denn sie würde hochbrennbare, rußbildende Materialien entzünden, die in Städten reichlich vorhanden sind, vor allem fossile Brennstoffe und ihre Derivate wie Kunststoffe, Gummi und Asphalt. Für die SCOPE-Studie wurde angenommen, daß etwa 25 Prozent der brennbaren Materialien in NATO- und Warschau-Pakt-Ländern verbrennen würden. Diese Mengen befinden sich in weniger als 100 der wichtigsten Städte und erfordern den Einsatz von "nur" einigen Hundert Megatonnen Sprengkraft.

DIREKTE EFFEKTE VON KERNWAFFENEXPLOSIONEN

Moderne Kernwaffen, wie sie heute von Raketen und Flugzeugen
getragen werden, haben eine Sprengkraft entsprechend einigen
hundert Kilotonnen TNT. Wenn solche Kernwaffen zum Einsatz kommen, hätten die Explosionen folgende unmittelbaren Wirkungen:

Bei jeder Kernexplosion dürften Hitzestrahlung und Druckwellen
pro Megatonne TNT Sprengkraft Tod und Verwüstung über ein Gebiet von 500 Quadratkilometern bringen. Das entspricht dem Areal einer Großstadt (z.B. Berlin-West 481 km). Das Ausmaß der
direkten Effekte hängt von der Sprengkraft der Bombe, der Höhe
der Explosion über dem Erdboden und lokalen Gegebenheiten ab.
Die Zerstörung von Hiroshima und Nagasaki zum Ende des 2.
Weltkrieges kann - so gesehen - als Beispiel für die Wirkung
relativ schwacher Kernexplosionen dienen.

Kernwaffen haben eine extrem hohe Brandwirkung. Die von dem
Feuerball ausgehende thermische Strahlung ("Hitzeblitz") und
die mehr zufällig durch die Druckwelle ausgelösten Feuer, z.
B. durch Kurzschlüsse oder durch Gasleitungsbrüche, dürften in
Stadt- und Industriegebieten sowie im Freiland zu Bränden von
nie dagewesener Ausdehnung und Gewalt führen. Diese Brände werden ungeheure Wolken von Rauch, Ruß und Giftstoffen erzeugen.

Bei Kernexplosionen nahe dem Erdboden werden große Mengen
Staub, Bodenmaterial und Trümmer (größenordnungsmäßig 100 000
Tonnen pro Megatonne TNT Sprengkraft) mit dem Feuerball der Explosion nach oben gerissen. Die größeren Staubteilchen, an denen etwa die Hälfte der Gesamt-Radioaktivität der Bombe haf-
tet, fallen meistens schon während des ersten Tages wieder auf
die Erdoberfläche und verseuchen auf diese Weise Hunderte von
Quadratkilometern in der Nachbarschaft des Ortes, wo der
Sprengsatz explodierte. Dabei hängt die Verteilung der Radioaktivität auch von den zu der Zeit herrschenden Winden ab. Dieser lokale "Fallout" dürfte allgemein zu tödlichen Dosen radioaktiver Strahlung führen.

Der größte Teil der Radioaktivität von Kernwaffen, die in einiger Höhe in der Atmosphäre gezündet werden, und etwa die Hälfte der Radioaktivität von am Erdboden zur Explosion gebrachten
Kernwaffen werden durch die aufsteigenden Feuerbälle der Explosionen an Teilchen in die obere Troposphäre und in die Stratosphäre transportiert (siehe Abb. 1). Wegen der in der stabil
geschichteten Stratosphäre längeren Verweilzeit der Teilchen
klingt ein Teil ihrer Radioaktivität dort ab. Was jedoch an Radioaktivität noch übrig bleibt, meist längerlebige Radio-Isoto-
pe, macht dann den längerfristigen globalen Fallout aus.

Obwohl es nicht die Hauptaufgabe der SCOPE-Studie war, kamen
die beteiligten Wissenschaftler zu folgenden Ergebnissen hinsichtlich der möglichen radioaktiven Nachkriegsbelastung:

Der lokale Fallout könnte über 4 - 15 % der Fläche der Länder
der NATO und des Warschauer Paktes zu tödlichen extremen Strahlungsdosen von mehr als 450 rad in 48 Stunden führen, wenn

keine Schutzmaßnahmen ergriffen werden. Am schlimmsten betroffen wären Gebiete im Windschatten der Silos der Interkontinentalraketen. Aber auch wichtige Wohngebiete in den Ländern Europas wären bedroht. Gesundheitschädigende Strahlungsdosen würden über noch größeren Flächen auftreten.

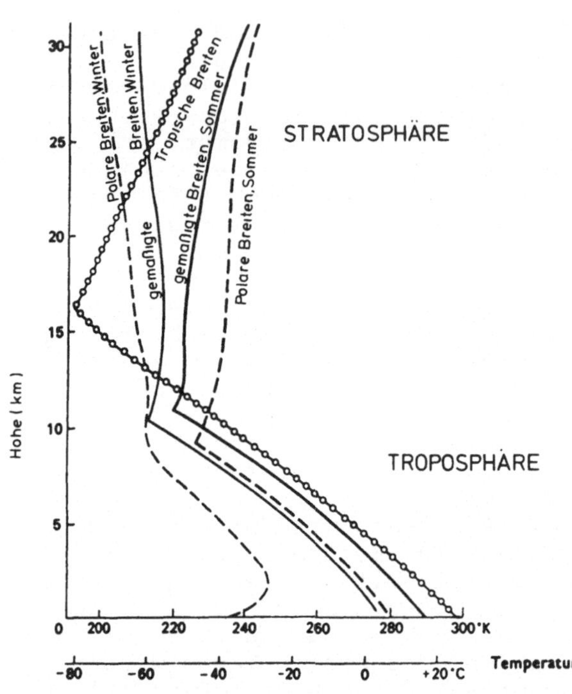

Abb. 1. Verlauf der Lufttemperatur mit der Höhe für ausgewählte Breiten und Jahreszeiten (aus: Crutzen und Hahn 1985a). In der Troposphäre nimmt die Temperatur bis zu etwa 10-17 km mit der Höhe ab. Die relativ hohen Temperaturen an der Erdoberfläche hängen mit der dortigen Absorption von Sonnenstrahlung zusammen. In der Stratosphäre steigt die Temperatur leicht mit der Höhe, was durch die Absorption der ultravioletten Sonnenstrahlung durch das in der Stratosphäre angereicherte Ozon verursacht wird. Der Temperaturverlauf mit der Höhe erklärt, warum die Troposphäre im allgemeinen instabil, die Stratosphäre stabil geschichtet ist.

Wolken und Niederschlagsprozesse treten praktisch nur in der Troposphäre auf, obwohl die oberen Teile von intensiven Gewitterwolken im Sommer manchmal einige Kilomete in die Stratosphäre eindringen können. Das Fehlen von Niederschlagsprozessen und die große Stabilität erklärt, warum dorthin vorgedrungene Gase und feine Partikel mehrere Jahre in der Stratosphäre verweilen können.

Der globale Fallout würde dagegen von geringerer Bedeutung sein. Für die mittleren Breiten der Nordhemisphäre wird die maximale Gesamtdosis auf 20-60 rad geschätzt, verteilt über 50 Jahre, also etwa über den größten Teil der Lebenszeit eines Menschen. Sollten jedoch auch Kernenergie-Anlagen in einem Atomkrieg angegriffen werden, was sehr umstritten ist, könnte der globale Fallout möglicherweise etwa dreimal höher sein, wenn man annimmt, daß alle zivilen Nuklear-Anlagen in einem Atomkrieg zerstört würden. Die daraus resultierende Radioaktivität könnte zu signifikanten radiologischen Langzeitwirkungen und sich daraus ergebenden Gesundheitsproblemen führen. Dieses Problem erfordert noch weitere eingehende Untersuchungen.

BRÄNDE UND DIE BILDUNG VON RAUCH UND RUSS

Während des 2. Weltkrieges traten in verschiedenen Stadtgebieten intensive Brände auf, die eine Fläche von 10 bis 30 Quadratkilometern bedeckten. Solche Großbrände wurden durch massive Luftangriffe mit Spreng- und Brandbomben und durch die relativ schwachen Kernexplosionen von Hiroshima und Nagasaki ausgelöst. Weil diese Brände aber über viele Monate, ja sogar Jahre verteilt auftraten, konnte sich zu keiner Zeit eine größere Menge Rauch und Ruß in der Atmosphäre ansammeln. Bei einem größeren nuklearen Schlagabtausch würden dagegen Tausende von sehr intensiven Bränden in Städten, fossile Brennstoffe verarbeitenden Industrie-Anlagen, Kohle-, Öl- und Treibstofflagern und in unbebauten, mit Wald oder Buschwerk bestandenen Gebieten mehr oder weniger gleichzeitig aufflammen.

Messungen, die eine genaue Vorausberechnung der Rauch- und Rußemissionen gestatten würden, gibt es nicht, da es noch niemals Brände von der zu erwartenden Größe und Intensität gegeben hat. Schätzwerte für die Rauch- und Rußemissionen von Bränden solcher Größenordnung können deshalb nur aus Meßwerten, die bei kleineren Testbränden erhalten wurden, abgeleitet werden. Ein solches Vorgehen kann jedoch mit beträchtlichen Fehlern, möglicherweise erheblichen Unterschätzungen, gegenüber den tatsächlich zu erwartenden Rauch- und Rußmengen behaftet sein. Wenn man in Ermangelung eines besseren Verfahrens trotzdem in dieser Weise vorgeht, kommt man zu folgenden Abschätzungen:

Etwa 70 % der Bevölkerungen Europas, Nordamerikas und der Sowjetunion leben in Stadtgebieten auf einer Gesamtfläche von einigen hunderttausend Quadratkilometern. Auf dieser Fläche dürfte es mehr als zehn Milliarden Tonnen brennbares Holz und Papier geben. Wenn davon 25-30 % innerhalb von ein paar Stunden oder Tagen in Brand gesetzt würden, entstünden einige zehn bis mehr als hundert Millionen Tonnen rußhaltiger Rauch. Der Rußanteil des Rauches betrüge bei Flammenbildung wiederum ungefähr ein Viertel bis ein Drittel der gesamten Rauchmenge. Ruß - oder technisch korrekter: amorpher, also nicht-kristalliner elementarer Kohlenstoff - ist bekanntlich schwarz und fängt das auftreffende Sonnenlicht sehr wirksam ein.

Fossile Brennstoffe (wie z.B. Kohle, Koks, Heizöl, Dieselöl, Benzin usw.) sowie die Produkte der fossile Brennstoffe verarbeitenden Industrie (wie z.B. die verschiedenen Kunststoffe, Gummi, Asphalt, Dacheindeckungen, Dichtungsmaterialien, Lacke und Lösungsmittel) finden sich in großen Mengen vor allem in Stadt- und Industriegebieten. Die Verbrennung eines Bruchteils (25-30 %) der heute vorhandenen Gesamtmenge von einigen Milliarden Tonnen solcher Stoffe könnte 50 bis 150 Millionen Tonnen sehr rußhaltigen Rauches erzeugen (Rußanteil 50 % und mehr). Schon bei einem vollständigen Ausbrennen von weniger als 100 der großen industriellen und bevölkerungsmäßigen Ballungsgebiete (wie z. B. New York, Rotterdam, London, Paris, Moskau, das Ruhrgebiet, das oberschlesische Industriegebiet, die verschiedenen russischen Industriekombinate) würden 25 - 30 % der

gesamten Vorräte der Industrienationen an brennbaren Stoffen
in Flammen aufgehen.

Brände in Wäldern und in anderen naturbelassenen oder unbebauten Gebieten könnten einige zehn- bis hunderttausend Quadrat-
kilometer Vegetation innerhalb von Tagen bis Wochen verbrennen, je nachdem, in welchem Zustand sich die Vegetation gerade
befindet und wie stark sich die Brände ausdehnen können. Zwischen Mai und Oktober könnten solche Brände einige zehn Millionen Tonnen Rauch und Ruß erzeugen. Zu anderen Zeiten im Jahr
dürfte es bedeutend weniger sein. Der Rußanteil der so entstehenden Rauchwolken liegt bei nur etwa 10 %. Daher dürften Brände dieser Art, was die Rauch- und Rußerzeugung angeht, im Vergleich zu Bränden in Stadt- und Industriegebieten von geringerer Bedeutung sein. Sie können dennoch nicht vernachlässigt
werden.

Die einige zehn Millionen Tonnen Staubpartikel mit kleineren
Durchmessern als ein Mikrometer (1 Mikrometer = 1/1000 Millime-
ter), die durch Kernexplosionen am Erdboden in die Stratosphäre geschleudert werden können, verweilen u. U. ein Jahr und
länger in der Atmosphäre. Die möglichen klimatischen Auswirkungen dieser Staubmengen, obwohl wesentlich geringer als die des
Rauches und Rußes, müssen bei der Abschätzung der Gesamtwir-
kung dennoch berücksichtigt werden.

EINWIRKUNGEN AUF DIE ATMOSPHÄRE

Schwächung der am Erdboden einfallenden Sonnenstrahlung

Für die Berechnung möglicher Auswirkungen der Rauchteilchen
auf die Intensität der einfallenden Sonnenstrahlung ist die
Menge des Rußes, der sich auf bzw. in Teilchen mit Durchmessern von etwa 0,1 bis 1 Mikrometer befindet, von größter Bedeutung. Der Rußanteil bestimmt, wieviel Sonnenlicht in der Atmosphäre abgefangen wird, wie dunkel es an der Erdoberfläche
wird und wie die sich daraus ergebenden Folgen für Wetter, Klima und Umwelt aussehen werden. Die meisten Ruß- und Rauchteilchen würden in diesem Größenbereich in die Atmosphäre inji-
ziert werden. Da sie nur sehr langsam durch Aussedimentieren
oder Auswaschen (durch Niederschläge) aus der Atmosphäre entfernt werden, können solche Teilchen tage- bis wochenlang in
der Atmosphäre verweilen und durch Winde über den ganzen Erdball transportiert werden.

Als Beispiel für eine räumliche Einschätzung der primär erzeugten Rauchwolke und ihre globale Ausbreitung diene Abb. 2, wie
sie von Thompson (1985) vorgestellt wurde. Im oberen Teil des
Bildes (a) wird die ursprünglich angenommene Rauchbedeckung
über den Kontinenten von Nordamerika und Europa gezeigt, wobei
angenommen wurde, daß der Rauch bis zu 7 km Höhe gleichmäßig
verteilt ist. Diese Situation bildete den Ausgangspunkt für
Klimamodellberechnungen. Der untere Teil des Bildes (b) zeigt
die berechnete globale Rauchverteilung nach 15 Tagen, unter

der Annahme, daß der Krieg im Sommer stattfinden würde. In Gebieten, wo die "optische Absorptionsdichte" zwischen 2,5 und 10 ist, dringen im Durchschnitt weniger als einige Prozent der normalen Sonnenstrahlung bis zur Erdoberfläche durch. In manchen Gebieten der Tropen und der Südhemisphäre ist die optische Absorptionsdichte zwischen 0,4 und 1. Dieses bedeutet, daß im Durchschnitt weniger als die Hälfte der normalen Sonnenstrahlung an der Erdoberfläche eintrifft. Die hier gezeigten Modellberechnungen berücksichtigen, daß die Zirkulation der Atmosphäre infolge der Absorption von Sonnenlicht durch die Rußteilchen stark gestört wird. Bei den Berechnungen wurde angenommen, daß der Rauch nicht durch Niederschlag aus der Atmosphäre entfernt wird.

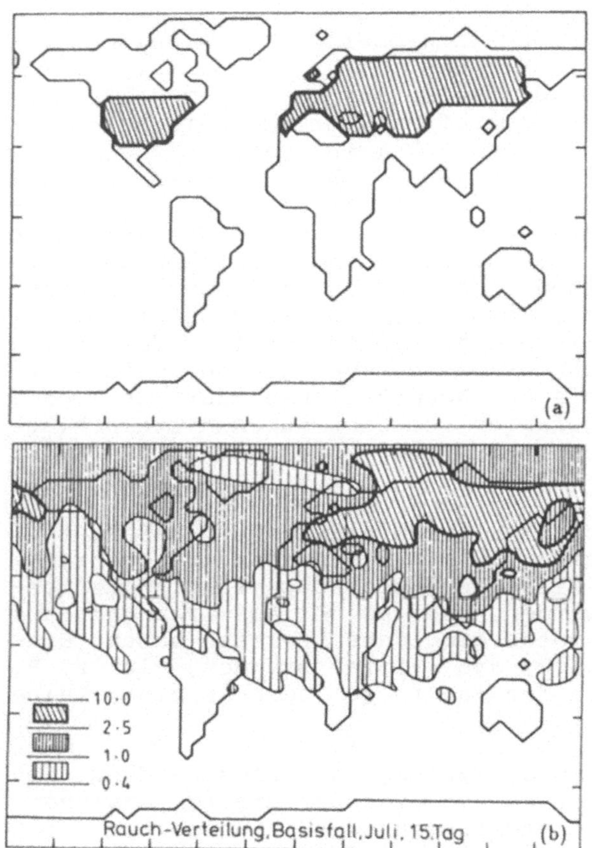

Abb. 2. Modellrechnung der globalen Rauchverteilung nach einem Nuklearkrieg (nach Thompson 1985). Erläuterung im Text.

Die SCOPE-Studie kam zu folgenden Schlußfolgerungen:

Großbrände saugen am Boden von allen Seiten Luft an und bilden sehr schnell aufsteigende Wolken, die rußhaltige Rauchteilchen, Asche, auskondensierte organische Stoffe, aufgewirbelten Staub sowie Wasserdampf innerhalb von Minuten bis in Höhen von 10-15 Kilometern tragen können. Die Menge der Teilchen, die auf diese Weise hochtransportiert werden, dürfte von der Rauchbildung, der Brandintensität, den örtlichen Wetterbedingungen

und der Wirksamkeit von Teilcheneinfangprozessen (Bildung von
größeren Teilchenaggregaten und Inkorporation in Wolkenwasser-
tröpfchen) in der aufsteigenden Rauchsäule abhängen.

Die von den Bränden erhitzten, rauchbeladenen Luftballen küh-
len sich beim Aufsteigen dadurch ab, daß sie sich ausdehnen
und kältere Luft von den Seiten einsaugen. Dabei kondensiert
der vorhandene Wasserdampf zu Tröpfchen, was zur Bildung von
sogenannten Cumulonimbus-Wolken-Systemen (wie man sie oft bei
Wärmegewittern im Sommer beobachtet) führen kann. Die durch
die Wasserdampfkondensation an die umgebende Luft abgegebene
Wärme läßt dann die Rauchteilchen noch höher steigen als in
Situationen, bei denen keine nennenswerte Wolkenbildung auftritt.

Obwohl man annehmen muß, daß ein großer Teil des Wasserdampfes, der von bodennahen Luftschichten hochtransportiert wird,
zu Tröpfchen kondensiert, dürfte es nur bei einem geringeren
Teil der entstehenden Wolken zu effektiver Niederschlagsbil-
dung (konvektiven Niederschlägen) kommen. Dabei ist es wahrscheinlich, daß reine Rußteilchen nur sehr unvollkommen von
den Wassertröpfchen eingefangen werden, da sie wasserabstoßend
sind. Dagegen könnten Rauchteilchen, die aus einer Mischung
verschiedener Substanzen bestehen, von Wassertröpfchen und Eisteilchen eingeschlossen werden. Aber selbst die Rauchteilchen,
die eingefangen worden sind, können wieder freigesetzt werden,
wenn Wassertröpfchen oder Eisteilchen im oberen Teil der Cumu-
luswolken oder an ihren Rändern wieder verdampfen. Daraus muß
man schließen, daß der Anteil der Rauchteilchen, der von Tröpfchen und Eisteilchen eingefangen und dann durch Niederschläge
ziemlich rasch wieder aus der Atmosphäre entfernt werden kann,
schwer abzuschätzen ist.

In den bisherigen Untersuchungen wurde angenommen, daß 30-50 %
des von der Gesamtheit aller Brände in die Atmosphäre gebrachten Rauches und Rußes von Niederschlägen schon während der ersten Tage wieder entfernt werden und keine Auswirkungen auf
längerfristige großräumige meteorologische Prozesse haben. Diese Annahme berücksichtigt auch, daß viele Brände, wie z. B.
Waldbrände oder Brände von Tanklagern (Öl oder Benzin), keine
Niederschläge erzeugen.

Bei allen heutigen Abschätzungen bildet die Abscheidung von
Rauchpartikeln durch Niederschläge eine der größten Unsicherheiten. Für die weiteren Betrachtungen wird angenommen, daß
die Netto-Rauchmenge, d.h. die die kurzfristigen Selbstreini-
gungsprozesse der Atmosphäre überlebende Rauchmenge, im Bereich von 50-150 Millionen Tonnen liegt, von denen etwa 30 Millionen Tonnen in Form von Ruß vorliegen.

Abgesehen von einigen besonderen Fällen, dürften die bei Bränden in Städten und in Lagern fossiler Brennstoffe gebildeten
Rauchteilchen einerseits die Sonnenstrahlung stark absorbieren, aber andererseits die von der Erdoberfläche in den Weltraum abgegebene langwellige Strahlung (Infrarot-Strahlung) vergleichsweise wenig beeinflussen. Wenn Brände in Stadt- und Industriegebieten 30 Millionen Tonnen Rußteilchen in die Atmo-

sphäre injizieren und diese sich über die Gebiete mittlerer
geographischer Breiten auf der Nordhemisphäre ausbreiten, redu-
zierte sich die normalerweise am Erdboden auftreffende Sonnenstrahlung um mindestens 90 %, d.h. die Tageshelligkeit würde
auf weniger als ein Zehntel des normalen Wertes zurückgehen.

Bedingt durch die große Anzahl von Teilchen in den aufsteigenden Rauchsäulen und aufgrund der großen Dichten der Rauchwolken in den ersten Tagen danach, dürfte das Zusammenbacken von
Teilchen dazu führen, daß weniger, dafür aber größere Teilchen
gebildet werden. Das "Verbacken" von Teilchen könnte auch
durch Zusammenfließen und späteres Verdampfen von Regentröpf-
chen oder Eisteilchen zustande kommen. Dies führt zu Änderungen bei den optischen Eigenschaften, da diese von Größe und
Form der Teilchen abhängen. Man kennt jedoch nicht einmal das
Vorzeichen solcher Änderungen, von irgendwelchen Details ganz
zu schweigen. Die optischen Eigenschaften von losen Rußteil-
chen-Aggregaten, wie sie sich in dichten Rußwolken von Ölbrän-
den bilden, scheinen jedoch in relativ geringem Maße von ihrer
Größe abhängig zu sein. Das gilt nicht für den Fall stärker
verfestigter Zusammenballungen von Teilchen, die sich unter anderen Umständen bilden können, wie z.B. in Wassertropfen.

Einwirkungen in das Witterungsgefüge

In einem größeren Atomkrieg können also Rauch- und Rußwolken
von kontinentalen Ausmaßen innerhalb von wenigen Tagen über
Nordamerika, Europa und Asien gebildet werden. Mit Hilfe von
sorgfältigen Analysen und Computer-Modellen zunehmender Komplexität wurden der Transport, die Umwandlungsprozesse und die Abscheidung von Rauch- und Rußteilchen sowie ihre Auswirkungen
auf die Temperaturverteilung, Niederschläge, Windsysteme und
andere wichtige atmosphärische Eigenschaften und Vorgänge untersucht. Alle Computer-Simulationen deuten darauf hin, daß
die großen Mengen von rußhaltigem Rauch in der Atmosphäre sehr
wahrscheinlich starke großräumige Wetterstörungen verursachen
werden.

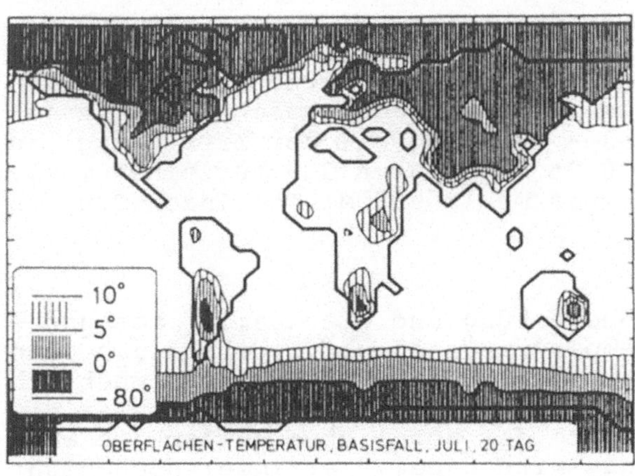

Abb. 3. Die von Thompson (1985) für die Erdoberfläche berechnete globale Temperaturverteilung
(°C) am 20. Tag nach Aus-
bruch eines Atomkrieges
im Juli (nach Crutzen
und Hahn 1985b).

Ergebnisse solcher Berechnungen der zu erwartenden globalen
Temperaturänderungen geben die Abb. 3 und 4 als Beispiele wieder. Von Thompson (1985) wurden demnach für größere Teile der
Kontinente der Nordhemisphäre Temperaturwerte unter dem Gefrierpunkt errechnet. Durch die Annahme, daß von dem Rauch
nichts aus der Atmosphäre entfernt wird, überschätzt diese Berechnung aber höchstwahrscheinlich das Ausmaß des Temperatur-
effekts, worauf auch die Kurven von Turco und Kollegen (Abb.
4) hindeuten. Tendenziell kann sie dagegen wohl als durchaus
zutreffend angesehen werden, denn obwohl die Computer-Modelle,
auch die komplizierteren, noch mit erheblichen Vereinfachungen
und Unsicherheiten arbeiten, kam die SCOPE-Studie zu folgenden
Aussagen (s. auch Tab. 2 und 3):

Wenn im Laufe des Sommerhalbjahres auf der Nordhalbkugel große
Mengen von Ruß durch Brände bis in Höhen von einigen Kilometern oder mehr in die Atmosphäre gelangen, könnte es unter der
Rauchbedeckung über kontinentalen Gebieten innerhalb von wenigen Tagen bis zu 20-40 K kälter werden. Einige der dichten
Rauchwolkenfelder könnten über große Entfernungen wandern und
in weiten Gebieten episodische Abkühlungen verursachen.

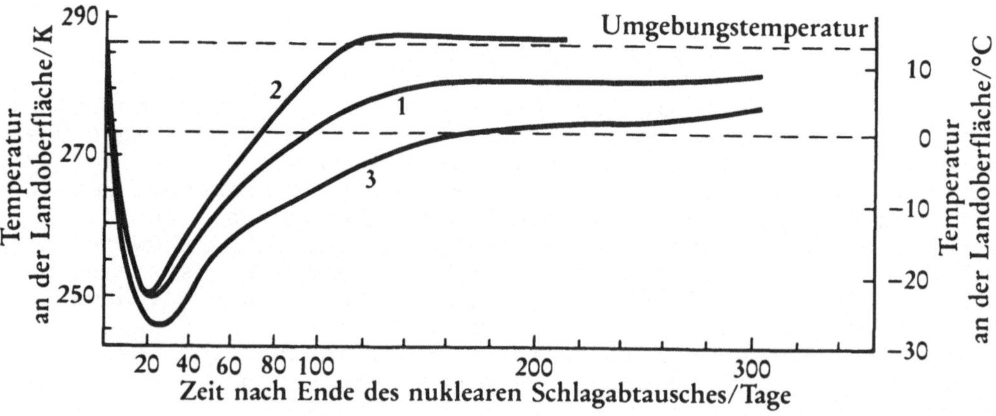

__Abb. 4.__ Zeitlicher Verlauf der durch Staub-, Rauch- und Rußwolken bewirkten Abkühlung am Erdboden. Ergebnisse der Modellrechnungen von Turco und Kollegen (1983) für verschiedene Kriegs-
szenarien: Kurve 1 - für "Baseline" Schlagabtausch mit insgesamt 5000 Mt TNT; Kurve 2 - für den Fall der Zerstörung von
100 Städten mit insgesamt 100 Mt TNT; Kurve 3 - für einen maximalen Schlagabtausch mit insgesamt 10 000 Mt TNT (nach Crutzen
und Hahn 1985a).

Anfänglich dürften die Rauchbedeckung und die damit verbundenen Anomalien, was die Temperaturen an der Erdoberfläche und
die Tageshelligkeit betrifft, räumlich und zeitlich erheblich
variieren. Innerhalb von einigen Wochen dürften sich zwar die
Rauchteilchen über weite Gebiete der nördlichen Hemisphäre ausbreiten, die Rauchbedeckung wird dabei aber immer noch nicht
gleichmäßig sein.

212

Bei Auftreten der Rauchbelastung zwischen Frühling und Frühherbst könnten sich die Rauchdecke und die umgebende Luft durch starke Absorption von Sonnenlicht rasch aufheizen, was dann zu einer Aufwärtsbewegung eines beträchtlichen Teils des Rauches in die obere Troposphäre und die Stratosphäre führen würde. Die Aufheizung der Rauchschichten in größerer Höhe und die Abkühlung am Erdboden würden die Atmosphäre (d.h. die Schichtung von Luftmassen in der Vertikalen) stabilisieren und vertikale Luftbewegungen und Niederschläge unterhalb der Rauchschichten stark unterdrücken. Dadurch könnten sich die atmosphärischen Verweilzeiten der Rauchteilchen von Tagen bis Wochen auf Monate und Jahre verlängern.

Die mittleren Frühlings- und Sommertemperaturen auf den Kontinenten der nördlichen Hemisphäre könnten dann für Wochen und länger auf Werte, wie sie für den Spätherbst oder Frühwinter typisch sind, fallen, wobei konvektive Niederschläge praktisch ausgeschlossen wären. In kalten bodennahen Luftschichten könnte es anfangs zu Nebel- und Sprühregenbildung kommen, besonders in Küstenregionen, tiefliegenden Gebieten und in Flußtälern. In weit vom Meer entfernten Landregionen sind Kälte-Perioden mit sehr tiefen Temperaturen (wie im Mittwinter) möglich.

Bei einem Atomkrieg im Winter wäre das Tageslicht besonders stark reduziert, aber die anfänglichen Störungen der Oberflächentemperatur und der Niederschlagstätigkeit dürften weit weniger stark ausgeprägt sein als im Sommer. Es würden aber immerhin strenge Winterbedingungen auftreten, wie man sie jetzt in den meisten Gegenden nur in manchen Jahren erlebt. Solche Verhältnisse würden zudem gleichzeitig in weiten Gebieten der mittleren Breiten der Nordhemisphäre auftreten, und Kaltlufteinbrüche mit Temperaturen unter dem Gefrierpunkt könnten südwärts bis in Gebiete vordringen, die unter normalen Bedingungen selten oder niemals Fröste erleben.

In den subtropischen Breiten der Nordhemisphäre könnten bei starker Rauchbelastung der oberen Atmosphäre die Temperaturen zu jeder beliebigen Jahreszeit deutlich unter die typischen Winterwerte fallen. In Gebieten, in denen das Klima nicht durch den Einfluß der Ozeane deutlich gemildert wird, können die Temperaturen sogar bis unter den Gefrierpunkt absinken. Die auf Konvektionsprozessen in der Atmosphäre beruhende Monsun-Zirkulation und die Monsun-Regenfälle, die für die subtropischen Ökosysteme und die Landwirtschaft in Asien und Afrika von ausschlaggebender Bedeutung sind, könnten praktisch zum Erliegen kommen.

Wenn im Frühjahr oder Sommer große Mengen schwarzen Rauches in die Atmosphäre der Nordhalbkugel gerieten, dann würde die starke Aufheizung durch die Sonne den Rauch nach oben und in Richtung Äquator und Südhemisphäre treiben und damit die normale Höhenströmung in die Südhemisphäre erheblich verstärken (wo dadurch bewirkte Absinkbewegungen der Luft die Niederschlagstätigkeit reduzieren könnten). Innerhalb von ein bis zwei Wochen könnten anfänglich dünne, ausgedehnte Rauchschichten als Vorläufer einer gleichmäßigeren Rauchbedeckung (die jedoch merk-

<u>Tab. 2.</u> Geschätzte Temperaturänderungen (K) als Folge eines Sommerkrieges in der nördlichen Hemisphäre

Region	Phase		
	akut (erste Wochen)	intermediär (1-6 Monate)	chronisch (1 bis einige Jahre)
Nördliche Hemisphäre, mittlere Breiten, im Innern der Kontinente	-15 bis -35 unter dichtem Rauch	-5 bis -30	0 bis -10
Nördliche Hemisphäre, Meeresoberfläche (eisfrei)	0 bis -1	-1 bis -3 und lokale Anomalien	0 bis -4 und lokale Anomalien
Nördliche Hemisphäre, Küstengebiete	sehr variabel 0 bis -5 bei Festlandswinden -15 bis -35	sehr variabel -1 bis -5 bei Festlandswinden -5 bis -30	variabel 0 bis -5
Tropen, im Innern der Kontinente	0 bis -15	0 bis -15	0 bis -5
Südliche Hemisphäre, mittlere Breiten, im Innern der Kontinente	anfangs 0 bis +5 dann 0 bis -10 ungleichmäßig	0 bis -15	0 bis -5
Südliche Hemisphäre, Meeresoberfläche (eisfrei)	0	0 bis -2	0 bis -4
Südliche Hemisphäre, mittlere Breiten, Küstengebiete	0	0 bis -15 bei Festlandswinden	bis -5

lich weniger dicht als in der Nordhemisphäre ausfallen dürfte) in den niedrigen bis mittleren Breiten der Südhemisphäre auftauchen. Landzonen, in denen die Temperaturen nicht von warmen maritimen Luftmassen aus nahegelegenen Meeresgebieten gemäßigt werden, könnten durch den Rauch eine leichte Abkühlung erfahren. Da die mittleren Breiten der Südhemisphäre zu dieser Zeit bereits ihre kalte Jahreszeit hätten, würden die Temperaturen wahrscheinlich nicht mehr als einige Grad weiter absinken. Bei noch stärkeren als in dieser Studie angenommenen Rauchinjektionen könnten allerdings drastischere Klima-Effekte in der Südhemisphäre auftreten, insbesondere während des folgenden Frühlings und Sommers.

Tab. 3. Geschätzte Temperaturänderungen (K) als Folge eines Winterkrieges in der nördlichen Hemisphäre

Region	Phase		
	akut (erste Wochen)	intermediär (1-6 Monate)	chronisch (1 bis einige Jahre)
Nördliche Hemisphäre, mittlere Breiten, im Innern der Kontinente	0 bis -20 unter dichtem Rauch	0 bis -15	0 bis -5
Nördliche Hemisphäre, Meeresoberfläche (eisfrei)	0	0 bis -2	0 bis -3
Nördliche Hemisphäre, Küstengebiete	sehr variabel 0 bis -5 bei Festlandswinden 0 bis -20	sehr variabel 0 bis -5 bei Festlandswinden 0 bis -15	0 bis -3
Tropen, im Innern der Kontinente	0 bis -15	0 bis -5	0 bis -3
Südliche Hemisphäre, mittlere Breiten, im Innern der Kontinente	0	0 bis -10	0 bis -5
Südliche Hemisphäre, Meeresoberfläche (eisfrei)	0	0 bis -1	0 bis -1
Südliche Hemisphäre, mittlere Breiten, Küstengebiete	0	0 bis -10 bei Festlandswinden	bis -5

Störungen der Atmosphärenzirkulation, die nach einem Atomkrieg über längere Zeitspannen hinweg auftreten dürften, sind bisher erst wenig untersucht worden. Bei den Prozessen, die für die längerfristige Ausscheidung von Rauchteilchen durch Niederschläge, Oxidationsvorgänge und andere physikalische und chemische Faktoren verantwortlich sind, bestehen noch erhebliche Unsicherheiten. Es ist auch noch nicht klar, wie lange die Rauchteilchen bei der gestörten atmosphärischen Zirkulation in der Atmosphäre verweilen können, nachdem sie die Stratosphäre erreicht haben; möglicherweise sind es Jahre. Von großer Bedeutung ist auch die Frage, in welchem Maße die Rauchteilchen, die bei einem Winterkrieg gebildet werden, bis zum nächsten

Frühling in der Atmosphäre verbleiben, denn nur im Frühling
und Sommer könnten die Rauchteilchen wahrscheinlich in die
Stratosphäre aufsteigen.

Die mögliche Stabilisierung von erheblichen Rußmengen in der
Stratosphäre könnte weltweit über Jahre hinweg Abkühlungen von
mehreren Grad Celsius hervorrufen, besonders dann, wenn sich
auch die Meere merklich abgekühlt haben. Unter solchen Bedingungen kann die Niederschlagstätigkeit allgemein erheblich
nachlassen. Die mögliche Abschwächung der Intensität des Som-
mer-Monsuns in Asien und Afrika ist auch in diesem Fall besonders bedenklich. Absinkende Meerestemperaturen und weitere klimatische Rückkopplungsmechanismen (z.B. dadurch, daß sich bei
tiefen Temperaturen größere Eis- und Schneedecken bilden, die
das Sonnenlicht reflektieren, wodurch dann die Temperaturen
noch weiter absinken) und damit zusammenhängende ökologische
Veränderungen, die im nächsten Abschnitt behandelt werden,
könnten die Zeitspanne atmosphärischer Zirkulationsstörungen
und damit verbundene bedrohliche Witterungs- und Klima-Anoma-
lien weiter verlängern.

AUSWIRKUNGEN DER ATMOSPHÄRISCHEN EFFEKTE AUF ÖKOSYSTEME UND
DIE WELTAGRARWIRTSCHAFT

Die Bandbreite möglicher Atomkriegsszenarien ist groß. Deshalb
bleiben auch die Abschätzungen über das Ausmaß der verursachten klimatischen Veränderungen und deren Konsequenzen mit Unsicherheiten behaftet. Die Abschätzungen werden dadurch noch komplizierter, daß man davon ausgehen muß, daß sich die atmosphärischen Effekte in Erscheinung und Ausmaß zeitlich und örtlich
laufend verändern. Außerdem weist die Landfläche der Erde eine
Vielzahl von Öko-, Agrar- und Gesellschaftssystemen auf, die
in komplizierter Weise miteinander verflochten sind. Aus diesen Gründen schien es wenig sinnvoll, eine Analyse der biologischen Auswirkungen für ein spezifisches Atomkriegsszenario und
dessen klimatische Auswirkungen zu unternehmen. Es wurde vielmehr der Versuch unternommen, die Verwundbarkeit der biologischen Systeme gegenüber verschiedenen Arten von möglichen Nu-
klearkriegsfolgen zu ermitteln.

Natürliche Ökosysteme sind sehr empfindlich gegenüber extremen
klimatischen Störungen, wobei der Grad der Verwundbarkeit von
der Art des Ökosystems und der Jahreszeit, in der die Klimaeffekte auftreten, abhängt. Bei den Landökosystemen in der nördlichen Hemisphäre sowie allgemein in den Tropen und Subtropen
dürften Temperatureffekte dominieren. Bei ozeanischen Ökosyste-
men haben Reduzierungen der Sonneneinstrahlung die größte Wirkung. Veränderungen der Niederschlagstätigkeit und -verteilung
dürften sich am stärksten in Graslandschaften und in den Ökosy-
stemen der Südhemisphäre auswirken, da hier die Niederschläge
wahrscheinlich großräumig im Mittel abnehmen würden.

Agrarsysteme reagieren sehr empfindlich auf klimatische und gesellschaftliche Störungen im regionalen bis globalen Maßstab.
Dabei liegen verminderte Ernteerträge, ja sogar Totalverluste
der Ernten als Folge der vielen möglichen Streßwirkungen im Bereich des Möglichen. Diese Schlußfolgerungen sind das Resultat
verschiedener Ansätze zur Abschätzung der Empfindlichkeit gegenüber klimatischen Störungen, wie der Auswertung von histori-
schen Präzedenzfällen, statistischer Erhebungen, physiologi-
scher und mechanistischer Parallelen, Simulationsmodellen und
Experten-Meinungen.

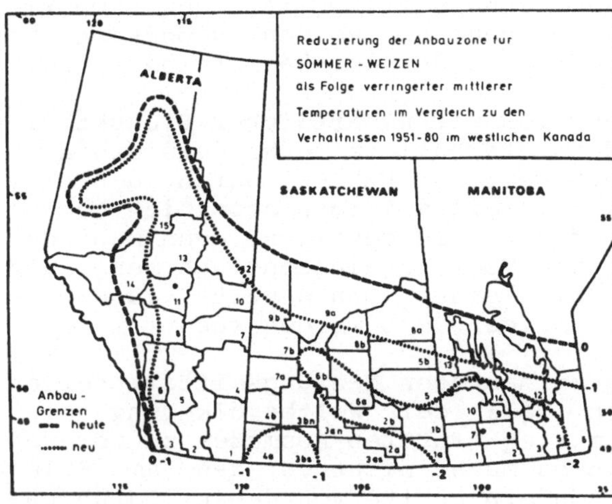

Abb. 5a. Reduzierung der Erntegebiete für Sommerweizen in Kanada als Folge mittlerer Temperaturabnahmen um 1 K und 2 K während der Wachstumsperiode. Im letzteren Fall würde nur noch ein kleiner Teil der potentiellen Anbaufläche eine Ernte erbringen (nach Modellberechnungen von Stewart, zit. in Crutzen und Hahn 1985a).

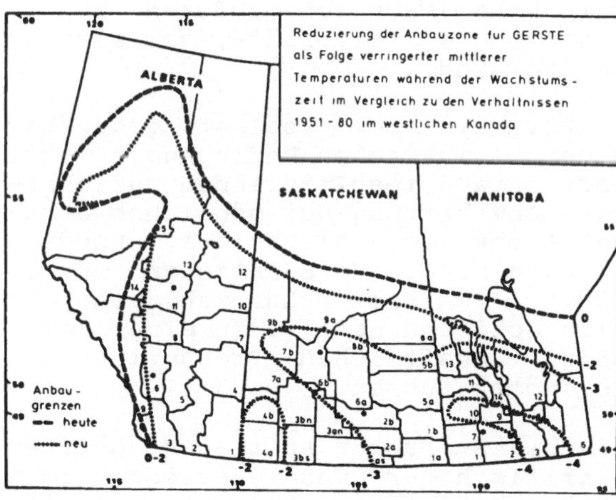

Abb. 5b. Reduzierung der Erntegebiete für Gerste in Kanada als Folge mittlerer Temperaturabnahmen um 3 K und 4 K während der Wachstumszeit. Im letzteren Fall würde nur ein kleiner Teil der Anbaufläche Ernte liefern (nach Modellberechnungen von Stewart, zit. in Crutzen und Hahn 1985a).

Die Anfälligkeit landwirtschaftlicher Produktivität gegenüber
klimatischen Störungen hängt nämlich von einer ganzen Reihe
von Faktoren ab, von denen jeder ein Hauptfaktor sein kann.
Solche Faktoren sind: zu wenige warme Tage, wie sie für die
Reifung der Ernte innerhalb einer Wachstumsperiode benötigt
werden; Verkürzung der Wachstumsperiode durch Reduzierung der

Länge der frostfreien Jahreszeit infolge allgemeinen Temperaturrückgangs; Verlängerung der für die Reifung der Ernte erforderlichen Zeitspanne infolge allgemeinen Temperaturrückgangs; die Kombination der beiden letzten Faktoren mit dem Resultat, daß die Zeit nicht mehr ausreicht, um die Ernte vor Einsetzen der nächsten Frostperiode reifen zu lassen. Dazu kommen noch Probleme im Zusammenhang mit zu wenigen für die Reifung der Ernte benötigten Tagen mit ausreichendem Sonnenlicht; unzureichende Niederschlagsmengen und das mögliche Auftreten von Temperaturen bis unter den Gefrierpukt in kritischen Zeiten während der Wachstumsperiode. Abbildung 5 illustriert den summarischen Effekt durch die Wiedergabe von Rechenergebnissen für den kanadischen Getreidegürtel, eine der Kornkammern der Erde.

Neben der möglichen Zerstörung landwirtschaftlicher Produktivität ist die Unterbrechung des internationalen Handels und Austausches von Lebensmitteln ein weiterer Faktor, durch den die Weltbevölkerung in der Zeit nach einem großen Atomkrieg höchst verwundbar ist. Die Verwundbarkeit wird deutlich, wenn man danach fragt, ob die jeweiligen Vorräte hinsichtlich Menge und Haltbarkeit reichen werden, bis eine nennenswerte landwirtschaftliche Produktion wieder aufgenommen werden kann.

Gemessen an den gegenwärtig vorhandenen Nahrungsmittelreserven besteht für einen erheblichen Teil der Weltbevölkerung eine reale Gefahr, nach einem Atomkrieg größeren Ausmaßes zu verhungern. Das Risiko des Hungertodes macht nicht vor den am Krieg unbeteiligten Ländern halt, sondern dürfte von den kriegführenden auf die am Krieg unbeteiligten Nationen übergehen. Dabei sind vor allem jene Länder gefährdet, die bezüglich ihrer Nahrungs- und Energieversorgung in hohem Maße von anderen abhängen, und diejenigen, deren Nahrungsmittelvorräte, gemessen an der Bevölkerungszahl, sehr gering sind.

Die hohe Empfindlichkeit von Agrarsystemen, selbst gegenüber relativ geringen Änderungen der klimatischen Bedingungen, läßt die ungelösten Probleme und die daraus resultierenden Unsicherheiten bei der quantitativen Abschätzung der möglichen atmosphärischen Auswirkungen eines Atomkrieges als relativ unbedeutend erscheinen; denn selbst nach niedrigen Schätzungen würden die atmosphärischen Effekte, d.h. Temperaturabnahmen von nur wenigen Grad Celsius, in vielen Gebieten bereits zu einer weitgehenden Zerstörung der landwirtschaftlichen Produktion und damit zu katastrophalen Hungersnöten führen.

Wenn längerfristige klimatische Störungen auftreten, dürften sie daher mindestens genauso kritisch für das Überleben sein wie die akuten, gleich nach dem nuklearen Schlagabtausch einsetzenden Temperaturveränderungen und Sonnenlichtreduktionen. Deswegen sollte den längerfristigen Problemen mehr Aufmerksamkeit gewidmet werden, als bisher geschehen ist. Ebenso bedürfen die Unsicherheiten bei der Abschätzung der potentiellen Reduktion der Niederschlagstätigkeit einer stärkeren Beachtung. Die Produktivität vieler Agrarsysteme hängt in erster Linie von der Wasserzufuhr ab, so daß eine Verringerung der Niederschlagsmengen den Gesamtertrag erheblich beeinträchtigen kann. Aber auch dort, wo vielleicht lokal oder regional eine anomale Niederschlagserhöhung erzeugt werden würde, könnte der Ertrag u. U. vermindert werden, je nach Intensität und Zeitpunkt der Niederschläge.

Verglichen mit den anderen Störungen dürfte der globale "Fallout" (von radioaktivem Staub) geringere Auswirkungen auf die Öko-, Agrar- und Gesellschaftssysteme haben. Der lokale "Fallout" könnte dagegen sehr wohl zu ernsten Konsequenzen für erhebliche Teile dieser Systeme führen. Die vorhandenen Daten und Erfahrungen reichen aber noch nicht aus, um diese Konsequenzen in ihrem gesamten Ausmaß genauer abzuschätzen.

In der Folge eines größeren Atomkrieges wäre die menschliche Bevölkerung über all das Gesagte hinaus sicherlich auch sehr anfällig für gesellschaftliche Störungen. Das gilt sowohl für die kriegführenden wie für die am Krieg unbeteiligten Länder. Nach der Zerstörung der sozialen, geopolitischen und weltweiten ökonomischen Infrastrukturen kann es unter den zunächst Überlebenden zu ernsthaften sozialen Unruhen und Verteilungskämpfen hinsichtlich der nur noch geringen Menge vorhandener Lebensmittel und anderer begrenzt verfügbarer Ressourcen kommen. Über diese Probleme ist bisher überhaupt noch nicht gründlich wissenschaftlich nachgedacht worden.

Wie zerstörend die Wirkung der Atombomben auf Hiroshima und Nagasaki auch war, so kann sie doch nur einen sehr begrenzten Eindruck von der Welt nach einem globalen Atomkrieg geben. Beide Städte sind wieder aufgebaut und heute prosperierende Gemeinwesen, denen man die Wunden ihrer Vergangenheit nicht mehr ansieht. Der relativ rasche Wiederaufbau war dadurch möglich, daß von der intakt gebliebenen Außenwelt intensive Unterstützung geleistet wurde. Nach einem großen Atomkrieg würde es aber keine solche unzerstörte bzw. ungestörte Außenwelt mehr geben. Die SCOPE-Studie zeigt deutlich, wie sehr die landwirtschaftlichen, gesellschaftlichen und ökonomischen Infrastrukturen in der Folgezeit eines globalen Atomkrieges gefährdet sind. Diese Demonstration globaler Abhängigkeit aller Menschen voneinander verlangt neue weltweite Initiativen zur Verhinderung eines Atomkrieges, nicht nur heute, sondern für alle Zukunft.

LITERATUR

Ambio, Nuclear War (1982) The Aftermath. Ambio 11, Heft 2/3: 75-176
Crutzen PJ, Birks J (1982) The atmosphere after a nuclear war: Twilight at noon. AMBIO 11:114-125
Crutzen PJ, Hahn J (1985a) Atmosphärische Auswirkungen eines Atomkrieges. Physik in unserer Zeit 16:3-15
Crutzen PJ, Hahn J (1985b) Schwarzer Himmel. (Fischer) Frankfurt/M.

Galbally IE, Crutzen PJ, Rodhe H (1983) Some changes in the atmosphere over Australia that may occur due to a nuclear war. in: Denborough MA (Hrsg.) Australia and Nuclear War, 161-185
National Academy of Sciences (1975) Long-term worldwide effects of multiple nuclear-weapon detonations. 213 S. Washington DC
SCOPE 28 (1985) Environmental Consequences of Nuclear War. Volume I: Physical and Atmospheric Effects (Hrsg.: Pittock BA, Ackerman T, Crutzen PJ, MacCracken MC, Shapiro C, Turco RP). Volume II: Ecological and Agricultural Effects (Hrsg.: Harwell MA, Hutchinson TC). (J Wiley and Sons) Chichester
Thompson SL (1985) Global interactive transport simulations of nuclear war smoke. Nature 317: 35-39
Turco RP, Toon OB, Ackerman T, Pollack JB, Sagan C (1983) Nuclear Winter: Global consequences of multiple nuclear explosions. Science 222: 1283-1292